Herausgegeben von
Christian Ernst

Geographie 9/10

Ausgabe Berlin

Cornelsen
VOLK UND WISSEN

Autorinnen und Autoren:
Dr. Margret Buder, Jutta Dressler, Christian Ernst, Peter Fischer, Cecilia Hoppe, Klaus Kaden, Rainer Koch, Rolf Krüger, Dr. Dieter Richter, Dr. Lutz Vogler, Jürgen Vogt, Engelbert Wührl, Thomas Zimmermann

Redaktion: Dr. Frank Erzner
Kartenherstellung: Peter Kast, Ingenieurbüro für Kartographie, Schwerin
Layout und technische Umsetzung: sign, Berlin
Umschlaggestaltung: Klein & Hahn Grafikdesign, Berlin

www.cornelsen.de
www.vwv.de

1. Auflage, 1. Druck 2006

Alle Drucke dieser Auflage sind inhaltlich unverändert und können im Unterricht nebeneinander verwendet werden.

Druck: Stürtz GmbH, Würzburg

ISBN-13: 978-3-464-64628-1
ISBN-10: 3-464-64628-9

Inhalt gedruckt auf säurefreiem Papier aus nachhaltiger Forstwirtschaft.

Amerika – Kontinent der Gegensätze

Der Doppelkontinent Amerika besitzt einen vielfältigen Naturraum: Der wasserreichste Fluss, die trockenste Wüste, der höchste aktive Vulkan und der größte Süßwassersee der Erde sind hier zu finden. Der Aufstieg der USA zur Wirtschaftsmacht bildet den zweiten Teil des Kapitels.

Amerika – Kontinent der Gegensätze

Räumliche Orientierung

Der Doppelkontinent Amerika lockt mit interessanten und ungewöhnlichen Landschaften. Hier befindet sich das längste Gebirge der Welt. Der wasserreichste Fluss der Erde veranlasst so manchen Abenteurer zu gefährlichen Flussreisen. Die trockenste Wüste, die größte Schlucht, der höchste aktive Vulkan der Erde sowie der größte Süßwassersee befinden sich in Amerika. Warum wird Amerika als „Doppelkontinent“ bezeichnet und welche Oberflächenformen gestalten die vielfältigen Landschaften?

M1 Oberflächengestalt Amerikas

Amerika – ein Doppelkontinent

Der nördliche und der südliche Teil Amerikas sind nur durch eine schmale Landbrücke miteinander verbunden. In der Landenge von Panama ist sie lediglich 44 Kilometer breit. Aufgrund dieser Besonderheit gliederte man Amerika in den Kontinent Nord- und Mittelamerika einerseits und den Kontinent Südamerika andererseits. Diese einzelnen Kontinente werden zusammenfassend auch als „Doppelkontinent" bezeichnet.

Oberflächengestalt

Amerikas Oberfläche ist klar gegliedert. Das Hochgebirgssystem der Kordilleren (in Nordamerika „Rocky Mountains", in Südamerika „Anden" genannt) erstreckt sich im Westen des gesamten Doppelkontinents von Alaska bis zur Insel Feuerland. Im Unterschied zu europäischen Faltengebirgen verlaufen diese Gebirgszüge parallel zu den Meridianen (Längenkreisen), also in Nord-Süd-Richtung. Diese meridionale Verlaufsrichtung hat großen Einfluss auf die Oberflächengliederung, aber auch auf das Klima und die Vegetation des Doppelkontinents.

Im Osten befinden sich Mittelgebirge und ausgedehnte Bergländer. Zwischen den Kordilleren und den Mittelgebirgen liegen weite Ebenen und Tiefländer. Hier befinden sich mit den „Großen Seen" die ausgedehnteste Süßwasserfläche und mit dem Amazonas-Tiefland das größte tropische Regenwaldgebiet der Erde.

Die Küste Nordamerikas ist im Gegensatz zur Küste Südamerikas stark durch zahlreiche Buchten, Inseln und Halbinseln gegliedert.

M3 Der Banff-Nationalpark in der Nähe von Calgary wurde 1885 gegründet und ist damit der älteste Kanadas.

M4 Der Cotopaxi in Ecuador ist mit 5896 Metern der höchste aktive Vulkan der Erde.

M2 Wie Amerika zu seinem Namen kam

Zehn Jahre nach der Entdeckung Amerikas durch Christoph Kolumbus erreichte Amerigo Vespucci (1454–1512) auf seiner Weltreise 1501/1502 den südamerikanischen Kontinent. Aus seinem Vornamen leitete der deutsche Kartograph Martin Waldseemüller für den Süden des Kontinents die Bezeichnung „Amerika" ab, die später auch für den bereits entdeckten Nordteil angewandt wurde.

1. Erkläre die Begriffe „Kontinent" und „Doppelkontinent" am Beispiel Amerikas (M1).
2. Bestimme die räumliche Erstreckung des Doppelkontinents und vergleiche sie mit der anderer Kontinente (M1, Atlas).
3. Zeichne in eine Umrisskarte die angrenzenden Meere und Randmeere sowie die Hochgebirgsketten, Tiefländer und Mittelgebirge Amerikas ein (M1, Atlas).
4. Beschreibe die Fotos M3 sowie M4 und ordne sie amerikanischen Großlandschaften zu (M1, Atlas). Erkläre auch die Entstehung von Vulkanen.
5. Erläutere die Bezeichnung „meridional" und wende sie auf die Oberflächengliederung Amerikas an (M1).

Gebirge, Plateaus und Becken

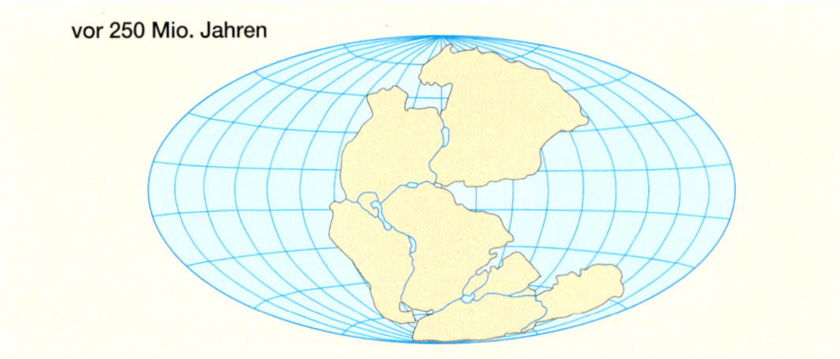

M1 Pangäa

Die zehn höchsten aktiven Vulkane der Erde befinden sich in Amerika. Es ist ein unruhiger Doppelkontinent.

M2 Geologischer Bau Amerikas

Gebirgsbildung

Als vor etwa 200 Millionen Jahren der Urkontinent Pangäa auseinanderbrach, löste sich Amerika und wanderte nach Westen. Das Wachsen des Festlandkerns vollzog sich durch Angliederung anderer Erdschollen und durch die Ablagerung mächtiger Sedimentschichten vor den Küsten.
Gegen die Nordamerikanische Platte stieß im Westen die Pazifische Platte. Beim Aufprall, der – in Schüben – viele Millionen Jahre dauerte, türmten sich die Rocky Mountains auf. Im Grenzverlauf beider Platten bildete sich aufgrund seitlicher Bewegungen zudem die San-Andreas-Spalte heraus.
Im Süden des Doppelkontinents entstanden die Anden und der Atacamagraben.

Erdzeitalter/ Beginn in Mio. Jahren vor heute	Untergliederung	Geologische Zuordnung
Erdneuzeit 65	Quartär (Pleistozän)	Aufschüttungsgebiete
	Tertiär	Junge Faltengebirge
Erdmittelzeit 225	Kreide	
	Jura	Plateaus, Becken
		Tafeln
	Trias	Beginn des Zerfalls der Pangäa
Erdaltzeit 570	Perm	Alte Faltengebirge
	Karbon	
	Devon	
	Silur	
	Ordovizium	Tafeln
	Kambrium	
Erdfrühzeit	Präkambrium	Schilde

M3 Erdgeschichtliche Übersicht

Plateaus und Becken

Mit dem Auffaltungsprozess, der durch erdinnere (endogene) Kräfte ausgelöst wurde, gingen und gehen noch heute Vulkanismus sowie eine intensive Erdbebentätigkeit einher. Die Faltung vollzog sich nicht einheitlich. Einige, früher ebene Schichten wurden gehoben oder gekippt, andere sanken ein. Es bildeten sich einzelne Plateaus und Becken.

Abtragung und Aufschüttung

Gleichzeitig mit dem Auffaltungsprozess begannen erdäußere (exogene) Kräfte wie Wasser und Wind, die Gebirge abzutragen. So haben sich in die Plateaus Flüsse tief eingeschnitten. Eine solche Talform wird als „Canyon“ bezeichnet.

Ähnlich wie Nordeuropa war auch der Norden Nordamerikas während des Pleistozäns vom Inlandeis bedeckt. Im Vorland des Inlandeises und der Gebirge lagerten wasserreiche Flüsse den mitgeführten Verwitterungsschutt ab. Es entstanden Aufschüttungsebenen.

M4 Das bisher stärkste Erdbeben der Welt

Am 22. Mai 1960 erschütterten gewaltige Erdstöße den Süden Chiles. Es war das stärkste bisher registrierte Beben der Welt. Große Abschnitte des Landes sanken um bis zu 30 Meter ab. Ein Tsunami (Riesenwelle) raste über den Pazifik und forderte auch in Hawaii und Japan noch zahlreiche Todesopfer. Außerdem brachen sechs bisher ruhende Vulkane aus und zwei neue entstanden.

M5 Warten auf das große Beben

In Kalifornien wartet man noch immer auf das „Big One“, das seit langem angekündigte große Erdbeben. Die Nordamerikanische und die Pazifische Platte bewegen sich hier mit relativ hoher Geschwindigkeit (9,2 cm pro Jahr) in entgegengesetzter Richtung aneinander vorbei. Auch wenn die Erde ständig in Bewegung ist – das wirklich große Beben steht noch aus. Seismologen rechnen vor dem Jahr 2020 mit einem weiteren großen Beben im Norden Kaliforniens.

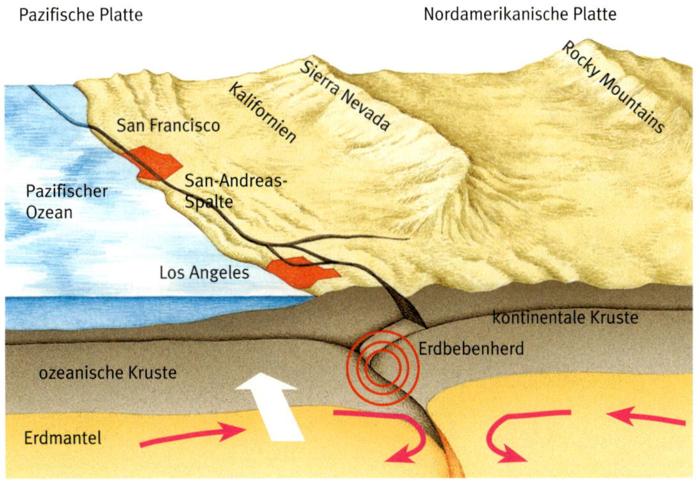

M6 Plattenbewegungen an der San-Andreas-Spalte

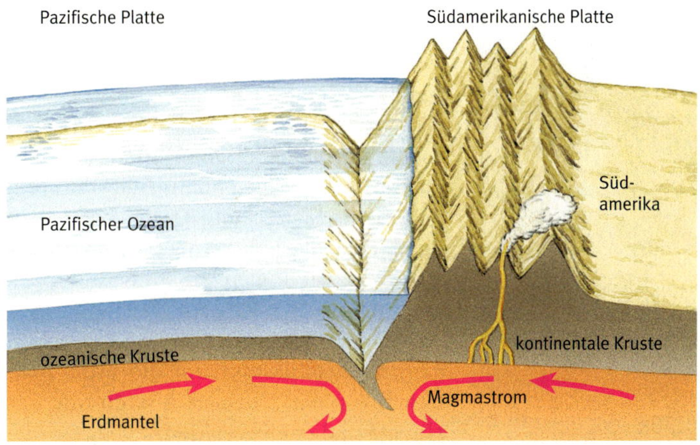

M7 Entstehung der Anden

1. Wende deine Kentnisse der Plattentektonik auf die Entstehung der Anden an. Vergleiche mit der Entstehung des Himalaya (M7).
2. Begründe die starke Erdbebentätigkeit an der Küste der Kordilleren. Gehe auf Folgen ein (M4, M5, M6).
3. Erkläre den Ausspruch: „San Francisco – die Stadt auf dem Pulverfass“ (M5, M6).
4. Erkläre das Zusammenwirken der endogenen und exogenen Kräfte bei der Formung der Oberfläche Amerikas an Beispielen (M2).
5. Ordne nach der Zeit ihrer Entstehung beginnend mit der ältesten Großlandschaft: Appalachen, Anden, Kanadischer Schild, Tiefland des Amazonas, Bergland von Brasilien (M2, M3).
6. Begründe, warum die Appalachen aus denselben Gesteinen bestehen wie die Gebirge in Norwegen und Schottland (M1, M2, M3).

Klima und Vegetation

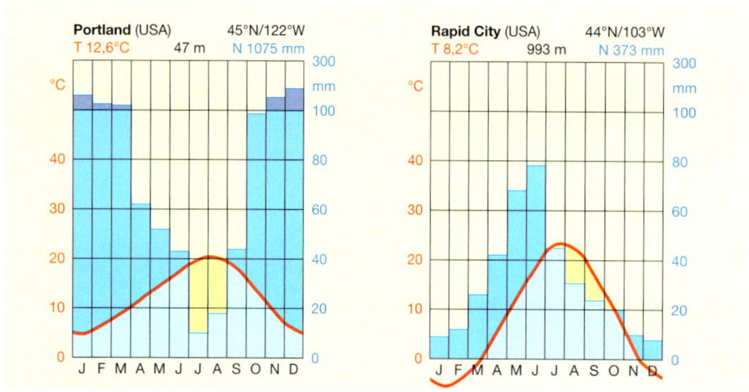

M1 Klimadiagramme

Schnee am Äquator, die trockenste Wüste der Welt direkt am Meer? Schneestürme im Bereich der Subtropen? Alle diese Erscheinungen finden wir in Amerika. Welche Klimafaktoren bestimmen das Klima und die Vegetation Amerikas?

Zonale und azonale Klimaverteilung

Amerika hat von allen Kontinenten die größte Nord-Süd-Erstreckung. Da die Ausbildung der Klimate vor allem von der geographischen Breite abhängt, finden wir auf dem Doppelkontinent alle Klimate der Erde.
Im Allgemeinen verlaufen die Klimazonen wie die Breitenkreise um die Erde. Man spricht von der „zonalen Anordnung" der Klimate und der Vegetation.

Auf dem Doppelkontinent sind die Klimate jedoch nur an der Pazifikküste und in der östlichen Hälfte Nordamerikas zonal angeordnet. Die übrigen Gebiete zeigen eine abweichende klimatische Ordnung: Man spricht von „Azonalität". Ursache der Abweichung ist die Nord-Süd-Ausrichtung der Hochgebirge an der Westseite des Doppelkontinents.

Nord-Süd-Ausrichtung der Gebirge

Der Einfluss der Gebirge auf das Klima wird besonders deutlich in den gemäßigten Klimazonen Amerikas. Dort herrschen ab 40° nördlicher und südlicher Breite Westwinde vor. Sowohl die Rocky Mountains als auch die Anden blockieren bis in 4000 Metern Höhe die Westwinde.
Die Gebirge verhindern so das Eindringen feuchter und milder Pazifikluft in das Landesinnere.
Die östlich der Hochgebirge liegenden Gebiete befinden sich daher im so genannten „Regenschatten".
In den Great Plains (Großen Ebenen) von Nordamerika sowie in Argentinien in Südamerika bildeten sich Steppenvegetationen – als „Prärien" bzw. „Pampa" bezeichnet – heraus.

M2 Rocky Mountains

M3 Anden

M4 Great Plains

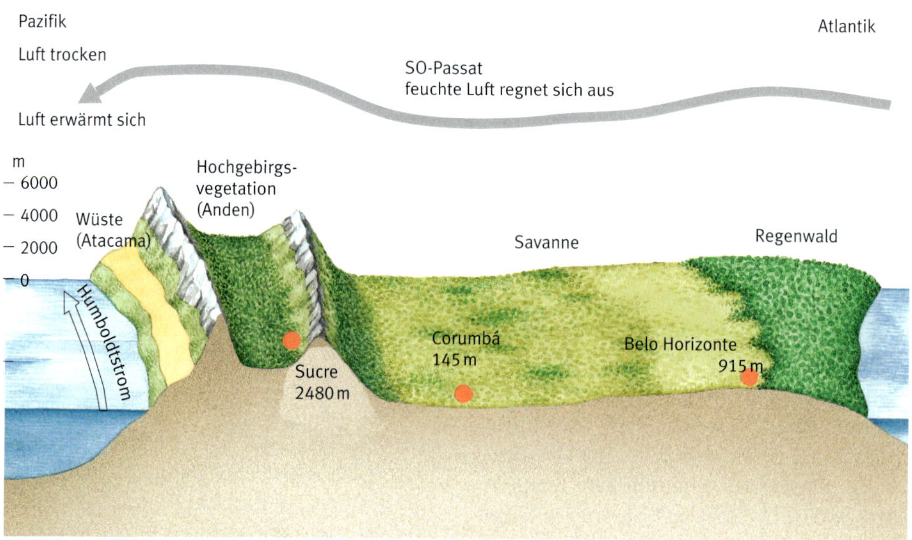

M5 Oberflächenformen, Luftströmung und Vegetation entlang 20° südlicher Breite

Einfluss von Meeresströmungen
Das Klima und die Vegetation des Doppelkontinents werden auch von Meeresströmungen beeinflusst. So reichen an der Westseite von Nordamerika infolge des warmen Alaskastroms die Laubwälder viel weiter nach Norden als an der Ostseite.
An der Küste von Peru und Nordchile lässt der kalte Humboldtstrom im Zusammenwirken mit dem Südostpassat die trockenste Wüste der Erde entstehen: die Atacama. Über dem kühlen Wasser sinkt die Lufttemperatur. Die kühle Luft kann nur geringe Mengen Feuchtigkeit aufnehmen. Der vom Meer zum Land wehende Wind wird über dem Wüstenboden zudem erwärmt, sodass sich Wolken auflösen und kein Regen fällt. Außerdem weht ihm der trockene und heiße Südostpassat von den Anden zum Meer entgegen.

Höhenstufen in den Anden
Die Anden sind stellenweise mehr als 6000 Meter hoch. Da die Temperatur je 100 Meter Höhe bei feuchter Luft um ca. 0,5 °C abnimmt, bilden sich an den steilen Andenhängen Höhenstufen der Vegetation mit verschiedenen Wachstumsbedingungen und einer sich wandelnden landwirtschaftlichen Nutzung. Die Ausprägung der Höhenstufen ist abhängig von der Breitenlage des Gebirges. So reicht die heiße Zone (Spanisch: *tierra caliente*) in Äquatornähe bis 1000 Meter Höhe, in Mittelamerika nur bis in 700 Meter Höhe und in den Alpen ist sie gar nicht vertreten.

M6 In der Atacama
In dieser Wüste bleibt alles so erhalten wie in einem trockenen Lagerhaus. Man findet Bergarbeiterbaracken aus der Zeit des Salpeterabbaus, die schon vor hundert Jahren aufgegeben worden waren. Die herumliegenden Konservendosen haben noch keinen Rost angesetzt. Tierleichen bleiben jahrelang erhalten ohne zu verwesen. Sie trocknen nur ein. Die Luft ist so trocken, dass die Haut rissig wird und die Lippen aufreißen. In der Küstenstadt Antofagasta gibt es alle hundert Jahre nur zwei oder drei starke Regenfälle.

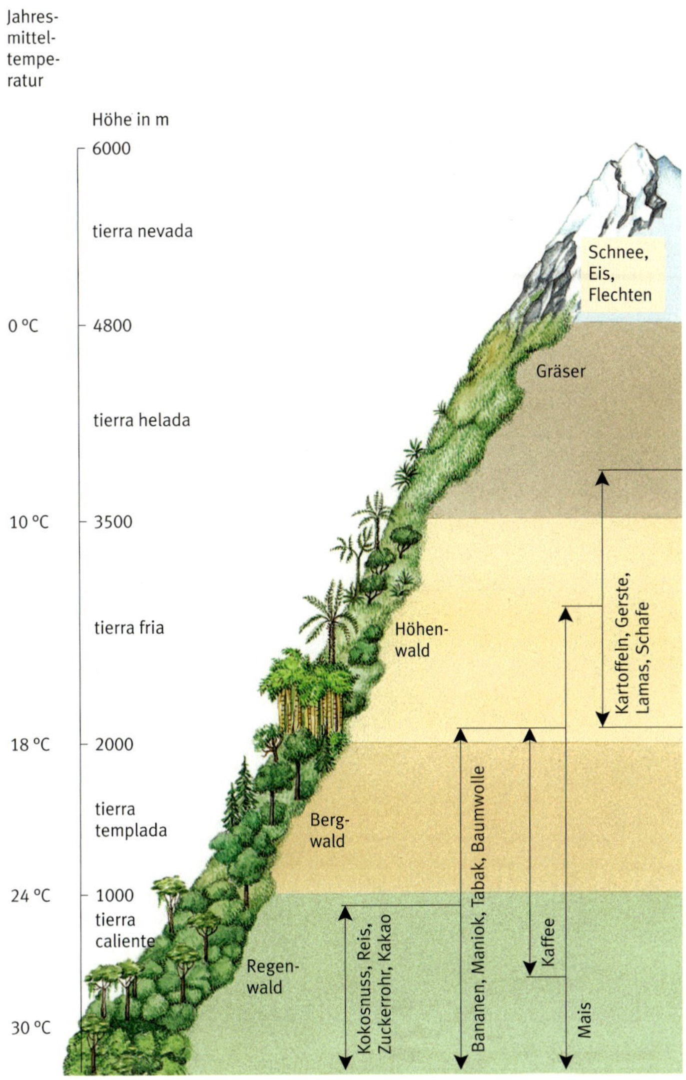

M7 Höhenstufen der Vegetation und der landwirtschaftlichen Nutzung in den tropischen Anden

1. Erkläre den Einfluss der großen Nord-Süd-Erstreckung Amerikas auf Klima und Vegetation (Atlas).
2. Nenne Einflussfaktoren auf die azonale Ausprägung des Klimas und der Vegetation Amerikas (M5, M7).
3. Beschreibe und begründe die Abfolge der Vegetation entlang 20° südlicher Breite (M5).
4. Betrachte M7. Formuliere hierzu Fragen und finde Antworten darauf. Berücksichtige auch die geographische Lage der Anden.
5. Beschreibe und begründe die Abfolge der Höhenstufen der Vegetation in den Anden (M7).
6. Erläutere die landwirtschaftliche Nutzung der Höhenstufen durch die Menschen (M7).

Naturraum

M1 Die Niagarafälle liegen zwischen Ontario- und Eriesee. Das Wasser trägt ununterbrochen Gestein von der Oberkante ab. Deshalb „wandern“ die Kanadischen Fälle etwa um 1,5 Meter jährlich zurück.

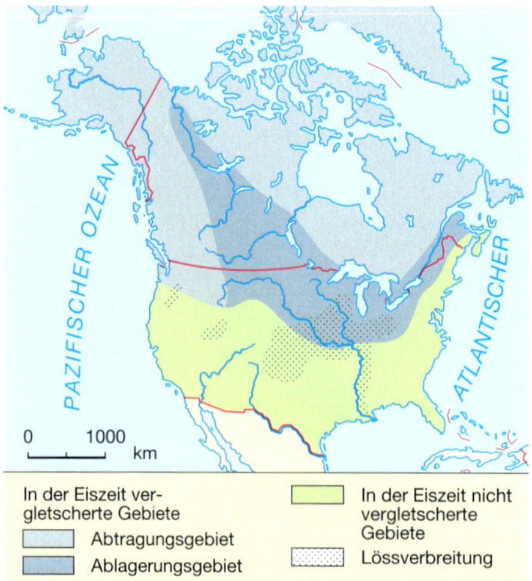

M2 Die Vereisung Nordamerikas im Pleistozän (vor 1,75 Mio. bis 10 000 Jahren vor heute)

Die Natur Nordamerikas umfasst eine Fülle von unterschiedlichen Landschaften, mit Vulkanen, Fjorden, Gebirgen, Ebenen, Wüsten und Halbwüsten sowie fruchtbare Tiefländer.
Wir hören aber auch von verheerenden Wettererscheinungen, die immer wiederkehrend zu Verwüstungen und sogar Todesopfern führen.
Welche Besonderheiten der Oberflächenformen und des Klimas kennzeichnen Nordamerika?

Abtragungs- und Aufschüttungsgebiete

Der Norden Nordamerikas war im Pleistozän ähnlich wie Nordeuropa von einer riesigen Eiskappe, der größten der Welt, bedeckt. Die Eismassen stießen hier wegen der meridionalen Anordnung der Gebirge weiter nach Süden vor als in Mitteleuropa. Die Vereisung prägte den Kanadischen Schild rings um die Hudsonbai. Die Eismassen trugen den Boden ab, legten alte Gesteine frei und schufen Fjorde, Rinnen, Wannen sowie tiefe Becken. Diese Hohlformen füllten sich nach dem Abtauen des Eises mit Wasser.
Ebenfalls die Großen Seen in Nordamerika verdanken ihre Entstehung der Vereisung. Die Gletscher lagerten Material ab und allmählich entstand eine Moränenlandschaft am Rande der Großen Seen. Die Schmelzwässer konnten ungehindert nach Süden abfließen.

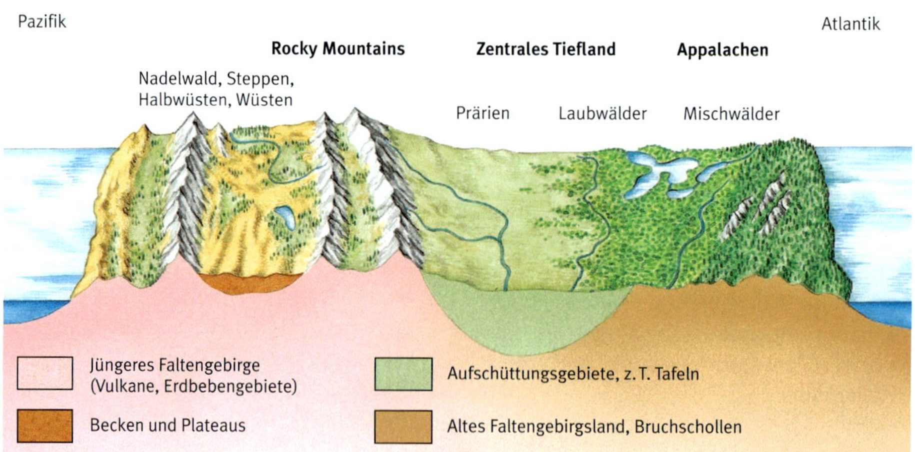

M3 Naturräumliche Gliederung Nordamerikas bei ca. 40° n. Breite

Naturrisiken

Der Westen Nordamerikas wird wegen ausgeprägter Trockenheit regelmäßig von verheerenden Waldbränden heimgesucht.
An der Pazifikküste muss ständig mit Erdbeben gerechnet werden.
Eine besondere Gefährdung entsteht durch Kaltlufteinbrüche aus dem Norden in die zentralen und östlichen Landesteile. Sie lösen die gefürchteten winterlichen Blizzards aus, die in Kanada und im Norden der USA auftreten. Sie führen zu extremen Kälteeinbrüchen. Innerhalb weniger Stunden kann es zu Temperaturstürzen von 30 Grad Celsius kommen. Blizzards sind mit heftigen Schneefällen verbunden.

Chinooks sind Westwinde, die vor allem in Kanada innerhalb von Stunden zu Temperaturanstiegen von 20 Grad Celsius führen. Die Farmer freuen sich im Frühjahr über diesen „Schneefresser", fürchten ihn aber, wenn er im Sommer die Getreidehalme bei 40 Grad Celsius verdorren lässt.

Der Süden wird durch tropische Wirbelstürme aus der Karibik gefährdet.
Tornados sind Wirbelstürme von geringem Durchmesser und kurzer Dauer. Ihr Kennzeichen ist eine weit sichtbare Wolkensäule, die sich wie ein Rüssel zum Erdboden erstreckt. In ihm dreht sich der Wind mit einer Geschwindigkeit von rund 500 km/h. Tornados werden durch den Aufeinanderprall kalter Luftmassen aus dem Nordwesten und warmer Tropenluft aus dem Süden ausgelöst. Tornados zerstören durch ihre ungeheure Energie alljährlich ganze Siedlungen. Es gibt keine Möglichkeiten Tornados zu bekämpfen, wohl aber ein ausgeklügeltes Frühwarnsystem.

Hurrikans treten alljährlich im Spätsommer auf und richten große Verwüstungen an der Ostküste sowie in Mittelamerika an. Diese tropischen Wirbelstürme führen zu starken Zerstörungen durch Wind. Vor allem durch die von der Sogwirkung des Hurrikans ausgelösten Sturmfluten sowie hohe Niederschlagsmengen kommt es zu enormen Schäden im Küstenbereich.

M4 Tornado

M5 Naturrisiken in Nordamerika

1. Beschreibe die naturräumliche Gliederung Nordamerikas bei 40° nördlicher Breite (M3).
2. Unterscheide Abtragungs- und Ablagerungsgebiete. Gehe auf ihre Entstehung ein (M2).
3. Begründe den Seenreichtum rund um die Hudsonbai (M2).
4. Nenne Naturrisiken Nordamerikas und bezeichne die gefährdeten Gebiete (M5).
5. Begründe das Auftreten der Blizzards und Tornados in Nordamerika. Welche Gebiete sind betroffen und welche Gefahren gehen von ihnen aus (M4, M5)?

Entstehung der Vereinigten Staaten von Amerika (USA)

M1 Siedlungsgebiete der Ureinwohner und Einwanderer im 18. Jahrhundert in Nordamerika

Besiedlung und Einwanderung

In Nordamerika, insbesondere an der Ostküste, tragen viele Orte Namen, die uns bekannt vorkommen: Rome, Potsdam, Berlin, Madrid, Liverpool, Athens, Belfast... Woher stammen diese Namen?

Asiaten besiedeln den Kontinent

Vor über 25 000 Jahren wanderten Menschen aus Asien über die damals trocken liegende Beringstraße nach Nordamerika. Sie waren die Vorfahren der heutigen indianischen Bevölkerung.

Besitznahme durch Europäer

Seit dem 17. Jahrhundert besiedelten Europäer den Kontinent; sie kamen vor allem aus Großbritannien, Irland, Deutschland, Frankreich und Skandinavien. Auch Spanien, das weite Teile Südamerikas erobert hatte, besetzte einige Regionen im Süden Nordamerikas. Großbritannien und Frankreich gründeten Kolonien in den östlichen sowie nördlichen Landesteilen. Nach einem Krieg musste Frankreich seine Kolonie im heutigen Kanada an Großbritannien abtreten; der gesamte Norden Amerikas kam unter britische Herrschaft. Auch nach der Unabhängigkeit der Kolonien von Großbritannien 1776 blieb Englisch die vorherrschende Sprache. Daher bezeichnet man den nordamerikanische Kontinent bis heute als „Angloamerika“.

M2 Jäger in Tundra und Nadelwald

Die Inuit sind die jüngsten Einwanderer Amerikas aus Sibirien. Sie jagten Karibus, eine Renart der Tundra, und im Küstenbereich Robben, Wale sowie andere Meerestiere. Die Indianer gaben den Inuit den Namen „Eskimos“ (Rohfleischesser), weil sie aus Brennstoffmangel die Beute roh verzehrten. Sie selbst nennen sich „Inuit“ (Menschen). Heute führen die meisten Inuit ein modernes Stadtleben. Allerdings ist die Zahl der Arbeitslosen unter den Inuit in Kanada hoch. Sie sind nach wie vor eine sozial benachteiligte Bevölkerungsgruppe. Zur Bewahrung ihrer Traditionen und Lebensform wurde das Territorium „Nunavut“ eingerichtet. Es soll bis 2008 die Selbstverwaltung erhalten.

Verdrängung der Indianer

Bis 1890 war der gesamte nordamerikanische Kontinent von den Europäern besiedelt worden. Die Siedler bekämpften die dort lebenden Indianervölker und verdrängten sie aus ihren Siedlungsgebieten. Durch Kriege, durch die Vernichtung der Büffelherden sowie durch eingeschleppte Krankheiten verloren Millionen Indianer ihr Leben.

Sklavenhandel

Vom 17. bis 18. Jahrhundert wurden rund zehn Millionen Afrikaner als Sklaven nach Nordamerika verschleppt. Sie wurden als billige Arbeitskräfte auf den Tabak- und Baumwollplantagen der Südstaaten eingesetzt.

Entstehung und Entwicklung

Wir sprechen von „Amerika“, von den „Staaten“ oder von den „USA“. Gemeint sind die Vereinigten Staaten von Amerika (United States of America: USA).

LB 17 Nr. 7

13 rote + weiße Streifen
↓ erinnern an 13 ehem. engl. Kolonien, die sich nach kriegerischer Auseinandersetzg. mit Engld. 1775-1783 als unabhängige Bundesstaaten vereinigten

50 Sterne ≙ Anz. d. Bd.staaten

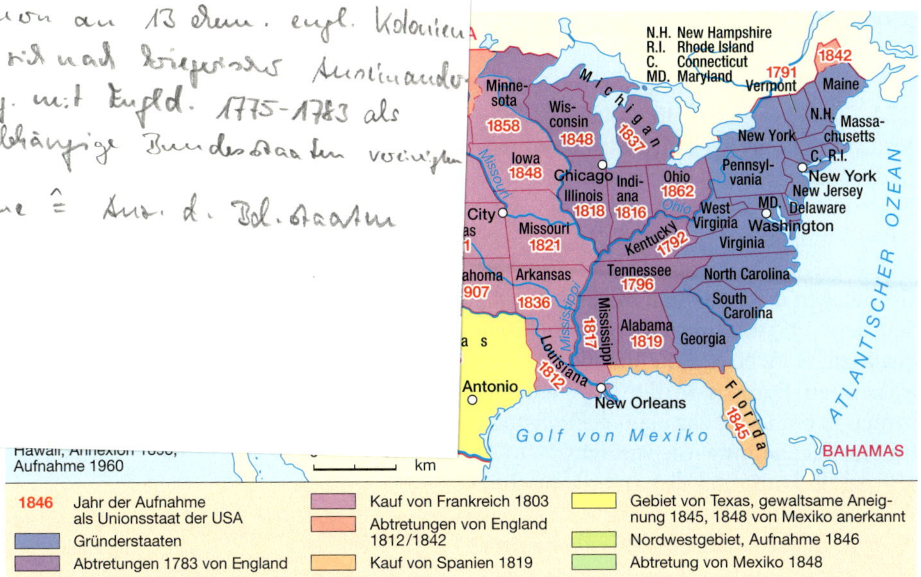

M3 Territoriale Entwicklung der USA

M5 Die Flagge der USA

Staatliche Gliederung

Die Vereinigten Staaten von Amerika sind ein Staatenbund aus 50 gleichberechtigten Bundesstaaten und dem District of Columbia, genannt „Washington D. C.“, als Sitz der Bundesregierung. Die Verfassung – die älteste noch gültige schriftliche Verfassung der Welt – formuliert die Befugnisse und Aufgaben der Bundesregierung. Die einzelnen Bundesstaaten haben ihre eigenen Verfassungen und Gesetze.

Geschichte

Am 4. Juli 1776 erklärten 13 englische Kolonien ihre Unabhängigkeit von Großbritannien und bildeten die Vereinigten Staaten von Amerika (= Nationalfeiertag: Independence Day). Sie gaben sich eine Verfassung, die den einzelnen Bundesstaaten große Eigenständigkeit sowie jedem Bürger möglichst große Freiheit und Selbstbestimmung gewährt.

Besonders im 19. Jahrhundert erweiterten die USA durch Kriege gegen Spanien, Mexiko und Großbritannien ihr Territorium. Zahlreiche Gebiete wurden auch durch Kauf erworben (z. B. Alaska von Russland). Die weißen Siedler drängten die Ureinwohner immer weiter aus ihren Siedlungsgebieten nach Westen zurück.

M4 Rede eines Irokesenhäuptlings

Wärt ihr Weißen nicht gekommen, wäre das Land noch so, wie es war. Alles hier wäre unversehrt. Ihr sprecht von „Wildnis“, doch die Wildnis war nicht wirklich wild – sie war frei. Tiere sind nicht wild, sie sind frei. Und so waren auch wir „Wilden“ einfach freie Menschen! Wären wir blutrünstige Wilde gewesen, hätte Kolumbus diese Insel nicht mehr lebend verlassen.

1. Begründe die Bezeichnung „Angloamerika“ für den Norden des Doppelkontinents (M1).
2. Finde im Atlas Städtenamen, die auf die Besiedlungsgeschichte in Angloamerika schließen lassen. Erkläre.
3. Nenne Gründe, warum in Alaska russische Bräuche gepflegt werden und in Kanada sowohl Englisch als auch Französisch Amtssprachen sind (M1).
4. Erkläre anhand von Beispielen, wie sich die Besiedlung Nordamerikas durch die Europäer auf die Ureinwohner auswirkte (M1, M2).
5. Erkläre die Landesbezeichnung „Vereinigte Staaten von Amerika“ (M3).
6. Beschreibe den zeitlichen Verlauf der Ausdehnung des Territoriums der USA (M3, M4).
7. Im Sternenbanner, der Nationalflagge der USA, sind 50 Sterne und 13 rote bzw. weiße Streifen enthalten. Erkläre (M5).
8. Nenne Gründe für die ausgeprägte Selbstständigkeit der Bundesstaaten der USA (M4).

Wirtschaftsräume

Der Begriff „Hightech“ stammt aus den USA. Er symbolisiert die Spitzenstellung des Landes in der Weltwirtschaft. Wodurch ist die Industrie der USA gekennzeichnet? Wie passt sie sich neuen technologischen Entwicklungen an?

Grundlagen der Industrialisierung

Seit dem 19. Jahrhundert wanderten viele qualifizierte Arbeitskräfte aus den Industriezentren Europas in die USA ein. Sie kamen in ein Land, das über alle Rohstoffe für eine eigene Industrie verfügte.

Mit der Kolonisation des amerikanischen Westens erlebte die eisenverarbeitende Industrie – insbesondere die Eisenbahn- und Maschinenbauindustrie – einen gewaltigen Aufschwung; später kamen Automobil-, Elektro- und Chemie-Industrie hinzu.

Durch den gewaltigen Strom der Einwanderer war zudem ein großer Absatzmarkt für Gebrauchsartikel sowie Lebensmittel entstanden. Die großen Industriezentren des 19. und frühen 20. Jahrhunderts entstanden vor allem im Nordosten – im „Manufacturing Belt“.

Technische Erfindungen oder Entdeckungen der Wissenschaft – so genannte „Innovationen“ – werden in den USA meist schneller als in Europa für die Entwicklung neuer Produkte genutzt.

Auch die Erfindung des Mikrochips führte zuerst in den USA zur Entwicklung neuer Industriezweige, z. B. der Computerindustrie. Diese neuen Hightech-Industrien siedelten sich dort an, wo es die für sie günstigsten Bedingungen gab: im südlichen „Sunbelt“ der USA.

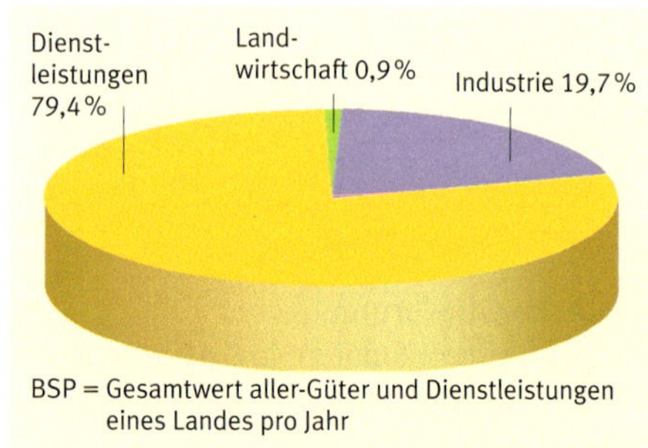

M2 Anteil der Wirtschaftssektoren am Bruttosozialprodukt (BSP) der USA, 2004

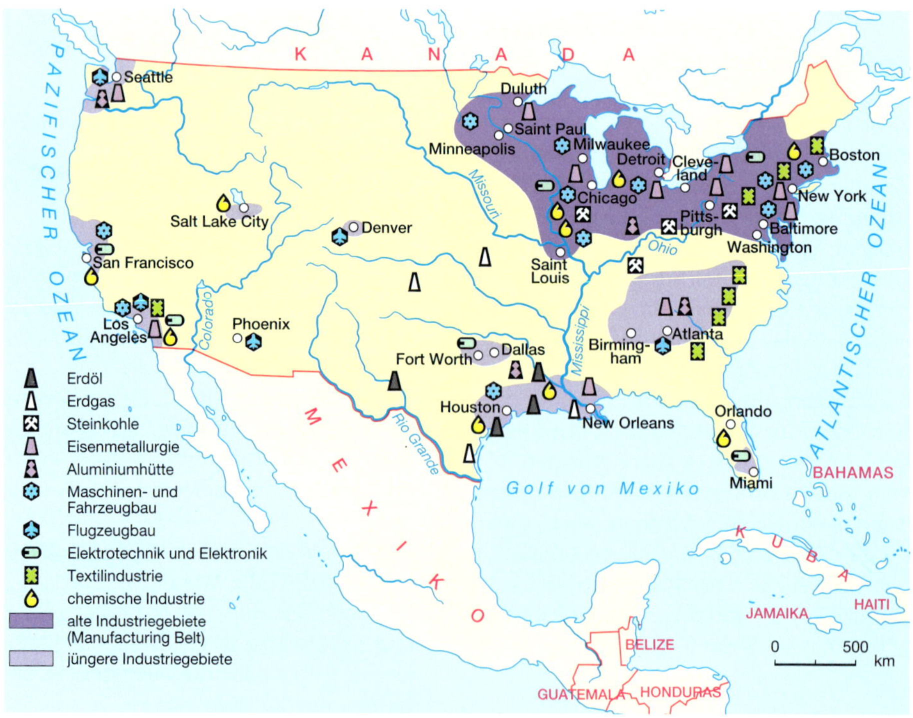

M1 Hauptwirtschaftsräume der USA

Der Manufacturing Belt

In diesem Industriegürtel im Nordosten der USA wird die Hälfte der Industrieproduktion der USA erzeugt. Seine Entwicklung begann im frühen 19. Jahrhundert. Auf der Grundlage ertragreicher Steinkohlevorkommen sowie reicher Eisenerzlagerstätten und wegen des steigenden Bedarfs an Metallen entwickelte sich Pittsburgh zu einem wichtigen Zentrum der Metallurgie. An den Küsten der Großen Seen siedelten sich Metall verarbeitende Industrien an. Später kamen weitere Industriezweige wie der Werkzeugmaschinenbau, die chemische Industrie und der Bau chemischer Anlagen hinzu. 1940 lebten im Manufacturing Belt auf zehn Prozent der Staatsfläche 48 Prozent der Bevölkerung und 70 Prozent der Industriebeschäftigten der USA.

Krise und Veränderung

Ähnlich wie das Ruhrgebiet in Deutschland geriet der Manufacturing Belt seit den 1970er-Jahren durch Rückgang der Produktion und Abwanderung von Betrieben in eine Krise. Besonders die Automobilindustrie, aber auch die Stahlerzeugung brachen ein. Der Verlust von Arbeitsplätzen ging mit einem Verfall der großen Städte einher.
Fördermaßnahmen zur Ansiedlung neuer Industrien haben danach einen erfolgreichen Strukturwandel im Manufacturing Belt eingeleitet. Er ist bis heute der wichtigste US-amerikanische Wirtschaftsraum geblieben.

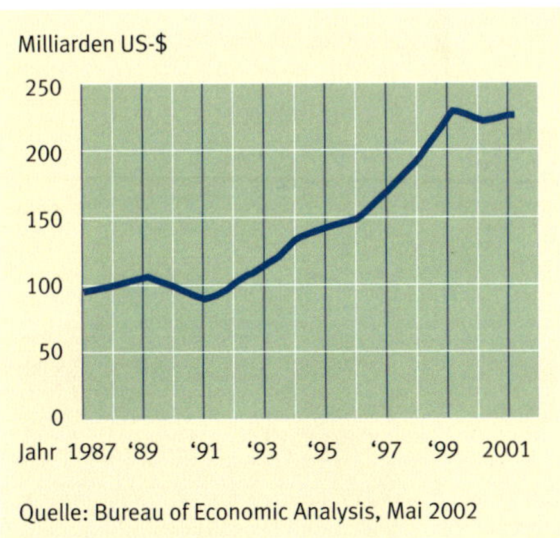

M3 Autoproduktion der USA in Mrd. US-Dollar

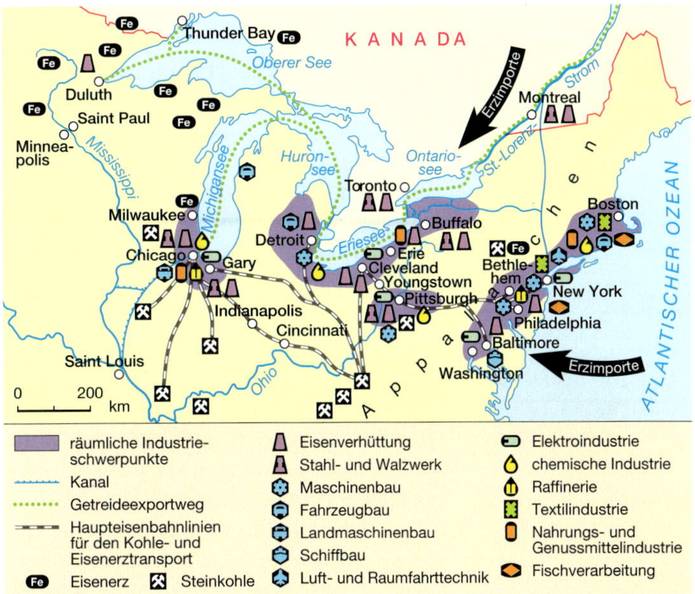

M4 Gliederung des Manufacturing Belt

Gründe für den Bedeutungsrückgang
- Produktionsrückgang in rohstoffabhängigen Industriezweigen (z. B. Stahlkrise)
- Veraltete Produkte z. B. im Maschinen- und Fahrzeugbau
- Hohe Energiekosten
- Hohe Umweltbelastung und dadurch Verschlechterung der Lebensbedingungen
- Verschärfte Konkurrenz im In- und Ausland

Manufacturing Belt

Industrielle Wiederbelebung
- Entwicklung neuer Produkte und Technologien
- Qualifizierung und Weiterbildung der Beschäftigten
- Erhöhung der Produktivität in den alten, bestehenden Industriezweigen (z. B. Eisenmetallurgie)
- Entwicklung neuer Industriezweige wie Elektronik
- Förderung der Forschung
- Verbesserung der Umwelt- und Lebensbedingungen

M5 Veränderungen im Manufacturing Belt

1. Beschreibe den Anteil der Wirtschaftssektoren an der Wirtschaftsleistung in den USA (M2).
2. Kennzeichne die wirtschaftsräumliche Gliederung der USA. Unterscheide alte und neue Wirtschaftsräume (M1).
3. Beschreibe die Lage des Manufacturing Belts und nenne Ursachen für die Herausbildung dieses Wirtschaftsraumes (M1, M4, Atlas).
4. Analysiere die Struktur des Manufacturing Belts. Erarbeite dazu eine Tabelle und ordne seinen räumlichen Industrieschwerpunkten Bodenschätze sowie Industriezweige zu (M4).
5. Erkläre Veränderungen der Industrie im Manufacturing Belt. Nenne Ursachen und Maßnahmen (M3, M5).

Junge Wirtschaftsräume des Südens

Fern ab vom Manufacturing Belt im Nordosten der USA haben sich in jüngster Zeit vor allem Firmen der Hochtechnologie (Hightech) sowie Dienstleistungsunternehmen im Süden der USA angesiedelt. Beispiele sind Kalifornien, die Golfküste und Florida. Welche Gründe gibt es für diese Entwicklung? Was kennzeichnet diese jungen Wirtschaftsräume?

Der Sunbelt

Die Amerikaner nennen alle Gebiete, die südlich des 37. Breitenkreises liegen, „Sunbelt" – im Gegensatz zum „Frostbelt" – der nördlichen winterkalten Region.
Billige Arbeitskräfte, geringere Energiekosten als im Norden, niedrige Grundstückspreise, preiswerte Lebenshaltungskosten und hohe staatliche Zuschüsse veranlassten viele Betriebe, sich im sonnenreichen Süden anzusiedeln.
Insbesondere Unternehmen der Hightechindustrie, des Versicherungs- und Finanzwesens sowie andere Dienstleistungen haben die Städte zu so genannten „Boomtowns" gemacht.
In Kalifornien und Florida vollzogen sich tief greifende Veränderungen durch den Massentourismus. An der Golfküste sowie am unteren Mississippi entwickelte sich auf der Basis reicher Erdöl- und Schwefelvorkommen chemische Industrie.

M2 Boomtown Atlanta
Atlanta entstand erst 1837. Der erste große Industriebetrieb kam mit der „Erfindung" von Coca Cola. Forschungs- und Entwicklungsaufträge der Bundesregierung im 2. Weltkrieg waren die Wurzeln für die Produktion in den Bereichen Raumfahrt und Rüstung sowie Telekommunikation. In der Folge siedelten sich die Fluglinie Delta Airlines und der Nachrichtensender CNN an. Investitionen in Forschungs- und Bildungseinrichtungen zogen die Ansiedlung von Schlüsseltechnologien wie Gentechnik und Pharmazie nach sich. Heute wirbt Atlanta mit Steuervorteilen, günstigen Grundstückspreisen sowie einem ausgezeichneten Verkehrsnetz.

M3 Erdölraffinerie in Texas

Orlando vor 1971
Stadt der „Zitronen",
3500 Einwohner,
niedrige Grundstückspreise,
Airport (national),
Themenpark Gatorland (1949)

Ab 1971 Errichtung/Ausweitung von Themenparks
Walt Disney World mit:
Magic Kingdom (1971)
Epcot
Disney's MGM-Studios
Disney's Animal Kingdom (2001)
Sea World (1973)
Universal Studios Florida (1990)
Kennedy Space Center
Gatorland (erweitert)
60 000 Arbeitsplätze direkt in den Parks (ohne Hotels), 90 weitere Attraktionen, 100 000 Hotelbetten, eigene Wasseraufbereitung und Abfallwiederverwertungsanlagen, Hotels, Spielhallen, Sportanlagen, Restaurants, Souvenirläden

Orlando heute
3,4 Mio. Einwohner,
43 Mio. Besucher pro Jahr,
Airport (international) mit
29,2 Mio. Passagieren und
17 Mrd. US-$ Einnahmen pro
Jahr aus dem Tourismus

M1 Orlando (Florida) – vom Sumpfland zur Traumwelt

Silicon Valley

Dieses Tal in Kalifornien ist das Herz der Hightech-Industrie. Das Silicon Valley umfasst etwa 30 Städte, die zu einer einzigen Industriestadt verschmelzen. 7000 Hightech-Firmen – darunter 20 der 100 weltgrößten – haben sich hier angesiedelt. Benannt wurde das 30 Kilometer lange und 15 Kilometer breite Tal nach dem für die Herstellung von Halbleitern verwendeten Werkstoff Silikon. Viele der amerikanischen Hard- und Software-Firmen haben hier ihre Wurzeln; bahnbrechende Erfindungen erfolgten hier:

- 1938 Gründung der späteren Weltfirma Hewlett-Packard in Palo Alto
- 1957 Entwicklung des Transistors auf der Basis der Halbleiter-Technik; Beginn des Hightech-Zeitalters
- 1959 Erfindung des Integrierten Schaltkreises (IC)
- 1971 Der Microprocessor, „das Herz" der Computer, revolutioniert die Computertechnik.

Mittlerweile ist das Silicon Valley ein innovatives Zentrum auf dem Gebiet der Mikroelektronik.

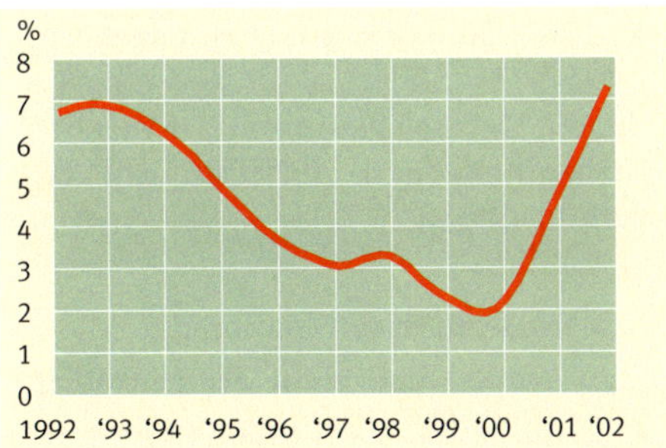

M4 Entwicklung der Arbeitslosigkeit in San José (Silicon Valley) bis 2002

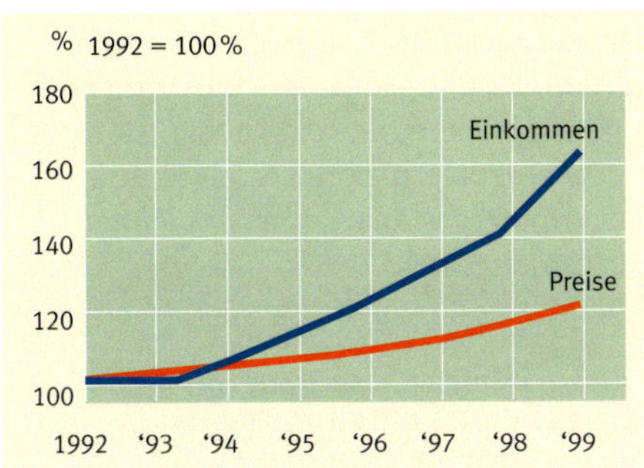

M5 Entwicklung von Preisen und Einkommen im Silicon Valley bis 1999

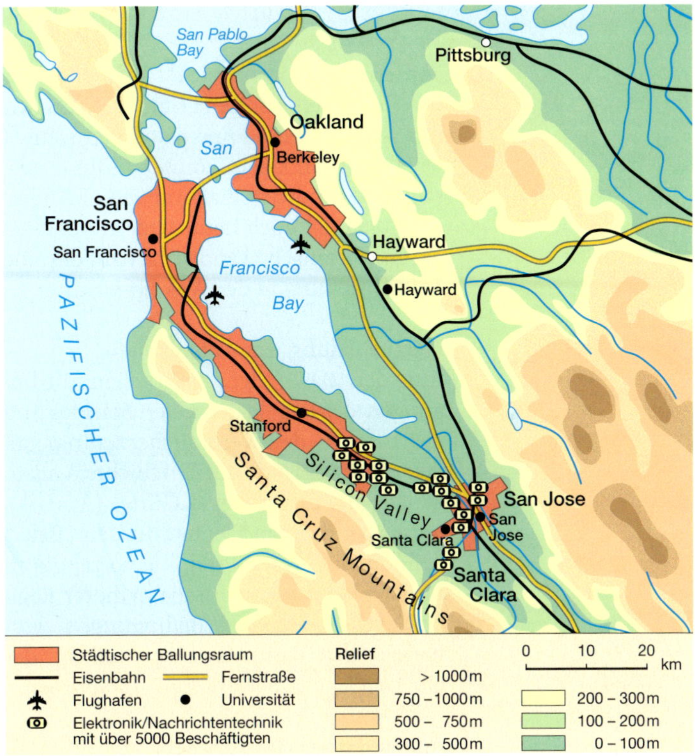

M6 Ballungsraum San Francisco mit Silicon Valley

Vorteile
- Angenehme Umwelt- und Lebensbedingungen
- Gut ausgebaute Infrastruktur
- Fachkräfte aus Universitäten und Hochschulen
- Hochqualifizierte Arbeitskräfte

Silicon Valley

Nachteile
- Hohe Lebenshaltungskosten, die besonders untere Einkommensschichten belasten
- Umweltbelastungen durch hohen Energie- und Wasserverbrauch, hohe Verkehrsdichte

M7 Standortbedingungen im Silicon Valley

1. Nenne Ursachen für die Ansiedlung der Industrie im Sunbelt. Nutze auch die Karte der Wirtschaftsräume auf der vorangegangenen Doppelseite.
2. Erkläre am Beispiel von Orlando (Florida), wie sich touristische Attraktionen auf die Region auswirken (M1).
3. Beschreibe die Lage, das Relief und das Klima des Silicon Valleys (Atlas, M6).
4. Nenne Gründe für die Ansiedlung der Hightech-Industrie im Silicon Valley (M6, M7).
5. Erfasse in einer Tabelle Folgen, die sich aus der hohen Konzentration der Bevölkerung und der Industrie im Silicon Valley ergeben (M4, M5, M7).

Hoch industrialisierte Landwirtschaft

„Amerikas Weizen wächst schneller, als wir ihn essen können, schneller, als wir ihn verschenken können und viel schneller, als wir ihn lagern können.“ Diese Aussage des Landwirtschaftsministers Anderson (1959) ist noch heute bezeichnend für die amerikanische Landwirtschaft, die eine Spitzenstellung in der Welt einnimmt.

Herausbildung von Anbauzonen

Auf der Basis der natürlichen Bedingungen, der Regeln des freien Marktes und der Lage zu den Verbraucherzentren bildeten sich im Laufe der Geschichte Anbauzonen aus, die sich wie Gürtel (Amerik.: *belts*) über das Land legten. In den „Belts“ wurden bestimmte Produkte vorrangig in Monokultur erzeugt, für die in dieser Region die günstigsten Bedingungen vorherrschten. Beispielsweise südlich der Großen Seen der „Corn Belt“ (Maiszone).

Auflösung der Anbauzonen

Die traditionelle Belt-Struktur ist heute bis auf wenige Ausnahmen nicht mehr vorhanden. Die Gründe hierfür sind vielfältig. Die Anlage von Staudämmen für die Bewässerung in Trockengebieten, Züchtung neuer Sorten, Nutzung technischer und chemischer Neuerungen, Absatzschwierigkeiten für bestimmte Produkte, Änderungen der Ernährungsgewohnheiten u. a. m. hatten Verlagerungen von Ackerbau und Viehzucht in andere Gebiete sowie die Umgestaltung der Belts zur Folge.
Die einseitige Ausrichtung auf einzelne landwirtschaftliche Produkte und Nutzungen ist nicht mehr so groß wie früher. Trotzdem sind nach wie vor großräumige Gebiete zu unterscheiden, in denen sich bestimmte landwirtschaftliche Nutzungen konzentrieren: südlich der Großen Seen – Mais, Sojabohnen, Schweinezucht; Mittelwesten – Schlachtrinder, Weizen, Hirse; Gebiet der Großen Seen – Milchwirtschaft.

M1 Die Farmer des Mittleren Westens der USA beauftragen spezialisierte Unternehmen mit der Weizenernte. Diese ziehen mit Mähdreschern und Lastwagen von Süden nach Norden. Sie können an einem Tag mehrere Hundert Hektar Weizen ernten.

M2 Auflösung des Cotton Belts

Der Baumwollgürtel im Süden hat sich vollständig aufgelöst.
Der Baumwollanbau hat sich nach Westen verlagert. In den Bewässerungsgebieten von Texas, Arizona und Kalifornien werden höchste Erträge erzielt.
Der Anbau ist voll mechanisiert. Monokultur ist nur noch selten anzutreffen. Baumwolle ist in den Fruchtwechsel mit anderen Feldfrüchten einbezogen. Der Baumwollanbau ist im ehemaligen Cotton Belt im Süden zugunsten verschiedener Nachfolgekulturen, erweiterter Viehhaltung und Aufforstungen fast verschwunden.

M3 Rindermast in Oklahoma

Die Firma Hitch zieht als Dienstleistung für andere Farmen pro Jahr ca. 350 000 Rinder groß. Auf dem „Feedlot“, dem Fütterungsplatz, stehen ca. 50 000 Tiere. Sie werden medizinisch versorgt: Antibiotika gegen Lungenentzündung, Mittel gegen Würmer, dazu Vitamine und Hormone. Einjährig kommen die Tiere hierher. In vier Monaten erreichen sie hier ihr Schlachtgewicht. Computergesteuert wird das Futter zusammengestellt.

Industriebetrieb statt Bauernhof

An die Stelle der Familienbetriebe sind seit den 1980er-Jahren hoch mechanisierte moderne Farmen getreten. Die Maschinen werden ausgeliehen oder die Farmer las-

M4 Landwirtschaftsgebiete in den USA

sen ihr Land von Unternehmen bearbeiten. Auch die Viehwirtschaft wird immer mehr automatisiert und nach industriellen Methoden geleitet. Eine Vertragsfirma liefert die Futtermittel, überwacht die Produktion und regelt den Absatz. Selbst Ölkonzerne sind Eigentümer von Farmland. Die Großfarmen erzeugen auf zehn Prozent der Nutzfläche ein Drittel der gesamten Agrarproduktion der USA.

Fleisch gesamt	16,0%
Rind- und Kalbfleisch	19,5%
Weizen	7,7%
Mais	38,0%
Sojabohnen	41,3%

M6 Anteil der USA an der Erzeugung landwirtschaftlicher Produkte in der Welt 2002

1910:	13 555	1980:	3731
1940:	10 979	2000:	2953

M7 Beschäftigte in der Landwirtschaft (in 1000)

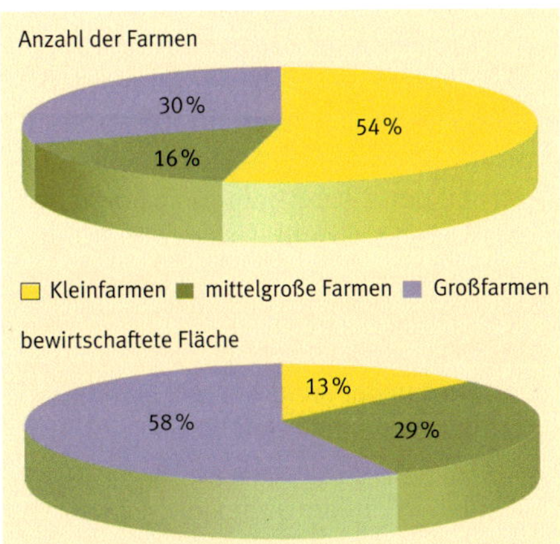

M5 Anteil der Farmen und bewirtschaftete Flächen, 2001

1. Charakterisiere die Stellung der Landwirtschaft der USA in der Welt (M6).
2. Trage in eine Umrisskarte die bedeutendsten Landwirtschaftsgebiete der USA ein (M4).
3. Erkläre am Beispiel des Baumwollanbaus das weitgehende Auflösen der Belts in den USA. Nenne Gründe (M2).
4. Charakterisiere den Weizenanbau in den USA. Gehe auf Anbaugebiete, Erntemethoden und Anteil an der Weltproduktion ein (M1, M4, M6).
5. Erkläre am Beispiel der Rindermast industrielle Methoden in der Landwirtschaft der USA (M3).
6. Nenne Auswirkungen der zunehmenden Industrialisierung der Landwirtschaft in den USA (M5, M7).
7. Vergleicht die Produktionsmethoden der amerikanischen und der deutschen Landwirtschaft. Diskutiert über Vor- und Nachteile. Findet Alternativen.

Umweltprobleme

M1 Ein Brief aus den USA
„...Es ist unglaublich, wie viel Müll produziert wird. Alles in Kunststofftüten, bei jedem Essen Kunststoffgeschirr – alles zum Wegwerfen. Mülltrennung existiert nicht. Benzin ist so billig, dass niemand spart. Es fahren viele alte Autos herum, die 20 Liter Benzin auf 100 Kilometern verbrauchen...“

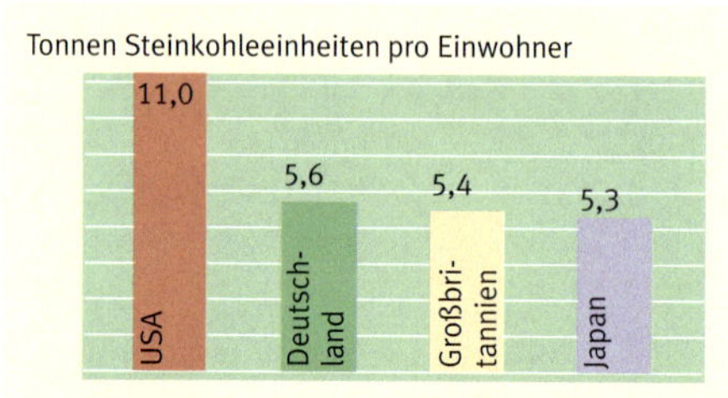

M2 Energieverbrauch je Einwohner in Tonnen Steinkohleeinheiten 2002

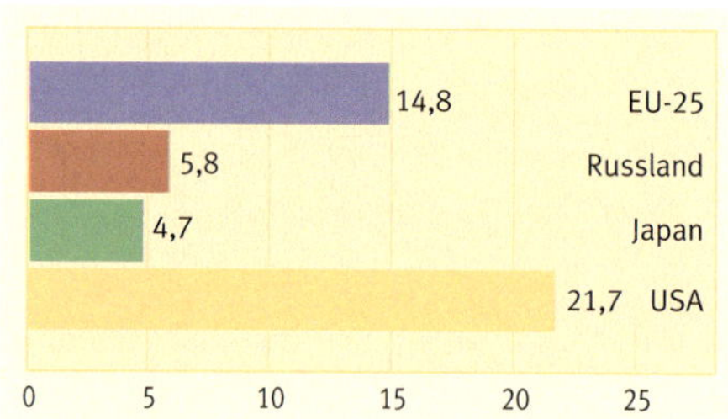

M3 Kohlenstoffdioxid-Emissionen aus Energieverbrauch 2003 in Mrd. t.

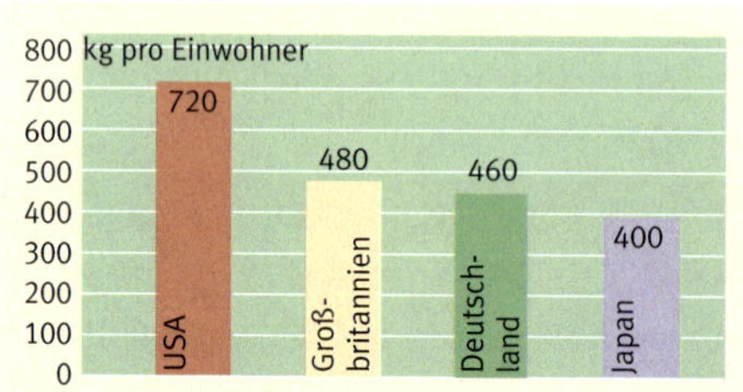

M4 Menge der Abfälle je Einwohner, 2003

M5 Der Monosee in Kalifornien

Luft, Wasser und Boden gehören zu den lebenswichtigen und damit besonders zu schützenden Umweltfaktoren. Wie geht die USA, das bedeutendste Industrieland der Welt, mit diesen natürlichen Ressourcen um? Vor welchen möglichen Umweltproblemen stehen die USA?

Luftverschmutzung

Hoch entwickelte Industrieländer wie die USA haben einen großen Energiebedarf. Mit der Energieerzeugung aus fossilen (nicht nachwachsenden) Brennstoffen, z. B. in Kohlekraftwerken, gelangen auch Schadstoffe wie Kohlenstoffdioxid, Schwefeldioxid und Stickoxide in die Luft. Da die USA Elektroenergie zu fast 70 Prozent aus fossilen Brennstoffen erzeugt, ist der Ausstoß von Schadstoffen im Vergleich zu anderen Industriestaaten hoch. Hinzu kommt die Schadstoffbelastung der Luft aus dem Autoverkehr, vor allem im Pendlerverkehr von und zu den Arbeitsplätzen.

Wasserknappheit

Die Süßwasservorkommen in den westlichen Bundesstaaten sind aufgrund der verbreiteten Trockenheit begrenzt. Trotzdem wird auch hier mithilfe großer Bewässerungssysteme intensive Landwirtschaft betrieben. Die Errichtung von Großfarmen in Wüstengebieten tragen ebenso zu einer Verstärkung der Wasserknappheit bei, wie der hohe Wasserverbrauch der großen Städte in diesen Regionen.

M6 Der Monosee im Westen der USA
Die Kalksintertürmchen (Sinter = mineralische Ablagerungen in Gewässern) am Monosee sind Ablagerungen, die erst seit den 1960er-Jahren aus dem See herausragen. Grund: Um den Ballungsraum Los Angeles mit Trinkwasser zu versorgen wird auch das Wasser einiger Zuflüsse des Sees genutzt.
Der Seespiegel sinkt seither ständig ab und der Salzgehalt des Wassers nimmt zu. Das hat auch zur Folge, dass immer weniger Pflanzen und Tiere existieren können. Fachleute befürchten, dass der Monosee zu einer Salzwüste wird.

Bodenerosion

Die Great Plains – die Kornkammer der USA – sind besonders von Bodenerosion betroffen. Hier fallen die meisten Niederschläge von April bis September oft als Starkregen. Der Boden kann mit einem Mal nicht so viel Wasser aufnehmen und es entstehen Rinnsale, die bei nicht ausreichender Vegetationsdecke den Boden aufreißen. Im Winter sind die Great Plains überwiegend trocken. Winde können über den offenen Flächen hohe Geschwindigkeiten erreichen. Sie treffen gerade in der vegetationslosen Zeit auf die brachliegenden Felder und verursachen so große Bodenverluste.

Staubsturm in den Great Plains

Die Great Plains werden aufgrund ihrer Trockenheit und Windanfälligkeit auch „Staubschüssel" (Amerik.: *dust bowl*) genannt. Mitte der 1930er-Jahre kam es in den Great Plains zu einer Staubsturmkatastrophe, als nach einer sehr langen Trockenperiode heftige Stürme entstanden. Dabei gingen etwa 350 Millionen Tonnen fruchtbaren Ackerbodens verloren. Teile der Staubwolke wehten bis nach Chicago und New York. Die Folgen waren verheerend. Große Gebiete von Acker- und Weideland waren unbrauchbar geworden und viele Farmer mussten ihre Farmen aufgeben. Ein umfangreiches staatliches Programm zur Förderung von Maßnahmen zur Bodenerhaltung sowie eine Schulung der verbliebenen Farmer in angepasster Bodenbearbeitung sollen zukünftig Staubkatastrophen verhindern.

M7 Maßnahmen zur Verminderung der Bodenerosion

- Konturpflügen: Pflügen parallel zu einem Hang
- Dry-Farming: Wechsel bestellter und brachliegender Felder
- Umwandlung von Ackerland in Grasland oder Wald
- Stubble-Mulching: Aussaat ohne vorheriges Pflügen
- Strip-Cropping: Der Anbau erfolgt auf parallel verlaufenden Feldern mit unterschiedlichen Kulturen.

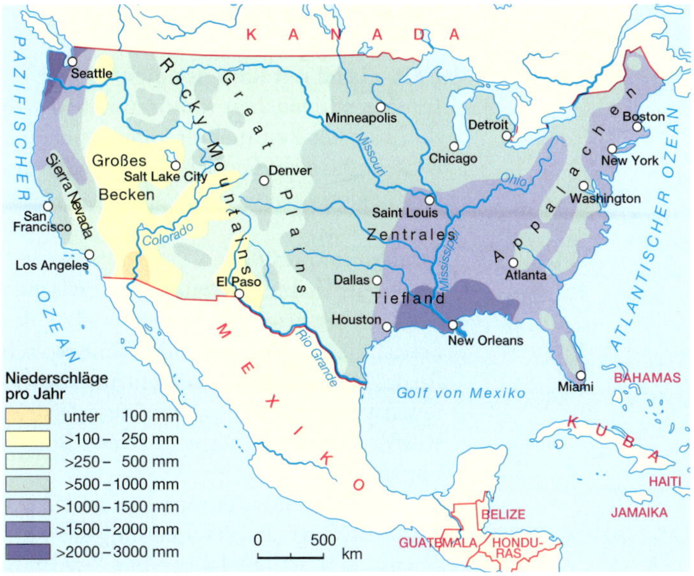

M8 Niederschlagsverteilung in den USA

M9 Strip-Cropping: Wechsel dichterer Kulturen (z. B. Futtergräser) mit weniger dichten Kulturen (z. B. Weizen)

1. Erkläre die Zusammenhänge zwischen Schadstoffbelastung der Luft und Energieverbrauch in den USA (M3, M4). Vergleiche mit anderen Industrieländern.
2. Erkläre die Probleme der Wassernutzung im Westen der USA (M1, M6, M8).
3. Diskutiert über das Umweltverhalten amerikanischer Bürger (M1, M2, M5). Vergleicht auch mit eurem Verhalten.
4. Begründe, warum die Great Plains besonders anfällig für Bodenerosionen sind (M8). Nutze auch die Doppelseite „Naturraum" (S. 14/15).
5. Erläutere Maßnahmen gegen die Bodenerosion in den Great Plains und bewerte sie (M7, M9).

Die nordamerikanische Stadt

S liest laut

USA – Land mit Riesenstädten

In unterschiedlichen Kulturen haben sich im Laufe der Zeit mehrere Stadttypen entwickelt, die sich deutlich voneinander unterscheiden.

Struktur und Kräfte

Neben der dichten Bebauung ist zwischen dem gitterförmigen Straßennetz des Schachbrettgrundrisses die Skyline typisch für das Stadtbild. Das Stadtzentrum (Downtown) prägt der Central Business District (CBD). Außerhalb herrscht offene Bebauung vor.

Im Unterschied zu Europa entstanden die Städte im Zuge der Erschließung des Kontinents erst im 19. Jahrundert. Tradition spielte eine untergeordnete Rolle. Ihre Verteilung und ihre Struktur wurden bestimmt durch die Form der Landnahme, die wirtschaftliche Entwicklung und den Eisenbahnbau. Nur die frühen Städte im Osten und Süden – wie Boston und New Orleans – weisen in ihrem Kern auf die europäischen Vorbilder hin.

SST/116

M2 Wohnen und Arbeiten in Downtown

Auf ihrem Weg zur Arbeit müssen Millie Juran und Steffi Szabo viermal umsteigen – trotzdem sind die beiden in vier Minuten im Büro. Sie müssen das Haus gar nicht verlassen und erreichen den Arbeitsplatz im 15. Stock mithilfe von Expressfahrstühlen.

Beide haben ihre Büros im 90. Stockwerk eines Wohn- und Geschäftsgebäudes. Von hier oben ergibt der Blick über die Stadtlandschaft ein regelmäßiges, quadratisches Straßenmuster. Der CBD mit seinen Hochhäusern wird von einem Stadtautobahnring umschlossen. Daran schließen sich eine dichte, aber flache Bebauung von Wohn- und zunächst auch Gewerbeflächen an. Je weiter der Blick reicht, desto mehr Grünflächen sind zwischen den Wohngebäuden im Bungalowstil zu erkennen. Am Horizont „franst" die Stadt allmählich aus; es beginnt der ländliche Raum.

SST/116

M1 Nordamerikanische Stadtlandschaft am Beispiel von Houston/Texas

M3 Die Megalopolis Bos-Wash

Die Megalopolis

Bei einem Nachtflug von Boston nach Washington sieht man unter sich ein endloses Lichtermeer. In dieser Megalopolis (Riesenstadt) zwischen beiden Städten (Bos-Wash) wohnen auf zwei Prozent der US-amerikanischen Staatsfläche ca. 50 Millionen Menschen dicht beieinander. Auf rund 760 Kilometern Länge reiht sich hier Großstadt an Großstadt, mit Vororten und Industriegebieten, Eisenbahnen, Highways sowie Flugplätzen. Ähnliche Städtebänder haben sich zwischen Chicago und Pittsburgh (Chi-Pitts) sowie San Francisco und San Diego (San-San) gebildet.

Klein- und Mittelstädte

Klein- und Mittelstädte unterscheiden sich in ihrer Grundstruktur nicht wesentlich von den Großstädten. Auch ihnen fehlt der zentrale Marktplatz, auch bei ihnen ordnen sich die Kirchen in die Straßenzüge ein, stehen diese nicht an zentraler Stelle. Ihr Straßennetz ist ebenfalls schachbrettartig, wirkt ein wenig eintönig. Der Main Street kommt eine zentrale Rolle als Geschäftszentrum zu, sie übernimmt gewissermaßen die Rolle des europäischen Marktplatzes. Auch diese Städte ufern aus und nehmen immer mehr ehemaliges Farmland in Anspruch.

	Stadt			Stadt und Umland
	1900	1990	2002	2002
New York	3450000	7323300	8084000	20000000
Los Angeles	102500	3485000	3798000	15300000
Chicago	1698000	2784000	2886000	8500000
Houston	44600	1631000	2010000	4000000
Philadelphia	1294000	1586000	1492000	6000000
San Diego	17700	1111000	1260000	2600000
Phoenix	5500	1054000	1372000	2500000
Dallas	42600	1007000	1211000	4400000
San Antonio	53300	932000	1194000	1500000
Detroit	285700	1028000	925000	5300000

M4 Bevölkerungszahlen der zehn größten Städte der USA und ihr Umland

1. Beschreibe das Erscheinungsbild einer US-amerikanischen Großstadt am Beispiel Houston/Texas (M1, M2).
2. Zeichne eine Skizze von der Gliederung einer nordamerikanischen Großstadt.
3. Beschreibe Lage und Ausdehnung der Städtebänder Bos-Wash, Chi-Pitts und San-San (M3, Atlas).
4. Stelle die Statistik (M4) in einem geeigneten Diagramm grafisch dar.
5. Entwirf eine Faustskizze Nordamerikas, in die du die größten Städteballungen einzeichnest (Atlas).
6. Vergleiche deine Kenntnisse der nordamerikanischen Stadt mit Städtebildern aus deinem Englischbuch und berichte darüber.

Eine mobile Gesellschaft

M1 Wohngebiet der Mittelschicht

M3 Umzug mit dem Haus

Die US-Amerikaner/-innen ziehen häufig um: statistisch gesehen ist es jede/-r „Sechste“ pro Jahr. Die meisten wechseln mehrfach im Leben ihre Berufstätigkeit, sie suchen neue Jobs häufig in weit entfernten Bundesstaaten.

Die autogerechte Stadt

Mehr als 70 Pkw kommen in den USA auf 100 Einwohner. Das Auto lässt die Entfernungen schrumpfen, Wohn- und Arbeitsplätze liegen oft weit auseinander, das Pendleraufkommen in der Nähe großer Städte ist riesig. Hohe Mobilität ist eines der Kennzeichen der nordamerikanischen Bevölkerung. Vieles ist auf das Leben mit dem Auto ausgerichtet: Mehrspurige Highways ziehen sich Hunderte von Meilen durch die Landschaft. Stadtautobahnen und Straßen schlagen regelrecht Schneisen durch die Häuserblöcke, sie verlaufen in mehreren Ebenen übereinander. Autogerechte Einrichtungen findet man in Klein- und Großstädten sowie auf dem Lande: Drive-in-Shops, Drive-in-Kinos, Drive-in-Restaurants, ja sogar Drive-in-Kirchen. Kaum einmal sieht man Fußgänger auf der Straße, von Joggern abgesehen.

M2 Am Rande der Innenstadt von Atlanta

American Way of Life

Mit zunehmendem beruflichen Erfolg steigen die Wohnansprüche: Auf das Apartment in der Stadt folgt das typische amerikanische Holzhaus, und hoffentlich eines Tages der weiße Bungalow in einem Vorort – der Traum eines jeden. Auch die Vorliebe der Amerikaner, mit Gleichgesinnten und sozial Gleichgestellten zusammen zu wohnen, führt zu vielen Umzügen. Die Viertel von Einwanderern, Hispanics, Schwarzen oder Weißen erklären sich hierdurch ebenso wie solche, in denen überwiegend junge Familien wohnen – angezogen von dem guten Ruf einer Schule. Oder wie die Rentnerstädte mit ihren besonderen medizinischen Einrichtungen und Freizeitmöglichkeiten.

Die Liebe zur Natur, zum Wohnen im Grünen, ist ein weiteres Merkmal des „American Way of Life“. Die Stadtlandschaft der USA mit ihren zahlreichen Suburbs (Vororten) findet hier ihre Erklärung – bietet diese städtische Zone doch einen Kompromiss zwischen Stadt und Land.

M4 Drive-in-Hochzeitskirche

M6 Freeway und Shopping Mall in Los Angeles

M5 **Hi Leute,**
ich hab euch ja versprochen, für die Schülerzeitung was über eine echte Mall zu schreiben. Gestern habe ich mit meinen Gasteltern in Bloomington/Minneapolis die Mall of America besucht. Vergesst alles, was ihr an Einkaufscentern bisher kennt. Die Mall of America ist einfach riesig.
Es gibt hier fast 20000 Parkplätze für mehr als eine halbe Million Besucher pro Tag. Manche sollen mehr als 150 Meilen weit hierhin fahren. Die Mall of America ist die größte der USA. Ihre 390000 m^2 Nutzfläche verteilen sich auf vier Stockwerke; an jeder der vier Ecken befindet sich ein Kaufhaus. Sie hat 520 Ladenlokale – alle voll klimatisiert, die Gänge selbstverständlich auch. Und in der Mitte ist Knotts Camp Snoopy, der größte überdachte Freizeitpark in den USA. So etwas habt ihr noch nicht gesehen. Mit Riesenrad und Achterbahn, Autoscooter und was weiß ich. Unmöglich, alles an einem Tag zu schaffen. Außerdem gibt es 22 Restaurants, darunter alle Imbissketten, die ihr kennt, und noch ein paar mehr, 14 Kinos, sogar eine Heiratskapelle. Toll fand ich auch das LEGO-Imagination-Center und ein riesiges Aquarium. Wenn ihr noch mehr wissen wollt, schaut mal unter
http://www.mallofamerica.com
Okay, so long for today. Beim nächsten Mal kommt ein Bericht über Football.
– Steffi –

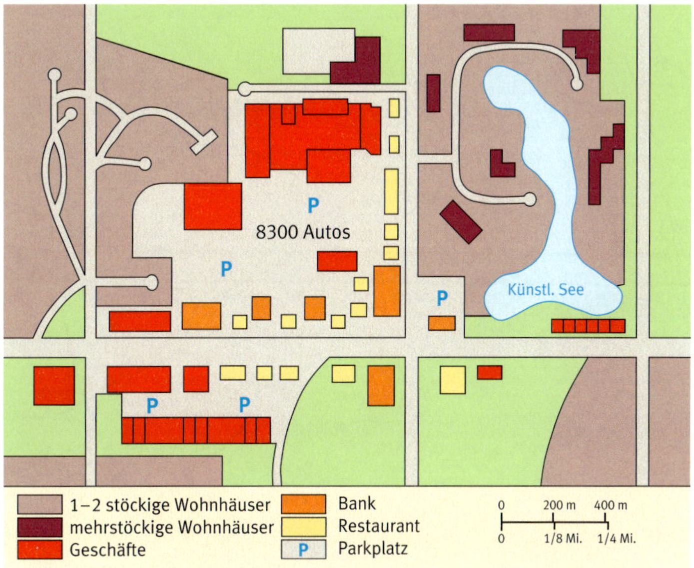

M7 Plan einer Mall (Shopping Center)

1. Beschreibe die Anlage und die Einrichtungen einer autogerechten Stadt am Beispiel von Atlanta (M2).
2. Beschreibe die räumliche Lage und die Struktur einer Mall (M5–M7). Stelle Beziehungen zum Leitbild einer autogerechten Stadt her.
3. Erörtert in der Klasse Vorzüge und Nachteile einer autogerechten Stadt.
4. Erläutere den „American Way of Life“. Beachte die Siedlungsweise, das soziale Verhalten sowie die Einstellung zur Natur (M1–M3).
5. Stelle einen gedanklichen Zusammenhang her zwischen diesen beiden Themen: „Die USA, eine mobile Gesellschaft“ und „The American Way of Life“.

Probleme der großen Städte

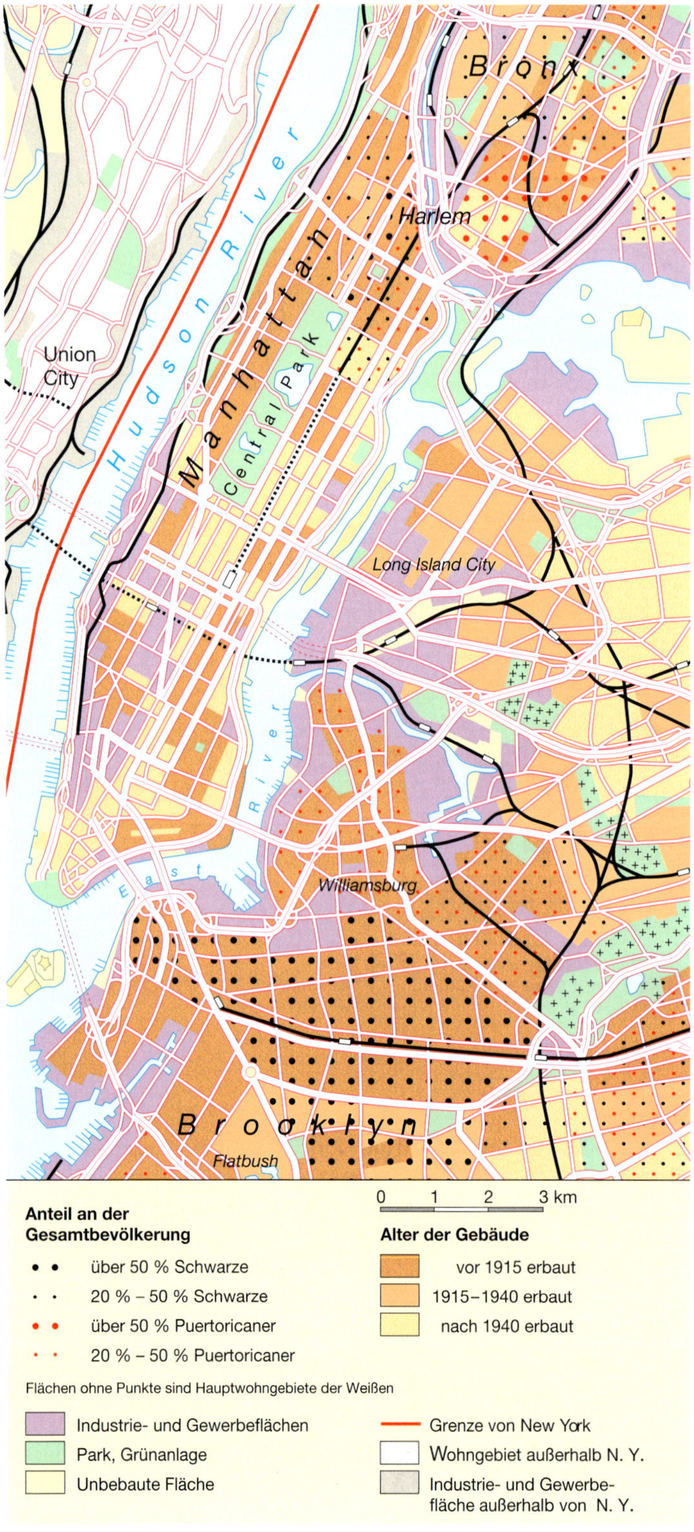

M1 Innerstädtische Verteilung von Bevölkerungsgruppen in New York

M2 Slum in New York

Metropolen wie New York sind längst nicht für alle Bewohner eine Traumstadt: Reichtum und Armut wohnen hier dicht beieinander. Die Mittelschicht – meist aus Weißen bestehend – hat die Innenstädte nach und nach verlassen. Jetzt leben überwiegend sozial Schwächere dort, wozu vor allem die nicht-weiße Bevölkerung zählt. Bei ihnen sind Arbeitslosigkeit, Gewaltbereitschaft, Drogenkonsum und Kriminalitätsraten hoch.

Verfall der Innenstädte

Solche Stadtviertel, Slums, verfallen immer mehr, in manchen stehen vereinzelt ganze Baublöcke leer, werden Häuser in Brand gesetzt. Das Heer der Obdachlosen nimmt ständig zu. Selbst Arbeiter, die für den gesetzlichen Mindestlohn arbeiten, leben oft unterhalb der Armutsgrenze – man nennt sie „Working-Poor“.

Ohne hinreichende Steuereinnahmen fehlt den Städten das Geld um notwendige Reparaturen an Brücken, Tunneln oder dem U-Bahn-Netz vorzunehmen. AIDS-Kranke sowie überdurchschnittlich krankheitsanfällige Babies von rauschgiftsüchtigen Müttern verursachen immense Behandlungskosten.

Die Bürgerinnen und Bürger müssen sich an mehr Unrat auf den Straßen, Verspätungen des ÖPNV, überfüllte Krankenhäuser und das schlechte Niveau öffentlicher Schulen gewöhnen – was noch mehr Wohlhabende aus den Städten treibt.

Irgendwann war ich nicht mehr zufrieden mit dem Leben in der Innenstadt. Viele Geschäfte hatten aufgegeben. Die Straßen wurden nur unregelmäßig gereinigt. Die Müllmänner streikten oft. Wir fühlten uns nicht mehr wohl, zumal der Verkehr immer mehr zunahm und viele unserer Nachbarn auch weggezogen waren.
Da mein Mann und ich eine gute Rente beziehen, entschlossen wir uns 1994, nach Gainey Ranch umzuziehen. Hier draußen ist alles viel schöner, grüner, ruhiger. Unsere Siedlung besteht aus 450 Einfamilienhäusern, sie ist von einer Seenlandschaft umschlossen. Rund um die Uhr sorgt ein Wachdienst, den wir gemeinsam bezahlen, für Sicherheit. Unsere Gärtner pflegen die Grünanlagen, die Hausmeister kümmern sich um alles. Wir regeln unsere Angelegenheiten selbst, die Stadtverwaltung brauchen wir nicht.

Mary Troye, Bewohnerin des Gainey Ranch-Wohnparks in Scottsdale Metro-Phoenix

M3 Gated Community 2002

Suburbanisierung
Die nordamerikanischen Großstädte sind immer weiter ins Umland gewachsen. Wie der CBD mit seinen Bürotürmen, so gehören die zahlreichen Suburbs zum städtischen Erscheinungsbild. Je nach Einkommen der Bewohner entstanden diese zunächst überwiegenden Schlafstädte als eintönige Einfamilienhaussiedlungen oder als Villenbezirk mit aufgelockerter Bebauung. Und auch die Malls an den Ausfallstraßen mit ihren gigantischen Ausmaßen prägen das städtische Gesamtbild.

Die vorläufig letzte Phase dieser Suburbanisierung findet seit etwa 1990 statt: Neuerdings bilden sich im städtischen Umland eigenständige Nebenzentren, Edge Cities, mit sämtlichen Angeboten einer City. Es gibt wichtige Versorgungseinrichtungen wie Krankenhäuser oder Schulen, und ein großes Angebot an Arbeitsplätzen, vor allem im tertiären Sektor. Viele Banken und Versicherungen haben ihre Büros aus dem Zentrum verlegt – aufgrund der niedrigeren Büromieten, aber auch wegen der günstigeren Anfahrtswege.
Somit sind solche Nebenzentren wie die Edge Cities besonders attraktiv als Wohnstandort – fällt doch das weite Pendeln in die CBDs weg: keine morgendliche Rushhour, kein „Stop-and-Go“, keine schlechte Luft in der Nähe der Downtown – und nicht zuletzt: viel Zeitersparnis.

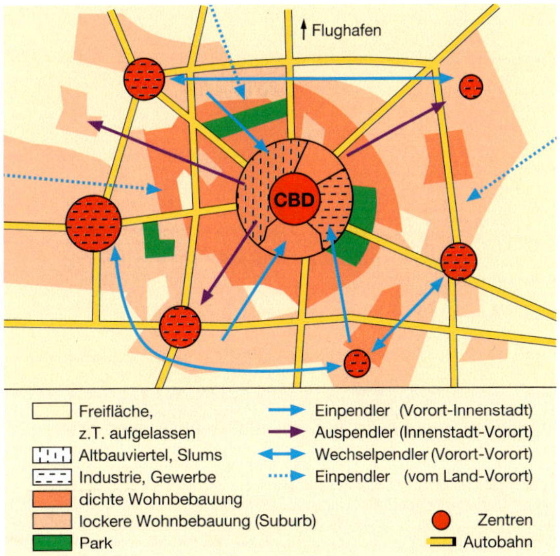

M4 Stadt-Umland-Modell

1. Beschreibe die Lebensbedingungen in einem Getto. Lokalisiere und kennzeichne solche Gegenden im Innenstadtbereich von New York (M1 und M2).
2. Nenne Gründe für den Verfall städtischer Teilräume und für das Entstehen von Slums.
3. Vergleiche die Kennzeichen von Siedlungen wohlhabender Bürgerinnen und Bürger mit denen eines Slums (M3).
4. Beschreibe das Stadt-Umland-Modell; berücksichtige vor allem die Zentren und das Verkehrsnetz (M4).
5. Beurteile, ob es sich bei diesen Zentren um Edge Cities handeln kann (M 4).
6. Vergleiche die Arbeitsbedingungen und die persönlichen Lebensbedingungen in US-amerikanischen Großstädten mit Deutschland. Fertige hierzu eine Tabelle an.

Weltmacht USA

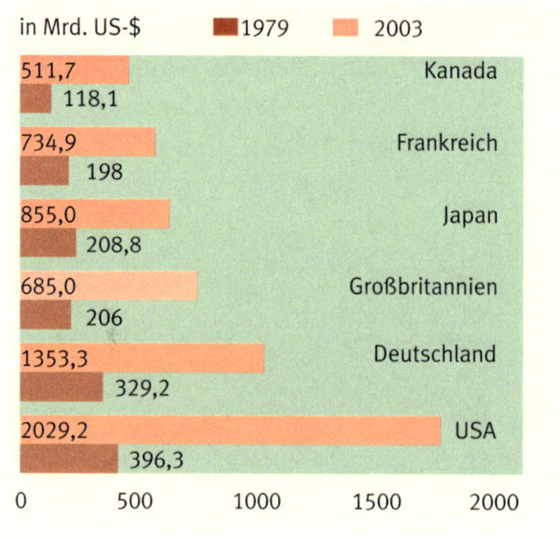

M1 Außenhandel führender Welthandelsländer 1979 und 2003 im Vergleich

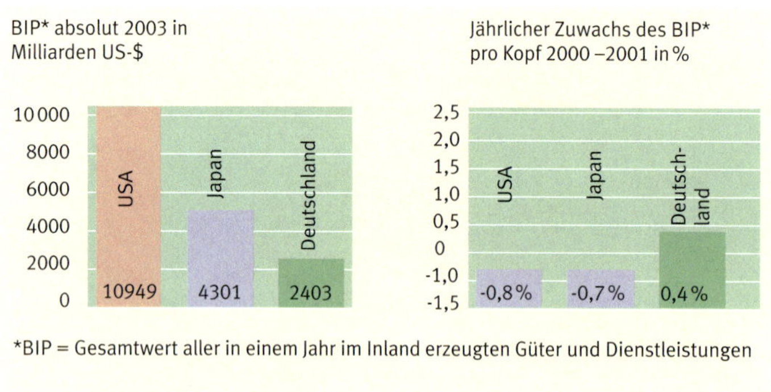

M2 Bruttoinlandsprodukt der drei wirtschaftlich stärksten Länder der Welt

M3 Trümmer des World Trade Centers in New York nach dem Terroranschlag vom 11.09.2001

Der Aufstieg der ehemaligen englischen Kolonie in Nordamerika zur Groß- und Weltmacht des 21. Jahrhunderts ist einzigartig. Heute besitzen die Vereinigten Staaten von Amerika eine Vormachtstellung in der Welt. Welche Merkmale kennzeichnen die Weltmacht USA?

Wirtschaftsmacht

Obwohl weniger als fünf Prozent der Weltbevölkerung in den Vereinigten Staaten leben, werden hier mehr als 25 Prozent der weltweiten Wirtschaftsproduktion erzeugt. Die Industrie arbeitet in den meisten Zweigen mit hoher Produktivität. US-amerikanische Firmen und Betriebe zeichnen sich durch schnelle Einführung neuer Produkte in den Produktionsprozess aus. Auch in der mit industriellen Methoden arbeitenden Landwirtschaft gehören die USA zu den führenden Ländern der Welt.

Weltwährung US-Dollar

Unter Leitung der USA wurde 1945 in Bretton Woods (New Hampshire, USA) die Internationale Bank für Wiederaufbau und Entwicklung (Weltbank) gegründet. Das Grundkapital von 7,6 Milliarden US-Dollar kam fast vollständig aus den Vereinigten Staaten. Auch die Gelder des Internationalen Währungsfonds (IWF), der gleichzeitig zur Unterstützung anderer Länder gegründet wurde, werden in US-Dollar berechnet. Auf dem Weltmarkt werden Erdöl und andere Rohstoffe in US-Dollar bezahlt. Mit der wirtschaftlichen Stärke der USA wurde der US-Dollar zur Leitwährung im Weltwährungssystem.

Politische Führungsrolle

Bedingt durch ihre wirtschaftliche Stärke haben die USA auch eine besondere Rolle in der Weltpolitik. In vielen internationalen Organisationen – z. B. in den Vereinten Nationen (UNO) und ihren Spezialorganisationen – sind die USA vertreten und deren größter Beitragszahler. Bei internationalen Konflikten wie im ehemaligen Jugoslawien oder im Konflikt zwischen Israelis und Palästinensern sind die USA als Vermittler tätig.

Militärische Führungsmacht

Die USA sind Gründungsmitglied des 1949 entstandenen Nordatlantikpaktes (NATO) und deren stärkste Militärmacht. Im Rahmen der NATO und der UNO sind die USA gemeinsam mit anderen Mitgliedsstaaten dieser Organisationen an der Beilegung von Krisensituationen in der Welt beteiligt. Dazu werden vielseitige diplomatische Aktivitäten entwickelt, aber auch militärische Einsätze durchgeführt – z. B. in Afghanistan oder im Kosovo. Nach den Angriffen am 11. September 2001 auf das World Trade Center in New York setzen die USA auch militärische Mittel im Kampf gegen den internationalen Terrorismus ein.

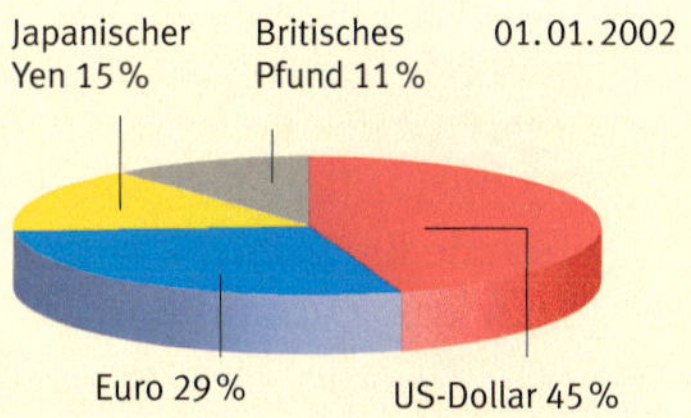

Der Internationale Währungsfonds errechnet die wichtigsten Handelswährungen. Die Gewichtung spiegelt ihre Bedeutung im Welthandels- und Finanzsystem wider.

M4 Weltwährungen im Vergleich

M5 Aus der Rede des amerikanischen Präsidenten George W. Bush vor dem Bundestag in Berlin am 23. 05. 2002

Das Übel, das sich gegen uns formiert hat, ist die „neue totalitäre Bedrohung" genannt worden. Die Verantwortlichen für den Terror versuchen, Atom-, Chemie- und Biowaffen in ihre Hände zu bekommen. Regime, die Terroristen unterstützen, entwickeln Trägerraketen. [...] Wenn wir diese Bedrohung ignorieren, laden wir zur Erpressung ein und Millionen unserer Bürger geraten in große Gefahr. Unsere Reaktion wird ausgewogen, klar, zielgerichtet sein. Wir werden mehr einsetzen als unsere militärische Macht. Wir werden terroristische Finanzströme abschneiden, diplomatischen Druck ausüben und unsere Erkenntnisse austauschen. Amerika wird sich in jeder Phase eng mit seinen Freunden und Verbündeten beraten.

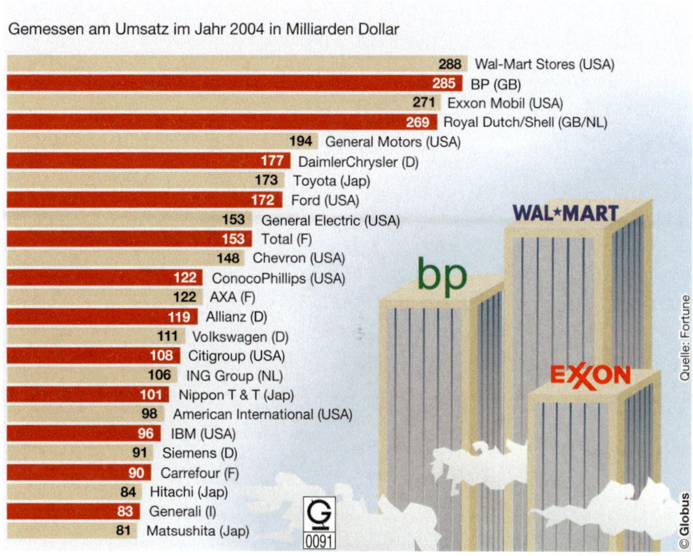

M6 Die größten Unternehmen der Welt

M7 Sitz der Vereinten Nationen in New York. Die USA sind neben Russland, China, Großbritannien und Frankreich ständiges Mitglied im UN-Sicherheitsrat. Sie haben Vetorecht, d. h., sie können Einspruch gegen Beschlüsse der UNO erheben.

1. Beschreibe die Stellung der USA-Wirtschaft im Weltmaßstab (M1, M2, M6).
2. Erkläre die Bedeutung des US-Dollars in der Weltwirtschaft (M4).
3. Begründe anhand von Beispielen die politische Bedeutung der USA in der Welt (M7).
4. Gehe auf die Rolle der USA bei der Bekämpfung des internationalen Terrorismus ein (M4, M5).
5. Wertet Tageszeitungen aus. In welchem Zusammenhang werden die USA erwähnt?

Zusammenfassung

Amerikas Oberfläche ist klar gegliedert. Das Hochgebirgssystem der Kordilleren erstreckt sich im Westen des gesamten Doppelkontinents von Alaska bis zur Insel Feuerland. Im Unterschied zu europäischen Faltengebirgen verlaufen diese in Nord-Süd-Richtung. Diese meridionale Verlaufsrichtung hat großen Einfluss auf die Oberflächengliederung, aber auch auf das Klima und die Vegetation des Doppelkontinents. Kaltlufteinbrüche (Blizzards) und Wirbelstürme (Hurrikane, Tornados) können große Schäden anrichten.

Die anfangs vorwiegend aus Europa – besonders aus Großbritannien und Irland – kommenden Einwanderer prägten den Kulturraum durch die englische Sprache sowie die christliche Religion. Bedingt durch die Geschichte und die bis in die Gegenwart dauernde Einwanderung ist Nordamerika durch das Zusammenleben von Menschen verschiedener Kulturen gekennzeichnet.

Die USA sind die größte Wirtschaftsmacht der Welt. Sie verfügen über umfangreiche Rohstoffvorkommen und eine hoch entwickelte Industrie. Das älteste und bedeutendste Industriegebiet ist der Manufacturing Belt, in dem sich ein Strukturwandel vollzogen hat. Junge Industriegebiete entstanden im Sunbelt (Hightech-Industrie). Auf der Basis reicher Erdölvorkommen entwickelte sich die chemische Industrie an der Golfküste. Die Landwirtschaft ist überwiegend hoch mechanisiert und spezialisiert.
Bedingt durch ihre wirtschaftliche Stärke haben die USA auch eine besondere Rolle in der Weltpolitik.

Die US-amerikanischen Städte weisen vom Stadtzentrum (Downtown) bis zu den Vorstädten (Suburbs) eine klare Gliederung auf. Es entstehen zunehmend Städtebänder mit großer Verdichtung. Der hohe Energie- und Wasserverbrauch ist Ausdruck eines hohen Lebensstandards. Er führt aber zunehmend zu Umweltbelastungen, nicht zuletzt zu hohen Kosten.

Leben in den feuchten und wechselfeuchten Tropen

Die Artenvielfalt des tropischen Regenwaldes ist gigantisch: 30 Millionen Tierarten leben hier. Das Klima der Tropen sowie der Naturraum und seine Nutzungsmöglichkeiten stehen im Mittelpunkt des Kapitels.

Leben in den feuchten und wechselfeuchten Tropen

Tropischer Regenwald

Ein Blick ins Dickicht

Hölle oder Paradies? Manche nennen es ein unheimliches Dickicht, wo auf Schritt und Tritt Gefahren lauern, andere sind fasziniert von der Schönheit der unendlich grünen Welt. Was ist er tatsächlich, der tropische Regenwald?

Im tropischen Regenwald

Die Artenvielfalt ist gigantisch: 65 Prozent aller Pflanzen-, 80 Prozent aller Insekten-, 90 Prozent aller Lianenarten bzw. 30 Millionen Tier- sowie 2500 Baum- und Straucharten der Erde leben hier. Im tropischen Regenwald herrscht ganzjähriges Wachstum. Eine einheitliche Blüte- und Laubfallzeit tritt nicht auf. Jede Pflanze hat ihren eigenen Rhythmus. Samen keimen und die Pflanzen wachsen immer dann, wenn Licht einfallen kann. Die Bestäubung der Blüten übernehmen Insekten, Nektarvögel und Fledermäuse. Säugetiere und Vögel verbreiten die Samen.

Gorilla

M2 Exkursion im tropischen Regenwald

Der Weg ist beschwerlich. Mubale, unser Führer, schlägt mit der Machete den Weg frei. Die großen, grünen Blätter verschiedener Formen scheinen unaufhörlich zu wachsen. Dabei sehen viele Blätter abseits vom Weg eher welk und schlaff aus. Der Beobachtungsstand liegt in einer Lichtung. Hier sind die Blättervielfalt und die sonst eher spärliche Blütenpracht am größten. Alles strebt zum Licht. An Stämmen und Astgabeln sitzen Blüten und Pflanzen. In ihren kelchartigen Blättern sammelt sich Wasser. Der Beobachtungsstand ist in etwa 8 Metern Höhe aus Ästen mit kleinen Blättern gebaut. Aus Lianen hat man Leitern gefertigt. Mit dem Fernglas nehme ich die Krone eines Baumriesen ins Visier. Auf den Ästen mit ihren kleinen dicken Blättern sitzen Vögel. Plötzlich ein Knacken im Unterholz. Eine Gorillafamilie erscheint. Sie wird von einem Silberrücken (= altes Gorillamännchen) auf die Lichtung geführt.

M1 Aufbau des tropischen Regenwaldes (A – C: Blätter einer Liane in verschiedenen Höhen)

Regen im Überfluss

Das Klima in den Gebieten des tropischen Regenwaldes bezeichnet man als „äquatoriales Klima“. Es ist sehr feucht. Die Niederschlagsmengen sind ganzjährig größer als die Verdunstung. Daher sprechen wir von einem feuchten (humiden) Klima. Ein Großteil der Niederschläge fließt oberirdisch in beständigen, wasserreichen Dauerflüssen ab. So hat der Kongo, der wasserreichste Fluss Afrikas, eine durchschnittliche Wasserführung von 45 000 m³/s (Elbe 710 m³/s). Im tropischen Regenwald zeigt das Klima im Jahresverlauf fast keine Schwankungen. Die Unterschiede der Temperatur im Tagesverlauf sind deutlicher als im Jahresverlauf. Man bezeichnet daher das Klima des tropischen Regenwaldes als „Tageszeitenklima“.

M3 Ein Tag im tropischen Regenwald

6 Uhr morgens – es dämmert nur kurz. 20 °C sind angenehm. Es wird immer heißer. Gegen Mittag zeigt das Thermometer fast 35 °C. Es ist unerträglich heiß und drückend schwül. Am Himmel bilden sich die ersten weißen Wolken. Bald bedecken schwarze Gewitterwolken den Himmel. Kein Lüftchen weht. Plötzlich bricht ein Unwetter los. Es stürmt. Blitz und Donner lassen uns zusammenzucken. Es schüttet wie aus Eimern. Im Nu sind wir durchnässt. So schnell, wie es begann, ist es vorbei. Die Sonne kommt wieder hervor; sie wärmt zwar, aber die Kleidung bleibt noch lange feucht.

M4 Lianen im tropischen Regenwald

Manche Lianen sind so flexibel und stabil, dass man sie als Seile und Taue verwenden kann; man kann sie auch knoten. Andere Lianenarten sind, wie viele Pflanzen des tropischen Regenwaldes, „Meister der Selbstverteidigung“: Sie sondern Gifte ab oder haben zu ihrem Schutz Stacheln und Widerhaken. Eine andere Lianenart kann für den Menschen von großem Vorteil sein: Ein etwa vier Meter langes Stück davon enthält bis zu einem Liter kühles, trinkbares Wasser.

M5 Überschwemmung nach Starkniederschlag

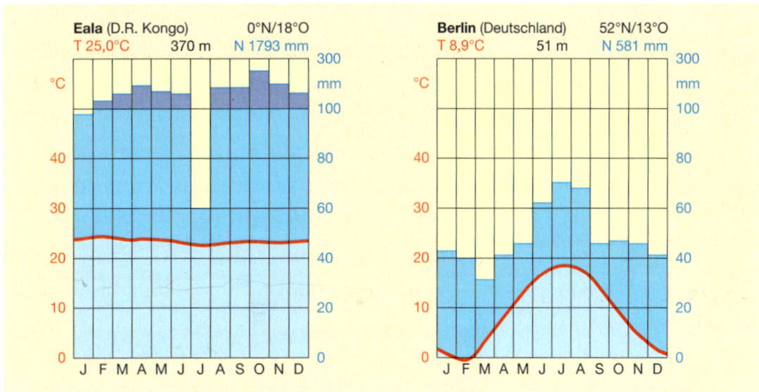

M6 Klimadiagramme

1. Beschreibe die Vegetationsmerkmale des tropischen Regenwaldes (M1, M2).
2. Erkläre, wodurch sich der tropische Regenwald von unseren Wäldern unterscheidet (M1).
3. Die Bäume und Lianen im tropischen Regenwald haben sehr verschieden aussehende Blätter:
   - überdimensional große, grüne Blätter
   - kleine lederartige, grüne Blätter
   - welk erscheinende, schwach grüne Blätter.

   Ordne den drei abgebildeten Lianenblättern (A bis C) aus M1 die vorherrschenden Lichtverhältnisse zu. Stelle danach Beziehungen zu den genannten Blatteigenschaften her. Nutze dabei M1 und M2.
4. Beschreibe die Merkmale des äquatorialen Klimas. Unterscheide dabei Merkmale des Tages- und Jahresverlaufs der Temperatur (M3, M5, M6).
5. Stelle dir vor, du solltest an einer Expedition in den Regenwald teilnehmen. Worauf müsstest du dich einstellen?

Temperaturzonen der Erde

Beim tropischen Regenwald denkt man gleich an große Hitze, beim Nordpol an eisige Kälte. Einen Grund für die höheren Temperaturen in den Tropen hast du auf der vorangehenden Seite kennen gelernt. Gibt es noch andere Gründe für Temperaturunterschiede auf der Erde?

Erwärmung der Luft

Die Sonnenstrahlen erwärmen die Luft nicht direkt. Erst an der Erdoberfläche wird die Strahlungsenergie der Sonne in Wärmeenergie umgewandelt. Die Erdoberfläche wirkt dadurch wie eine Heizplatte.

Aufgrund der Kugelgestalt der Erde treffen die Sonnenstrahlen mit unterschiedlichem Einfallswinkel auf die Erdoberfläche. Eine gleich große Strahlenmenge beleuchtet dadurch in Polnähe eine größere Fläche als in Äquatornähe. Die dabei erzeugte Wärmestrahlung muss somit in Polnähe einen größeren Teil der Lufthülle erwärmen; die Temperatur ist niedriger.

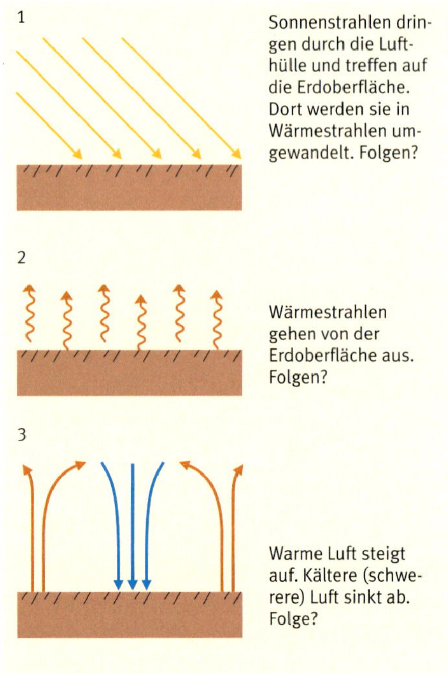

M1 Erwärmung der Erdoberfläche und der Lufthülle

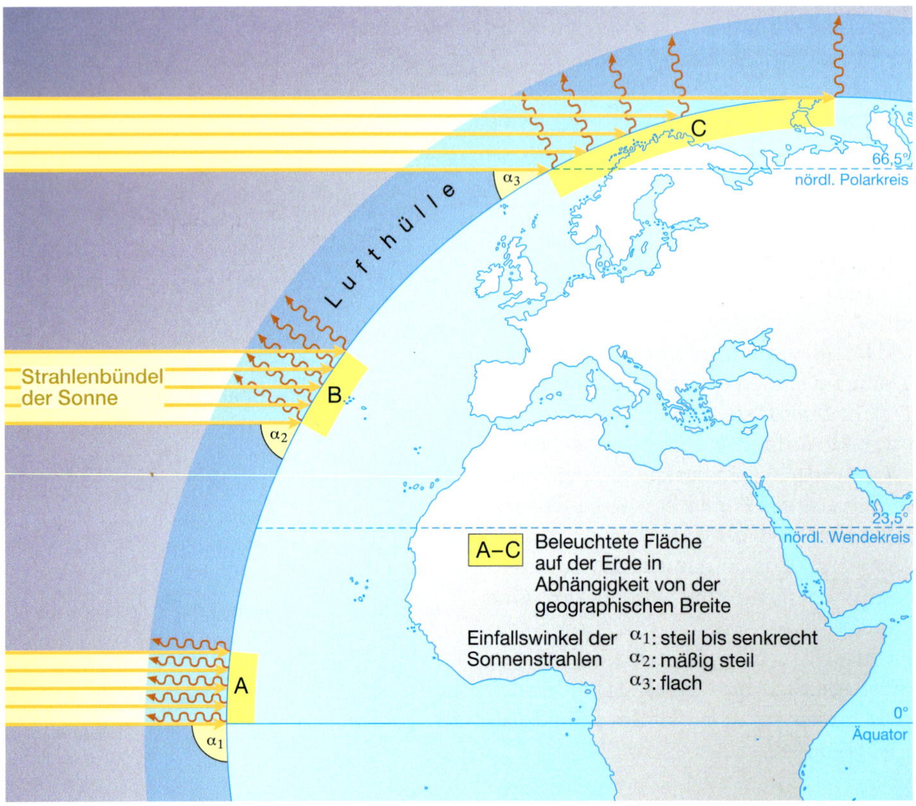

M2 Einfluss der Kugelgestalt der Erde auf den Einfallswinkel der Sonnenstrahlen und die beleuchtete Fläche auf der Erde

Temperaturzonen	Einfallswinkel der Sonnenstrahlen	Taglänge/ mögl. Sonnenscheindauer	Jahresmittel der Temperatur	Temperaturdiagramme
	flach	starker Wechsel (Polartag/ Polarnacht) 0–24 h	niedrig	
	mäßig steil	jahreszeitlicher Wechsel mäßig 2–22 h	gemäßigt	
	steil bis senkrecht	stets gleich lang 10–12 h	hoch	
	mäßig steil	jahreszeitlicher Wechsel mäßig 2–22 h	gemäßigt	
	flach	starker Wechsel (Polartag/ Polarnacht) 0–24 h	niedrig	

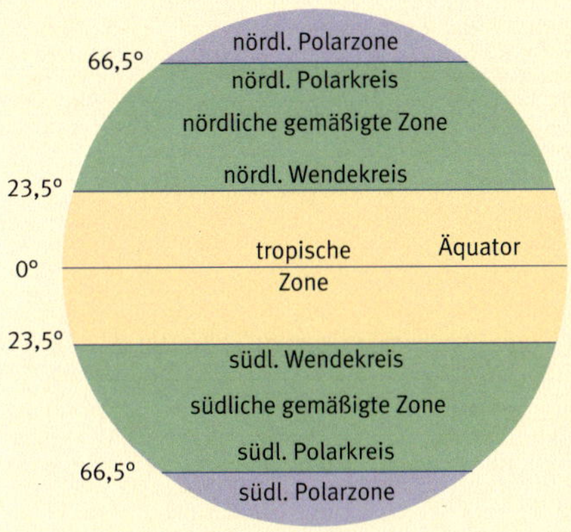

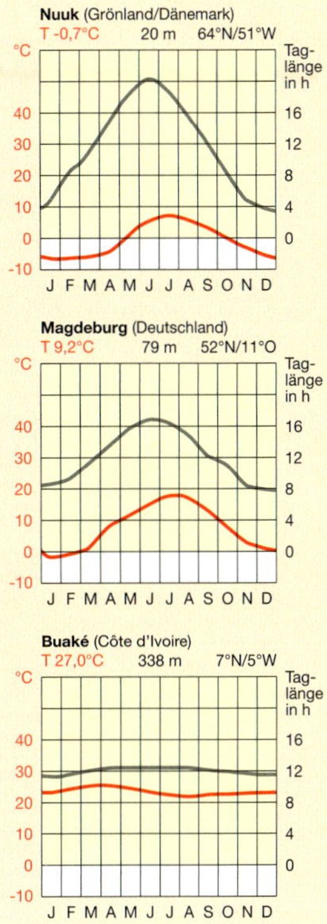

M3 Merkmale der Temperaturzonen der Erde

Zonen – ein Ordnungsprinzip

Die Erwärmung der Erdoberfläche durch die Sonne lässt eine Anordnung in parallelen Streifen oder Zonen erkennen. Diese Temperaturzonen umspannen die ganze Erdkugel. Sie werden vom nördlichen und südlichen Polarkreis sowie vom nördlichen und südlichen Wendekreis begrenzt. Die Temperaturzonen werden auch als „Beleuchtungszonen" bezeichnet. Die Temperaturzonen weisen gleiche oder ähnliche Temperaturmerkmale sowie gleiche oder ähnliche jährliche Wärmemengen auf.

Die Temperaturverhältnisse haben Auswirkungen auf das Klima und die Pflanzenwelt. Diese sind demzufolge auch in Zonen angeordnet: Wir gliedern die Erdoberfläche bei ähnlichen Klima- oder Vegetationsmerkmalen nach Klimazonen bzw. nach Vegetationszonen.

1. Erläutere, wie die Erdoberfläche und die Lufthülle von der Sonnenstrahlung erwärmt werden (M1).

2. Miss und vergleiche die Einfallswinkel der Sonnenstrahlen $\alpha 1$, $\alpha 2$ und $\alpha 3$. Wie wirken sich die unterschiedlichen Einfallswinkel auf die beleuchtete Fläche auf der Erde aus (M2)?

3. Vergleiche in M2 die Größe der Flächen A, B und C, die bei gleichen Strahlenmengen auf der Erde beleuchtet werden. Welche Auswirkung hat das für die Erwärmung? Begründe deine Antwort.

4. Grenze die Temperaturzonen der Erde voneinander ab und nenne je zwei Beispiele für Staaten, die ganz oder teilweise in einer der Temperaturzonen liegen (M3, Atlas).

5. Werte die Temperaturdiagramme in M3 aus. Erkläre den Zusammenhang zwischen der Kugelgestalt der Erde und der unterschiedlichen Wirksamkeit der Sonnenstrahlen auf die verschiedenen Temperaturverhältnisse der Erde (M1, M2).

6. Charakterisiere die Temperaturzonen der Erde nach dem Einfallswinkel der Sonnenstrahlen, der Tageslänge und dem Jahresmittel der Temperatur (M3).

Passatkreislauf – Wettermaschine der Tropen

Zur Zeit der großen Seefahrer sowie Entdecker Christoph Kolumbus und Vasco Da Gama hatten die Winde einen entscheidenden Einfluss auf den Erfolg einer Entdeckungsreise. Richtungsbeständige gleichmäßige Winde ermöglichen ein schnelles Vorankommen mit Segelschiffen.
Das Wort „Passat" bedeutet Überfahrt und bezeichnet solche Winde. Wie kommt es zur Bildung der Passate? Wie beeinflussen sie das Klima der Tropen?

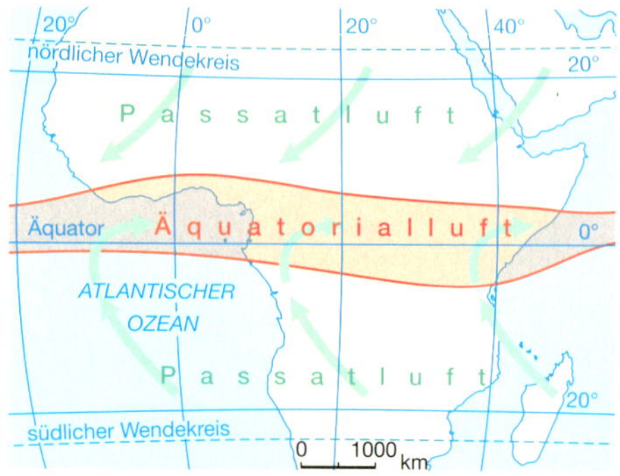

M1 Passatzone in der tropischen Zone über Afrika

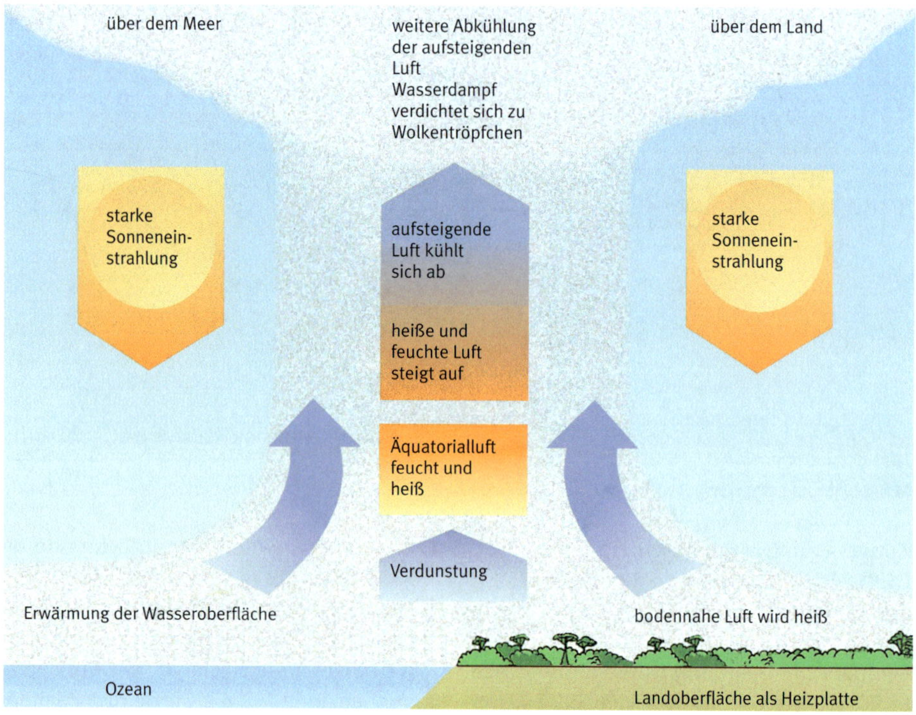

M2 Bildung von Gewitterwolken am Äquator

Der Passatkreislauf

Das Klima in der tropischen Zone wird durch die Äquatorialluft und die Passatluft bestimmt. Beide Luftmassen bilden den Passatkreislauf. Die Äquatorialluft bildet sich in der Zone stärkster Erwärmung beiderseits des Äquators. Hier steht die Sonne zweimal im Jahr im Zenit. Die Niederschläge werden Zenitalregen genannt. Die Passatluft bildet sich in der Nähe der Wendekreise. Sie strömt zwischen dem Erdboden und etwa 1000 Metern Höhe als Nordost- und Südostpassat zum Äquator.

Stetiges Klima und Wechselklima

Etwa fünf Breitengrade südlich und nördlich des Äquators bestimmt Äquatorialluft das ganze Jahr über das heiße und feuchte Klima. Fast täglich gibt es starke Gewitter. Das Äquatorialklima ist ein stetiges Klima.
Zwischen den 5. Breitengraden und den Wendekreisen wechseln die Luftmassen. Zur Regenzeit bringt Äquatorialluft den Zenitalregen.
In der Trockenzeit sorgt Passatluft für niederschlagsfreies Wetter. Es herrscht das tropische Wechselklima.

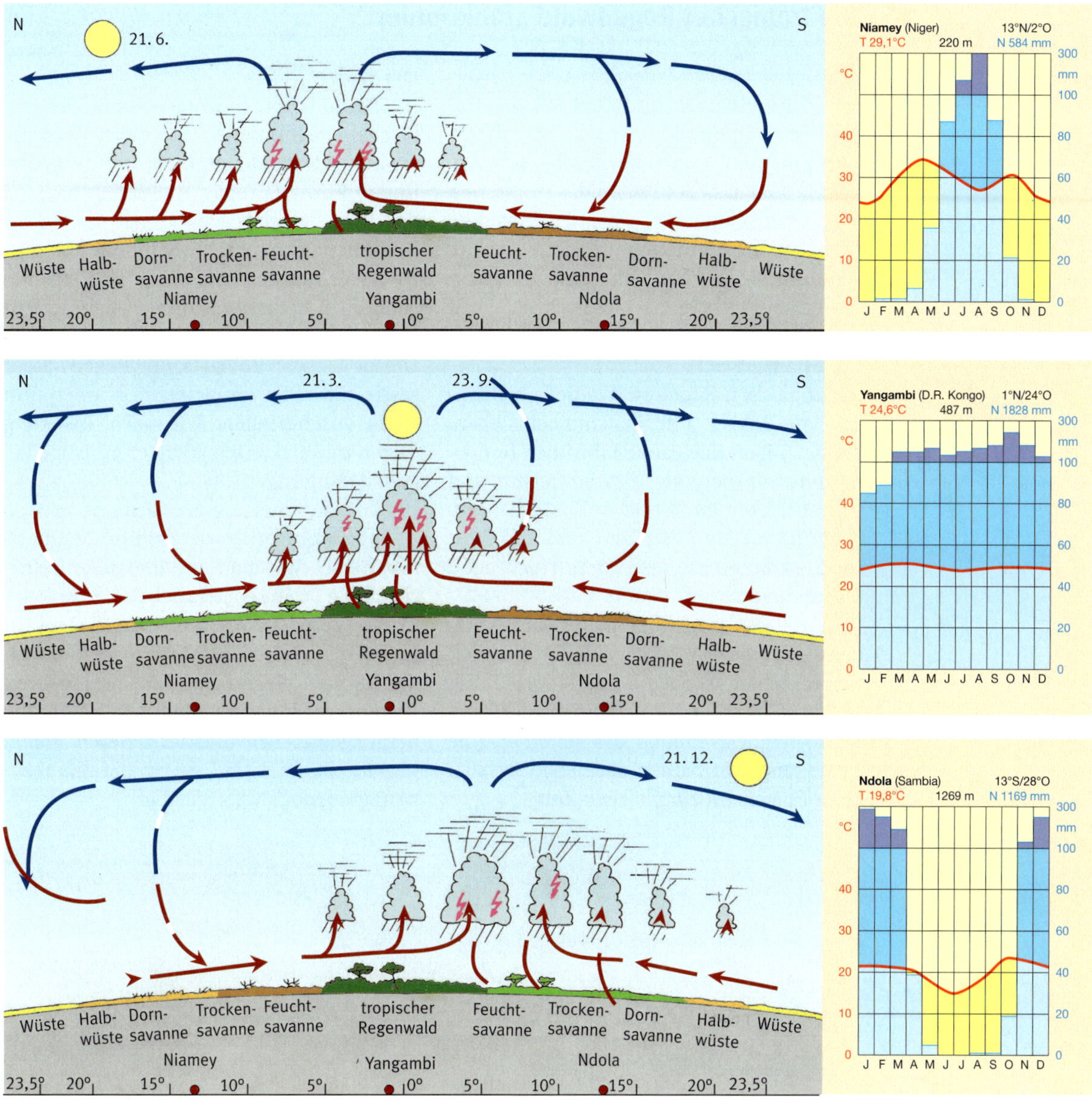

M3 Der Passatkreislauf und die Entstehung der Äquatorialluft in Afrika

M4 Der Seeweg nach Indien

Vasco da Gama erkundete 1497 den Seeweg nach Indien. Er nahm eine Route um die Südspitze Afrikas herum. Sorgen bereiteten ihm die berüchtigten Rossbreiten. Er wusste, dass er etwa in Höhe des 30. Breitengrades eine Flautenzone durchqueren musste. Der Name „Rossbreiten“ kommt von den mitgeführten Pferden, die nicht selten, um Trinkwasser zu sparen, in dieser Zone geschlachtet werden mussten.

1. Erläutere die Entstehung von Äquatorialluft. Beachte die Bildung von Hitze und Feuchtigkeit (M2).
2. Begründe, warum es sich beim Passat um einen Kreislauf handelt (M3).
3. Erläutere den Einfluss des wandernden Zenitstandes der Sonne auf den Entstehungsort der Äquatorialluft (M3).
4. Erkläre die Niederschlagsverteilung für Niamey, Kisangani und Ndola mithilfe des Passatkreislaufs und der wechselnden Lage der Äquatorialluft (M3).
5. Begründe, warum am Äquator ein stetiges Klima herrscht. Unterscheide dazu Gebiete mit Wechselklima (M3).
6. Woher haben die so genannten „Rossbreiten“ ihren Namen (M4)?

Wie tropischer Regenwald „funktioniert"

Nirgendwo auf der Erde gibt es so viele verschiedene Pflanzen und Tiere wie im tropischen Regenwald. Angesichts dieser Fülle ging man früher von der falschen Annahme aus, dass der Boden des tropischen Regenwaldes unerschöpflich fruchtbar sei. Wie aber kann ein wenig fruchtbarer Boden ununterbrochen eine üppige Pflanzenwelt hervorbringen?

Die Pflanzenwelt

Im tropischen Regenwald gedeihen Pflanzen, die Wärme und Feuchtigkeit lieben. Sie benötigen das ganze Jahr über Temperaturen von mehr als 18 Grad Celsius und vertragen keinen Frost. Außerdem brauchen die meisten Pflanzen sehr viel Wasser. Sie können nur eine kurze Trockenzeit überstehen.
Pflanzen des tropischen Regenwaldes haben also keine durch Kälte oder Trockenheit unterbrochene Vegetationsperiode. Sie sind vielmehr immergrün und wachsen ununterbrochen. Das Blühen, das Reifen und die Erzeugung von Samen vollziehen sich an einer Pflanze oft zur gleichen Zeit.

Der Boden

Im heißen und feuchten Klima des tropischen Regenwaldes verwittern Gesteine etwa hundertmal so schnell wie im gemäßigten Klima Europas. Außerdem hat sich das Klima in den Tropen seit über zehn Millionen Jahren nicht verändert.
In dieser langen Zeit konnte sich ein tiefgründiger Boden entwickeln. Er reicht in einigen Gebieten bis in 20 Meter Tiefe. Dieser lockere Boden saugt Regenwasser rasch auf. Pflanzenwurzeln können ihn leicht durchdringen. Würmern, Insekten, Pilzen und Bakterien bietet er günstige Lebensbedingungen.
Bei der Verwitterung der Gesteine werden Pflanzennährstoffe wie Kalium, Magnesium, Eisen, Stickstoff und Phosphor freigesetzt. Die Pflanzen nehmen die Nährstoffe in Wasser gelöst mit ihren Wurzeln auf. In mehreren Millionen Jahren haben jedoch die starken Regenfälle aus dem oberen Boden einen großen Teil der Nährstoffe herausgewaschen und im tieferen Boden abgelagert. Dort sind sie für die Pflanzenwurzeln jedoch unerreichbar.

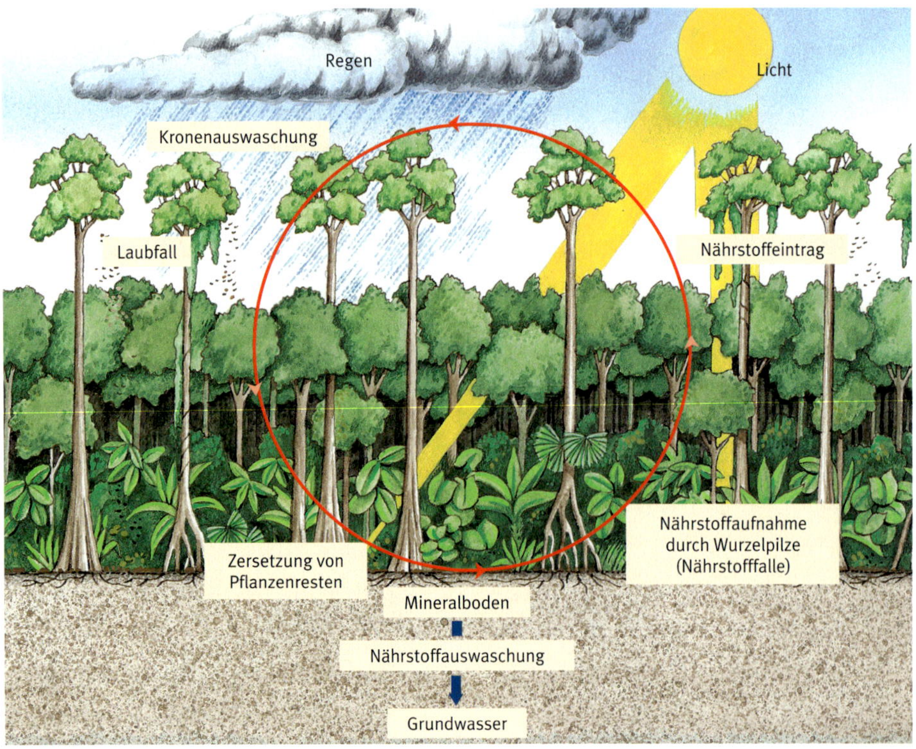

M1 Wasser- und Nährstoffkreislauf im tropischen Regenwald

Die „Nährstofffalle“

Termiten und Ameisen, Pilze und Bakterien zerkleinern und zersetzen abgestorbene Blätter, Äste und Baumstämme, heruntergefallene Früchte sowie verendete Tiere. Es geschieht so schnell, dass sich nur wenig Humus bilden kann. Fast alle Pflanzennährstoffe werden dabei freigesetzt. Das Regenwasser könnte sie auswaschen, wodurch sie für die Ernährung der Pflanzen verloren gingen.
Diesem Hindernis für das Pflanzenwachstum begegnet der tropische Regenwald. Er lebt aus sich selbst. Alle Pflanzen bilden nahe der Oberfläche des Bodens ein dichtes Geflecht ihrer Wurzeln. Wurzelpilze umspinnen mit ihren Fäden die Pflanzenwurzeln. Die Pilzfäden fangen alle Nährstoffe ein, die bei der Zersetzung der Pflanzen sowie des Humus frei werden und geben sie sofort an die Wurzeln der lebenden Pflanzen weiter.

Das Geoökosystem

Die natürliche Umwelt setzt sich zusammen aus Pflanzen und Tieren, Wasser, Klima und Boden. Diese Bestandteile sind durch Wechselbeziehungen miteinander vernetzt. Sie bilden ein Geoökosystem.
Einzelne Bestandteile des Geoökosystems bilden lebenswichtige Kreisläufe. So gelangt das Wasser durch Verdunstung von der Erdoberfläche in die Lufthülle und kehrt je nach den klimatischen Bedingungen bisweilen als Niederschlag zurück. Pflanzen brauchen den Boden, weil sie darin Halt finden und aus ihm Wasser und Nährstoffe entnehmen. Der Boden bildet sich in Abhängigkeit vom Klima und vom Wasser.

M2 Das Okapi
Der Afrikaforscher Henry M. Stanley bekam 1890 auf einer Expedition im Kongo-Regenwald von den Einheimischen den Hinweis auf ein bis dahin in Europa unbekanntes, pferdeähnliches Tier: das Okapi. Erst 18 Jahre später wurde ein Okapi erstmals lebend gefangen. Es zeigt die typischen Merkmale eines Säugetiers, lebt in kleinen Gruppen und ist sehr selten.

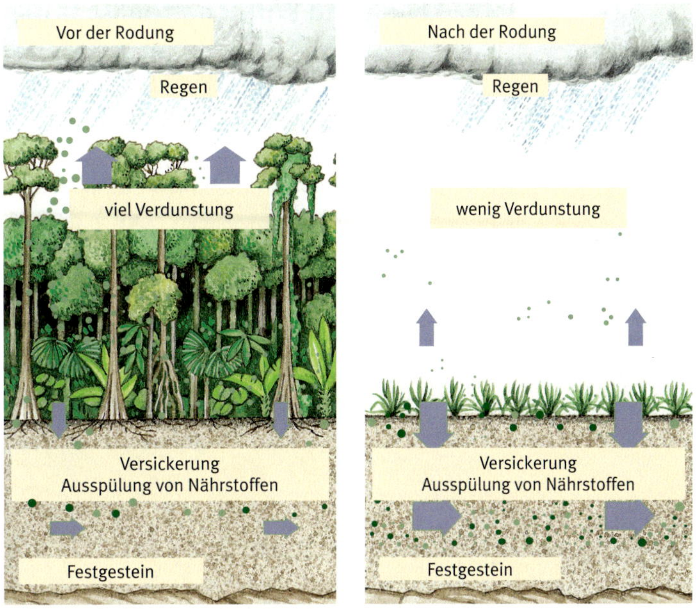

M3 Veränderungen im tropischen Regenwald durch Rodungen

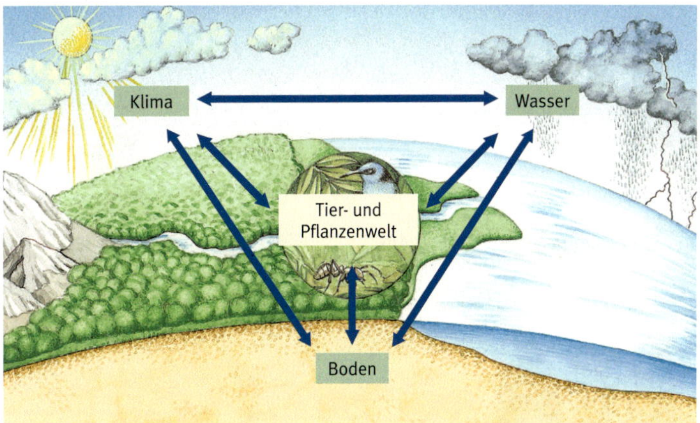

M4 Geoökosystem im Modell

1. Erkläre die oft geringe Fruchtbarkeit des Bodens im tropischen Regenwald. Werte dazu den Text „Der Boden“ aus.
2. Erläutere mithilfe von M1 und M3 den Einfluss der Elemente des Geoökosystems (M4) auf die Pflanzen des Regenwaldes.
3. „Der tropische Regenwald lebt aus sich selbst.“ Erläutere diese Feststellung. Beschreibe dazu den Nährstoffkreislauf in M1 und werte den Text „Die Nährstofffalle“ aus.
4. Vergleiche die Wasser- und Nährstoffsituation im tropischen Regenwald vor und nach der Rodung (M2). Nenne Gefahren, die von einer großflächigen Rodung ausgehen.
5. Informiere dich in einem Lexikon über Okapis (M2) und halte einen Kurzvortrag in der Klasse.

Leben und Wirtschaften im tropischen Regenwald

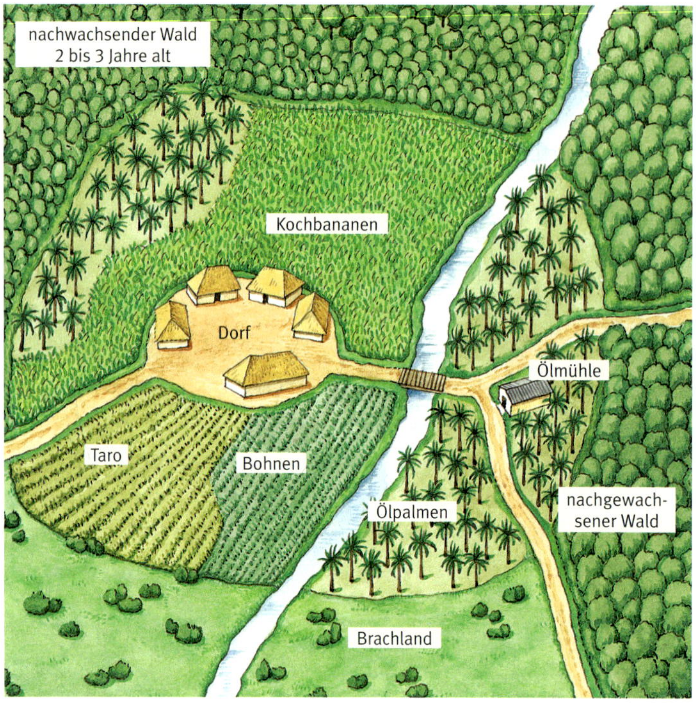

M1 Dorfanlage im tropischen Regenwald

M2 Anbauprodukte für den Eigenbedarf (Auswahl)

Den Bauern bietet der tropische Regenwald für den Anbau von Nutzpflanzen gleich bleibende Wärme und ausreichend Wasser. Aber der Boden ist in vielen Gegenden wenig fruchtbar und der Wald droht ständig die Felder zu überwuchern. Wie betreiben die Bauern unter diesen Bedingungen den Ackerbau?

Wirtschaften für den Eigenbedarf

Im Süden Kameruns gibt es im tropischen Regenwald viele Dörfer.

Die Bauern lockern den Waldboden nicht mit dem Pflug, sondern mit der Hacke (Hackbau). Außerdem betreiben sie den Hackbau als Wanderfeldbau. Dabei reichen die Erträge häufig gerade für die Versorgung der Familie aus (Selbstversorgungswirtschaft).

M3 Bei Familie Dibango in Kamerun

Mongo Dibango lebt mit ihrem Mann und fünf Kindern sowie sieben anderen Familien in einem Dorf südlich von Jaunde.

Im Dezember beginnt die Brandrodung. Mühevoll entfernen die Männer das Unterholz. Kleinere Bäume werden umgeschlagen oder sie wurden im Vorjahr wenigstens eingeschnitten, damit sie dürr werden. Dann werden die Stämme und das Gestrüpp angezündet. Die Asche düngt den Boden der kleinen Rodungsfläche. Große Bäume bleiben erhalten. Sie spenden Schatten und mildern die Kraft des Platzregens, der die jungen Pflanzen zerschlagen würde.

Mongo Dibango pflanzt Batate, Taro, Mehlbananen, Bohnen und Mais. Immer wieder muss sie die kleinen Felder von den wuchernden Unkräutern und aufkommenden Sträuchern frei halten. Aber die Pflanzen geben der Familie das ganze Jahr über Nahrung. Vorräte würden in der feuchten Hitze rasch verderben.

In zwei bis drei Jahren ist der Boden erschöpft. Die Männer haben in Dorfnähe bereits eine neue Fläche für den Anbau vorbereitet. Nach etwa sieben Jahren wird auch das Dorf verlegt, damit sich die Bauern weite Wege ersparen.

Kakaoanbau in Ghana

Erst während der Kolonialzeit brachten Europäer vor über hundert Jahren Setzlinge des Kakaobaumes aus Mittel- und Südamerika an die Oberguineaküste. Bis 1911 stieg Ghana – damals „Goldküste" genannt – zum weltweit wichtigsten Erzeuger von Rohkakao auf.

Der Kakaoanbau wird von Kleinbauern mit 1,5 bis 3,5 Hektar Land auf Pflanzungen betrieben. Mehr als die Hälfte aller Bauern in Ghana leben vom Kakaoanbau für den Export.

Die Kleinbauern liefern ihre Ernte an eine staatliche Firma, die den Export betreibt. Noch heute machen die Einnahmen aus der Kakaoausfuhr einen großen Teil der Gesamteinnahmen des Landes aus.

M4 Koofi Armah aus Ghana

Koofi Armah ist stolzer Besitzer einer Kakaopflanzung. Sie ist etwa 1,5 Hektar groß. Zwischen den Kakaopflanzen stehen Bananen oder Palmen. Diese „Kakaomütter" verstärken die Luftfeuchtigkeit, spenden den notwendigen Schatten und der Boden wird nicht einseitig ausgelaugt. Herr Armah bewirtschaftet die Pflanzung mit seiner Familie. Bei Sonnenaufgang geht er mit Buschmesser und Hacke zu seiner einige Meilen vom Dorf entfernt liegenden Pflanzung. Zweimal im Jahr werden mit dem Buschmesser die etwa 500 Gramm schweren Schoten abgeschlagen. Seine Kinder sammeln sie auf.

Im Fruchtfleisch einer Schote sind etwa 30 bis 50 Kakaobohnen enthalten. Sie werden herausgelöst, auf Palmblätter gelegt und abgedeckt. Jetzt müssen die Bohnen gären, damit sie ihren bitteren Geschmack verlieren. Danach werden sie getrocknet. Vor dem Verkauf sortiert Koofi Armah die schlechten Bohnen aus um einen guten Preis zu erzielen.

Eine Pflanzung muss nach etwa 40 Jahren erneuert werden. Koofi Armah pflanzt junge Kakaobäume auf eine dafür vorbereitete Fläche. Der Pflanzer muss den Boden von Unkraut frei halten und die heranwachsenden Bäume beschneiden, damit sie nicht zu groß werden.

M5 Kakaobaum mit Früchten

M6 Geöffnete Kakaofrucht mit Kakaobohnen

1. Arbeitet in Gruppen. Erfasst Merkmale des Hackbaus im Wanderfeldbau (M1) und der Bewirtschaftung von Pflanzungen (M4) in einer Tabelle. Geht auf die Art der Einnahmen, Anbauprodukte, Art der Bewirtschaftung ein.
2. Erläutere die Bewirtschaftung im tropischen Regenwald am Flurbild der Dorfanlage in M2.
3. Diskutiert in der Gruppe die Unterschiede bei der Brandrodung. Verwendet dazu auch M1 und M2.
4. Wie sähe dein Arbeitsplan als Kakaopflanzer aus (M4–M6)?
5. Diskutiert in der Klasse Vor- und Nachteile der Bewirtschaftung als Hackbauer im Wanderfeldbau oder als Pflanzer einer Kakaopflanzung. Beachte die persönliche Situation der Betroffenen und den Einfluss auf das Geoökosystem.
6. Selbst Kinder der Kakaobauern kennen keine Schokolade. Warum ist das so? Bedenke auch, dass bisher in Ghana erst zwei Betriebe Rohkakao verarbeiten.

Plünderer im Regenwald

„Besuchen Sie die Regenwälder, solange es sie noch gibt“ – so lautet der unbedachte Werbeslogan eines Reiseunternehmens. Aber auch aus anderen Meldungen hören wir von der Zerstörung tropischer Regenwälder. Welchen Gefahren ist der tropische Regenwald ausgesetzt und was geht das uns an?

Rohstoffquelle tropischer Regenwald

Die tropischen Regenwälder bieten vielfältige Möglichkeiten für eine umfangreiche Nutzung. Tropenholz, tropische Früchte, Grundstoffe für die chemische und pharmazeutische Industrie, aber auch Erze und andere Rohstoffe sind begehrte Produkte auf dem Weltmarkt.

M1 Ende des Holzexports

Als die Côte d'Ivoire zum Exporteur wertvoller Tropenhölzer wurde, verzehnfachte sich zugleich der Anfall unverarbeiteter Baumstämme. Diese wurden nur gefällt um an die wertvollen Tropenhölzer zu gelangen. Heute sind 60 Prozent der Waldfläche vernichtet und der Holzexport ist zum Erliegen gekommen.

Besonders durch die Art der „Holzernte“ wird dem Wald Schaden zugefügt: Um an die wertvollen Baumriesen zu gelangen werden Schneisen in den Wald geschlagen – und dabei wird viel Holz zerstört, das wenig oder gar nicht genutzt wird (Raubbau). Teile des Regenwaldes wurden so bereits für immer vernichtet.

M3 Der Yohimbebaum

„Yohimbe essen wir, weil die Rinde der Bäume eine wundertätige Kraft enthält“, sagt François aus Kamerun. Er weiß, wo die Bäume zu finden sind. Eigentlich dürfen er und seine Helfer nur Teile der Rinde entfernen, aber sie fällen den ganzen Baum. Denn nur von der Rinde können sie nicht leben.

Für ein Kilogramm Rinde erhalten sie umgerechnet zehn Cent von einem französischen pharmazeutischen Konzern. Er hat dieses Jahr 200 Tonnen Rinde bestellt, das sind 1000 Bäume. Der Konzern verdient 56 Euro pro Kilogramm. „Nun gibt es nur noch etwa zwei Bäume pro Hektar. Aber wir müssen heute leben“, sagt François.

M2 Gründe und Folgen der Rodung des tropischen Regenwaldes

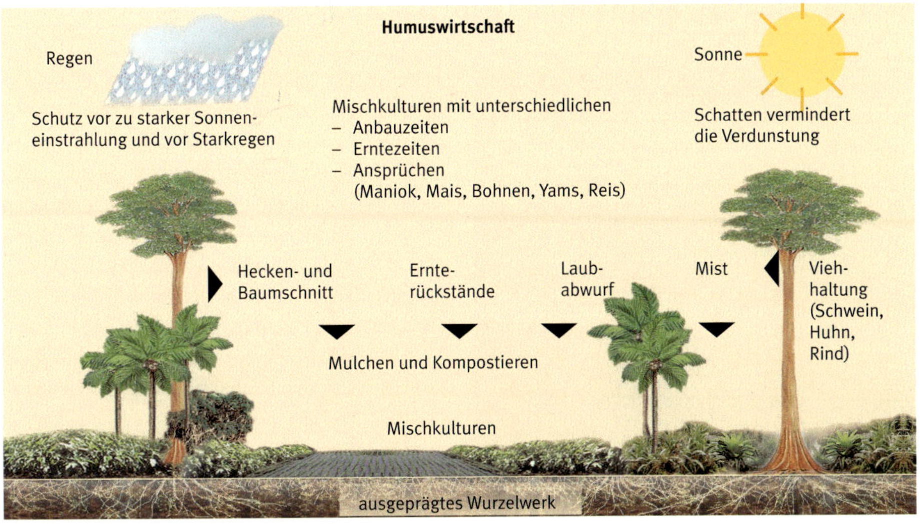

M4 Mischanbau und Humuswirtschaft

Die Folgen der Regenwaldvernichtung

Die Vernichtung des Regenwaldes hat weit reichende Folgen. Da, wo Wald nachwächst, ist er meist minderwertig. Der Boden verliert schnell seine Fruchtbarkeit. Das regionale Klima wird trockener. Die Zerstörung der Tropenwälder führt zur Reduzierung der Artenvielfalt. Diese ist jedoch für die gesamte Menschheit von Nutzen, z. B. stammen viele Arzneimittelgrundstoffe aus den Tropen.

Die klimatischen Folgen großflächiger Brandrodung sind lange unterschätzt worden. Beim Verbrennen des Waldes entsteht Kohlenstoffdioxid. Dieses Treibhausgas beeinflusst die Sonneneinstrahlung sowie die Wärmeabstrahlung der Erde und damit das Klima weltweit.

Durch das großflächige Abholzen der tropischen Regenwälder wird auch die Sauerstoffproduktion der Erde immer geringer.

Angepasste Landwirtschaft

Wanderfeldbau und Brandrodung sind im tropischen Regenwald nur für die Selbstversorgung der dort Einheimischen mit Nahrungsmitteln ökologisch sinnvoll. Doch auch hier wäre der Mischanbau eine vorteilhafte, umweltverträgliche Möglichkeit für die Kleinbauern, Dauerfeldbau ohne hohen Kapitalbedarf zu betreiben. Dabei erreicht man eine nachhaltige Bodenfruchtbarkeit durch Humuswirtschaft.

M5 Karikatur: Die Rodung des tropischen Regenwaldes

1. Beschreibe den Konflikt, vor dem François bei der Yohimbeernte steht (M3). Findest du einen Ausweg?
2. Beschreibe den weltweiten Rückgang an Regenwald. Nenne Ursachen hierfür (M1, M2 und M3).
3. Begründe, warum die Vernichtung tropischer Regenwälder auch für die Regenwaldbewohner selbst langfristig von Nachteil ist (M1, M2, M3).
4. Erläutere, warum die Regenwaldzerstörung auch ein weltweites Problem ist. Diskutiert in der Klasse mögliche Maßnahmen zum Schutz der tropischen Regenwälder. Versetzt euch dabei auch in die Lage der Einheimischen und berücksichtigt die Rolle der Industrieländer (M1–M3, M5).
5. Der Mischanbau sowie die Humuswirtschaft ermöglichen eine schonende und ertragreiche Landwirtschaft im tropischen Regenwald. Beschreibe die Vorteile dieser Nutzungsformen anhand der Abbildung M4.

Amazonien – das größte Geoökosystem der Erde

M1 Der Amazonas

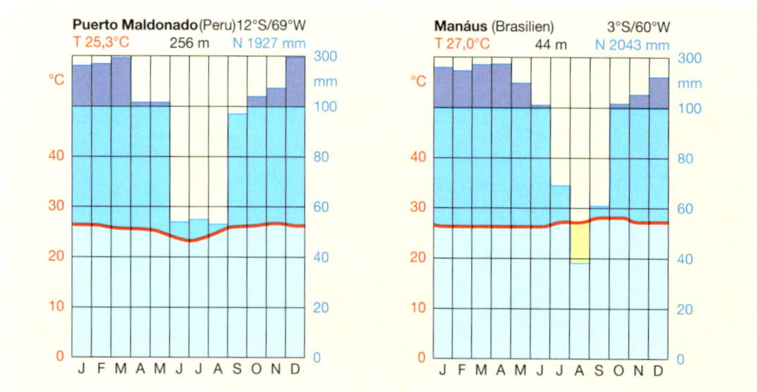

M2 Klimadiagramme

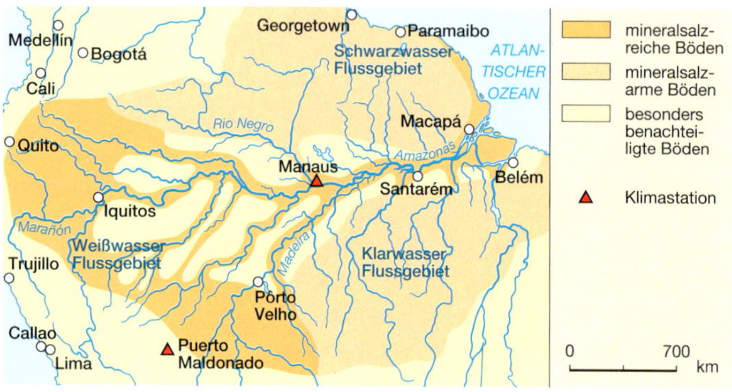

M3 Flusssystem des Amazonas

M4 Der Amazonas in Zahlen

6516 km lang; im Unterlauf 11 km, an der Mündung 100 km breit; mehr als 1100 Nebenflüsse; Flusssystem umfasst etwa 2/3 des Wassers aller Flüsse der Erde; mit Hochseeschiffen befahrbar bis Manaus, bei Hochwasser sogar bis Iquitos (Peru).

Der tropische Regenwald Brasiliens regt die Fantasie der Menschen an. Die einen denken an Abenteuer, Wissenschaftler träumen vom unerforschten Leben, das der Wald beherbergt, und glauben, dass in seiner Vielfalt der Schlüssel zum Sieg gegen Hunger und Krankheit liegt. Für die Ureinwohner ist der Regenwald Heimat und Lebensgrundlage.
Was ist das Besondere an Amazonien und wie nutzen die Menschen diesen Lebensraum?

Amazonien

Das ausgedehnte Tiefland im Norden Brasiliens nennt man „Amazonien“ – eine Landschaft der Superlative. Es ist – vom Meer abgesehen – das größte Geoökosystem mit dem ausgedehntesten Flusssystem und den umfangreichsten Süßwasservorräten der Erde. Als größtes tropisches Regenwaldgebiet der Erde (3,3 Mio. km^2) erzeugt es die Hälfte des in der Atmosphäre enthaltenen Sauerstoffs. Auf einem Hektar findet man hier etwa fünfhundert verschiedene Baumarten. Manche Pflanzenfamilien sind bis zu 120 Millionen Jahre alt. Allein in Brasilien leben über tausend Vogelarten. Durch Raubbau sind heute aber bereits annähernd 20 Prozent des Regenwaldes unwiederbringlich zerstört. Diese Vernichtung hat regionale und weltweite Folgen.

Die Nebenflüsse

Die Nebenflüsse des Amazonas unterscheiden sich durch ihre Färbung: *Schwarzwasserflüsse* durchqueren riesige Sumpfwälder. Sie sind nährstoffarm.
Weißwasserflüsse bringen aus den geologisch jungen Anden wertvolle Mineralien mit, die sie während Hochwasserperioden entlang der Flussläufe ablagern. Die Uferzonen sind daher bevorzugte Siedlungsgebiete für Kleinbauern.
Klarwasserflüsse gehören zu den reinsten Gewässern der Welt. Aber sie sind arm an lebenswichtigen Mineralien, denn die Bergländer von Brasilien und Guayana sind so alt und widerstandsfähig, dass die Flüsse sie kaum abtragen können.

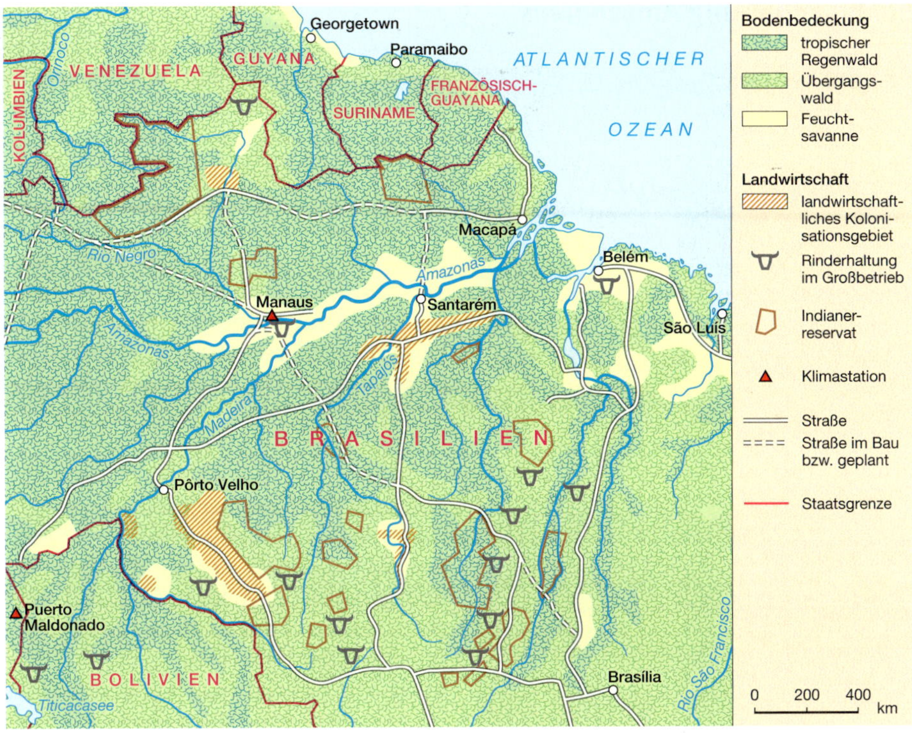

M5 Amazonien – Vegetation und Landwirtschaft

Wirtschaftliche Nutzung

Im 19. Jahrhundert setzte in der Region Manaus mit der Gewinnung von Naturkautschuk – der zur Gummiherstellung benötigt wurde – die wirtschaftliche Erschließung des Amazonasgebietes ein. Damit einher ging eine verstärkte Besiedlung des Gebietes. Der wachsende Bedarf an Acker- und Weideflächen führte zur Rodung riesiger Waldflächen.

Die wirtschaftliche Nutzung des Holzreichtums Amazoniens stellt eine weitere Gefahr für den Bestand des tropischen Regenwaldes dar. Mahagonibäume werden bereits seit 500 Jahren genutzt. Sie sind inzwischen selten geworden. Das wichtigste Nutzholz Amazoniens ist heute das leichte Balsaholz. Es wiegt nur 150 kg/m³.

Seit 1956 betreibt die Regierung Brasiliens ein Industrialisierungsprogramm im Amazonasgebiet. Auch der Bau der Transamazônica 1970, einer 5600 Kilometer langen Trasse durch den Regenwald, trug zum Raubbau in Amazonien bei. Inzwischen engagieren sich viele Organisationen und Verbände für den Schutz des tropischen Regenwaldes.

M6 Importverbot für Mahagoniholz

Brüssel, 30. März 2002. Die Europäische Kommission hat alle EU-Länder dazu aufgefordert, den Import von brasilianischem Mahagoni zu verbieten, wenn die Exporteure einen legalen Erwerb nicht nachweisen können. „Dieser Fall macht deutlich, dass internationales Handeln und Kooperation unerlässlich sind, wenn wir die Zerstörung des Amazonaswaldes und anderer Urwälder dieser Erde aufhalten wollen," so Paulo Adario, der Koordinator der Amazonas-Kampagne von Greenpeace. „Die Vereinigten Staaten als wichtigster Importmarkt für Amazonasholz müssen ebenfalls dem europäischen Beispiel folgen."

(nach: Greta Hopkins, InterPressService, 19. 04. 2002) (stark gekürzt)

1. Nenne Länder, die der Amazonas und seine Nebenflüsse durchqueren (M4, M5, Atlas).
2. Beschreibe das Geoökosystem Amazonien. Gehe auch auf den Zusammenhang zwischen Herkunftsgebiet der Nebenflüsse und Bodenfruchtbarkeit ein (M1, M3, M4).
3. Begründe den Wasserreichtum des Amazonas. Beachte jahreszeitliche Schwankungen (M2).
4. Beschreibe die wirtschaftliche Nutzung Amazoniens. Nenne Gefahren, die sich daraus für den tropischen Regenwald ergeben. Welche Schlussfolgerungen ziehst du im Hinblick auf seine zukünftige Nutzung (M5, M6)? Nutze deine Kenntnisse über den tropischen Regenwald Afrikas und beziehe sie in die Aufgabenlösung ein.

Die Erschließung Amazoniens

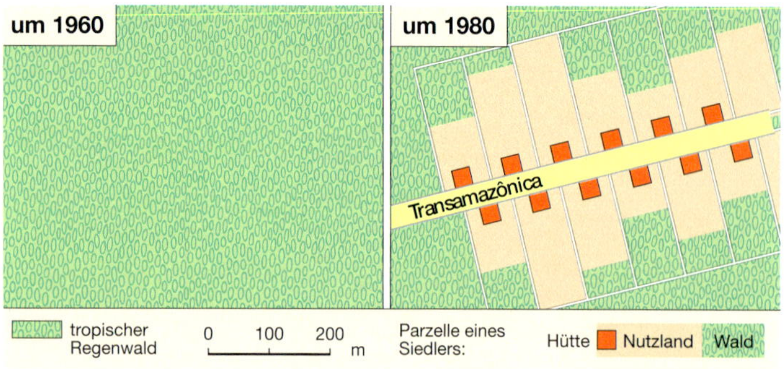

M1 Bäuerliche Agrarkolonisation

M2 Viehhaltung in stationärer Weidewirtschaft

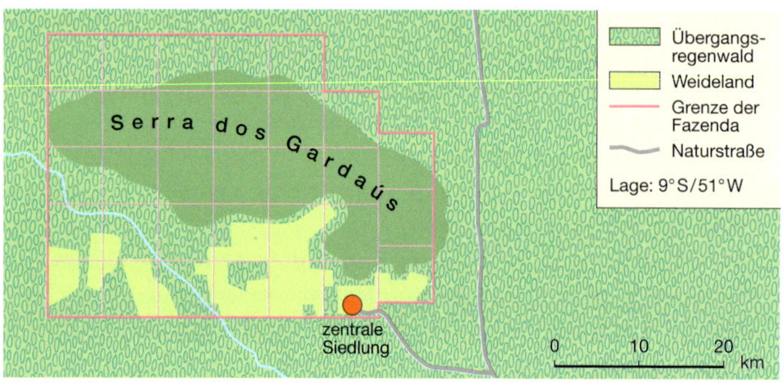

M3 Stationäre Weidewirtschaft

„Land ohne Menschen für Menschen ohne Land"– unter dieser Parole startete die brasilianische Regierung 1970 ein Erschließungsprogramm Amazoniens. Der Großraum – etwa 57 Prozent der Gesamtfläche des Landes – war von Indianerstämmen sehr dünn besiedelt. Sie lebten seit Jahrtausenden als Wildbeuter oder Wanderfeldbauern im Regenwald, ohne das Geoökosystem zu verändern. Die Brasilianer besiedelten seit der Eroberung im 16. Jahrhundert vor allem die küstennahen Landschaftsräume.

Wege zur Erschließung Amazoniens

Infrastrukturaufbau: Ein gigantisches Straßenbauprogramm, dessen Rückgrat die Transamazônica (5600 km) und drei Süd-Nord-Achsen bilden, dient mit vielen unbefestigten Nebenstraßen der Erschließung. Hinzu kommen Flugplätze und an riesigen Stauseen Wasserkraftwerke zur Elektrifizierung.

Kleinbäuerliche Agrarkolonisation: Bis 1980 sollten fünf Millionen Siedler aus den Hungergebieten des Nordostens angesiedelt werden. Das Programm scheiterte nach fünf Jahren wegen unangepasster Anbaumethoden, fehlender Beratung durch den Staat sowie Kapitalmangel der Siedler für Saatgut und Dünger.

Großbetriebe der Weidewirtschaft: Einträglicher ist die Rindfleischproduktion in Fazendas am Rande des tropischen Regenwaldes. Steuererlass von 50 Prozent begünstigte den Landkauf durch in- und ausländische Unternehmen.

Nutzholzgewinnung: Entnahme von tropischen Edelhölzern für den Export und zur Herstellung von Baumaterialien sowie Möbeln, Einschlag für Brennholz und zur Gewinnung von Holzkohle für die Eisen erzeugende Industrie.

Bergbau: Die Erschließung, Gewinnung und Verarbeitung der reichen Rohstoffvorkommen führt ebenfalls zu weiträumigen Rodungen.

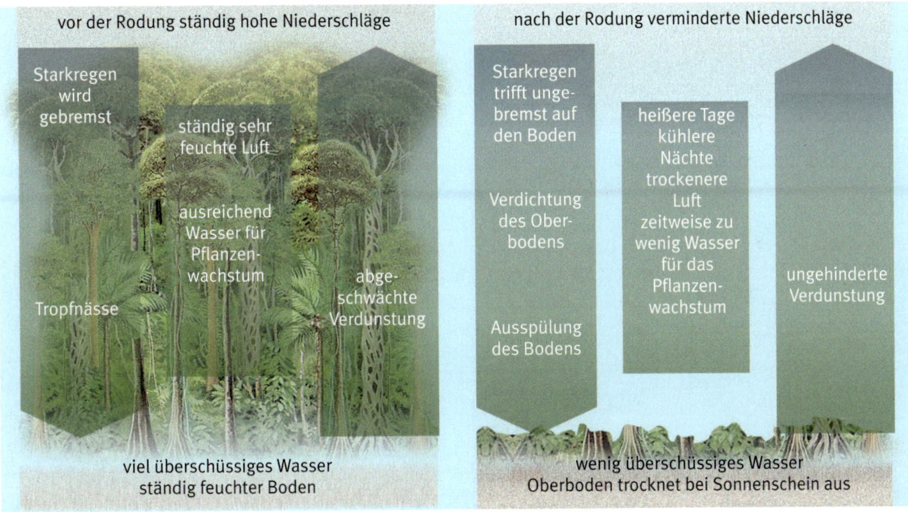

M4 Folgen der Rodung im Regenwald

Ökologische Folgen

Die eingeschlagenen Wege zur Erschließung Amazoniens setzen eine Rodung des Regenwaldes in Besorgnis erregendem Umfang voraus. Der Wald wird durch Kahlschlag – überwiegend durch Verbrennen – beseitigt. Die ökologischen Wirkungen wurden bisher kaum bedacht.
Oft wird der flachgründige humushaltige Oberboden bei der Rodung mit schwerem Gerät zerstört. Nach der Rodung ist der Nährstoffkreislauf unterbrochen. Der Boden verliert seine Fruchtbarkeit. Auf geneigten Flächen wird er durch Erosion abgetragen.

Die möglichen klimatischen Folgen der Brandrodung sind lange Zeit unterschätzt worden. Durch das Abbrennen werden große Mengen Kohlenstoffdioxid freigesetzt. Hinzu kommt, dass auf den Fazendas Tausende Rinder durch Verdauungsvorgänge Methangas erzeugen. Beide Stoffe sind Treibhausgase. Sie drosseln wie das Glas eines Treibhauses die Abstrahlung der Erdwärme in den Weltraum. Die bei der Verbrennung entstehenden Ascheteilchen schwächen die Sonnenstrahlung und fördern die Wolkenbildung. An den Wolkenoberflächen werden die Sonnenstrahlen ebenfalls zurückgeworfen. So trägt die Luftverschmutzung sowohl zur Erwärmung als auch zur Abkühlung der Lufthülle bei.

M5 Smog über Amazonien

Alljährlich brennt zum Ende der kleinen Trockenzeit über Amazonien der Wald. Überall steigen entlang der Straßen die Rauchsäulen auf. Bäuerliche Siedler legen kleinere Feuer. Die großen Feuer werden auf den Großbetrieben der Weidewirtschaft gelegt. Die Weideflächen werden durch Brandrodung dem Regenwald abgerungen. Dabei bleiben die Wurzeln der Bäume und Sträucher im Boden. Nach wenigen Jahren treibt die Wurzelbrut wieder aus. Deshalb wird im Abstand von drei bis vier Jahren jede Weide erneut abgebrannt. Eine gewaltige Schmutzwolke aus Milliarden Ascheteilchen sammelt sich dann in der Luft an. Die Sonne verschwindet fast dahinter. Häufig werden Flughäfen geschlossen. Piloten kleinerer Maschinen müssen mitunter im Blindflug notlanden.

1. Was meinen die Brasilianer, wenn sie Amazonien als „kontinentalen Hohlraum“ oder „leere Mitte“ bezeichnen? Benutze für deine Antwort Karten zur Bevölkerungsdichte und Wirtschaft.
2. Erläutere das Erschließungsprogramm Amazoniens der brasilianischen Regierung (M1–M3, Atlas).
3. Erkläre ökologische Wirkungen der Rodung auf das Regenwaldgebiet. Beachte Folgen für die Bodennutzung und den inneren Wasserkreislauf (M4, M5).
4. Erläutere mögliche Einflüsse der Brandrodungen auf das Erdklima (M5).

Ein Entwicklungsprojekt im tropischen Regenwald

M1 Eisenerzabbau im Gebiet Carajás

Die Amazonasregion ist reich an Bodenschätzen und dünn besiedelt. Mithilfe von Projekten und Entwicklungsprogrammen versucht die brasilianische Regierung die wirtschaftliche Struktur des Landes zu verbessern.

Das Programm Grande Carajás (PGC)

Das Entwicklungsprogramm PGC beruht auf reichen Eisenerz- und anderen Rohstoffvorkommen. Das Gebiet liegt am Unterlauf des Amazonas im Bundesstaat Pará. 1974 begann seine Erschließung. Die Planungsregion umfasst 895 000 Quadratkilometer (Deutschland = 357 000 km^2) mehr als zwei Drittel davon sind tropischer Regenwald.

Ziele

Die brasilianische Regierung verfolgt mit diesem staatlichen Projekt weit gesteckte Ziele:

- Steigerung der Deviseneinnahmen durch höhere Exporterlöse und Abbau der Auslandsverschuldung
- wirtschaftliche Entwicklung dieser Region, die sich im unterentwickelten Norden Brasiliens befindet,
- dauerhafte Ansiedlung von Menschen in der kaum bewohnten Region.

	Vorräte in Mio. t	Exporteinnahmen in Mio. US-$
Eisenerz	17 625	712
Bauxit	2098	95
Manganerz	90	46
Gold (in kg)	86 809	95
Aluminium	–	137
Roheisen	–	34

M2 Vorräte an Bodenschätzen und Exporteinnahmen im Bundesstaat Pará (Auswahl; 2000)

Staatliche Unterstützung
zehnjährige Einkommenssteuerbefreiung für alle Unternehmen, subventionierter Energiebezug, zollfreier Import von Ausrüstungsgütern zum Aufbau der Industrie, staatliche Garantien für die Kreditaufnahme im In- und Ausland

Förderung der Regionalentwicklung im Bereich der Landwirtschaft und Agrarindustrie

Eisenerzabbau im Tagebau hochwertige Erze bei günstiger Lagerung

Abbau, Aufbereitung und Verarbeitung wichtiger mineralischer Rohstoffe: Manganerz, Kupfererz, Bauxit

Großkraftwerk Tucuruí als Energielieferant für Industrie- und Bergbauprojekte

Verhüttungsprojekte
Aufbau einer Verhüttungsindustrie an der Erzbahnlinie, Produktion von Roheisen, Flachstahl, Eisenlegierungen

Aluminiumindustrie
umfangreiche Bauxit-Lagerstätten, subventionierte Energieversorgung, geringere Umweltschutzauflagen als in Industrieländern

Infrastrukturmaßnahmen
Erzbahnlinie Serra dos Carajás – Ponta da Madeira bei São Luis, Bau und Ausbau von Hochseehäfen bei Belém

Export

M3 Projekte des Programms Grande Carajás

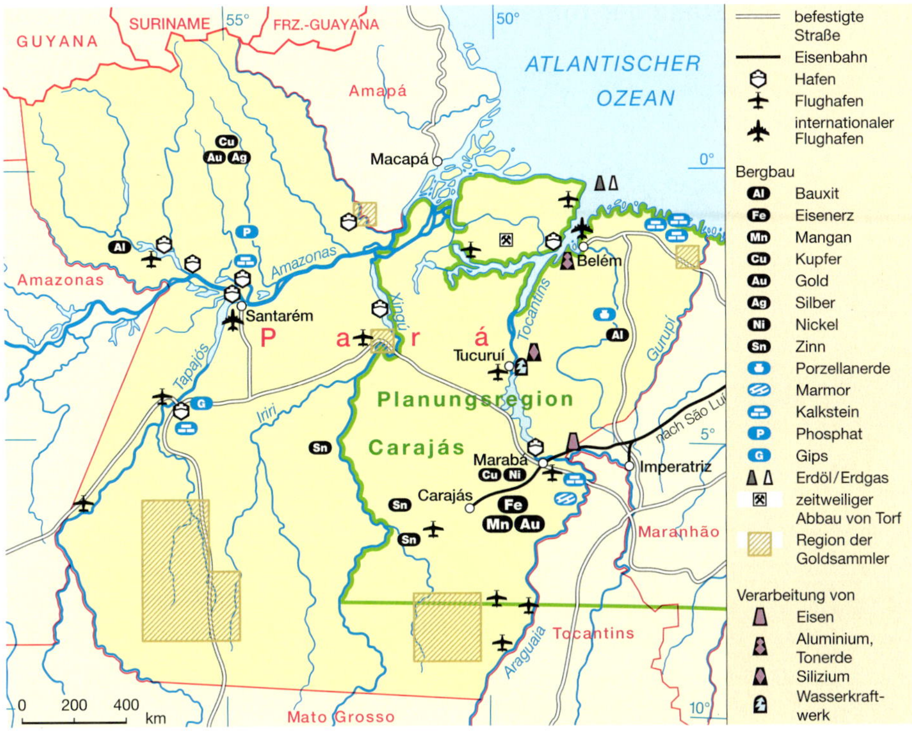

M4 Der Bundesstaat Pará und die Planungsregion Carajás

Gefahren und Risiken des Projekts

Äußerst problematisch ist die Brennstoffversorgung der Stahlindustrie mit Holzkohle anstelle von Steinkohle. Sie kommt zum geringen Teil aus dem Bestand der firmeneigenen Baumplantagen. Den größeren Teil liefern unabhängige Köhler, die den tropischen Regenwald für die Beschickung ihrer Holzmeiler roden.

Für das Großkraftwerk Tucuruí und die Anlage des Stausees mussten 35 000 Menschen umgesiedelt werden. Es kam zu Protestaktionen der betroffenen Bevölkerung bis hin zu gewaltsamen Auseinandersetzungen. Besonders schwerwiegend waren die Folgen für die Parakanã-Indianer. Sie waren erst wenige Jahre zuvor wegen des Baus der Transamazônica umgesiedelt worden; für eine Gruppe war es die vierte Umsiedlung in sechs Jahren.

Hinzu kam, dass infolge der Fäulniszersetzung der nicht gerodeten Bäume im Stausee giftige Gase freigesetzt wurden. Der Fischbestand – eine wichtige Nahrungsgrundlage der dort lebenden Menschen – ist dadurch bedroht.

M5 Augenzeugenbericht aus Carajás

Der Erzbergbau führt zum Abbau ganzer Berge in Amazonien, zu Stauseen, die Tausende von Quadratkilometern intakten Regenwaldes überfluten. Mehr als zehntausend friedlich lebende Waldbewohner, darunter Gummisammler, verloren ihre Existenzgrundlage, landeten in den Favelas der Städte. Für zwei Indianerstämme war es das Ende. Indirekt führte das Carajás-Projekt zur Entwaldung eines Gebietes von mehr als 100 000 km^2 – eine Fläche, die größer ist als Österreich. Die Eisenhütten mit ihrem unersättlichen Appetit auf Holzkohle fressen die Wälder auf.

1. Beschreibe die geographische Lage, die Verkehrserschließung und die natürlichen Ressourcen des Bundesstaates Pará (M2, M4).
2. Nenne die Ziele und Ergebnisse des Programms Grande Carajás. Beschreibe die durchgeführten Projekte (M1–M3).
3. Erläutere Gefahren sowie Risiken für Bewohner und die Umwelt, die durch die Realisierung des Programms Grande Carajás entstanden sind (M5).
4. Diskutiert in der Klasse Vor- und Nachteile des PGC.

Savanne – Grasland der Tropen

M1 Südlich vom Kilimandscharo

M2 Affenbrotbaum (Baobab)

Verlassen wir den tropischen Regenwald an der Elfenbeinküste (Côte d'lvoire) und fliegen nach Norden, dann befinden wir uns über der Savanne. Im Weiterflug über Buaké nach Timbuktu verändert sich das Aussehen der Savanne. Entscheidend für das Vegetationsbild der Savannen ist auch, zu welcher Jahreszeit wir diese Landschaftsräume überfliegen.
Wie und warum verändert sich das Bild der Savanne vom Regenwald zur Wüste einerseits und im Wechsel der Jahreszeiten andererseits?

Die Savanne – eine dreigeteilte Vegetationszone

Die „Savanne" (Spanisch: *saba-na* – Grasland) zeigt kein einheitliches Vegetationsbild.
Entsprechend der verschiedenartigen Vegetation unterscheidet man die Feuchtsavanne, Trockensavanne und Dornsavanne.

Das Klima prägt die Vegetation und gliedert die Savanne. Wärme und Licht stehen in den Tropen das ganze Jahr über ausreichend zur Verfügung. Das Wasserangebot schwankt jedoch mehr oder weniger stark. Es beeinflusst damit das Pflanzenwachstum in der Savanne. So bestimmt der jahreszeitliche Wechsel von Regenzeit und Trockenzeit das Wachsen, Blühen, Fruchten und den Laubwurf. Die Dauer der Trockenzeit bestimmt die Savannenart.
Dort, wo genügend Grundwasser zum Wachstum zur Verfügung steht, ist ein dichterer Waldbestand möglich. So ziehen sich entlang den Flüssen Galeriewälder durch die Savanne.

M3 Der Affenbrotbaum

Nahezu alle Teile des Baobab (Affenbrotbaum) können genutzt werden. Das zucker- und säurehaltige Fruchtmus ist essbar und dient zur Herstellung eines Erfrischungsgetränks. Aus dem Bast fertigt man Seile und grobe Textilien. Einzelexemplare des Baobab können einen Stammumfang von 30 Metern erreichen.

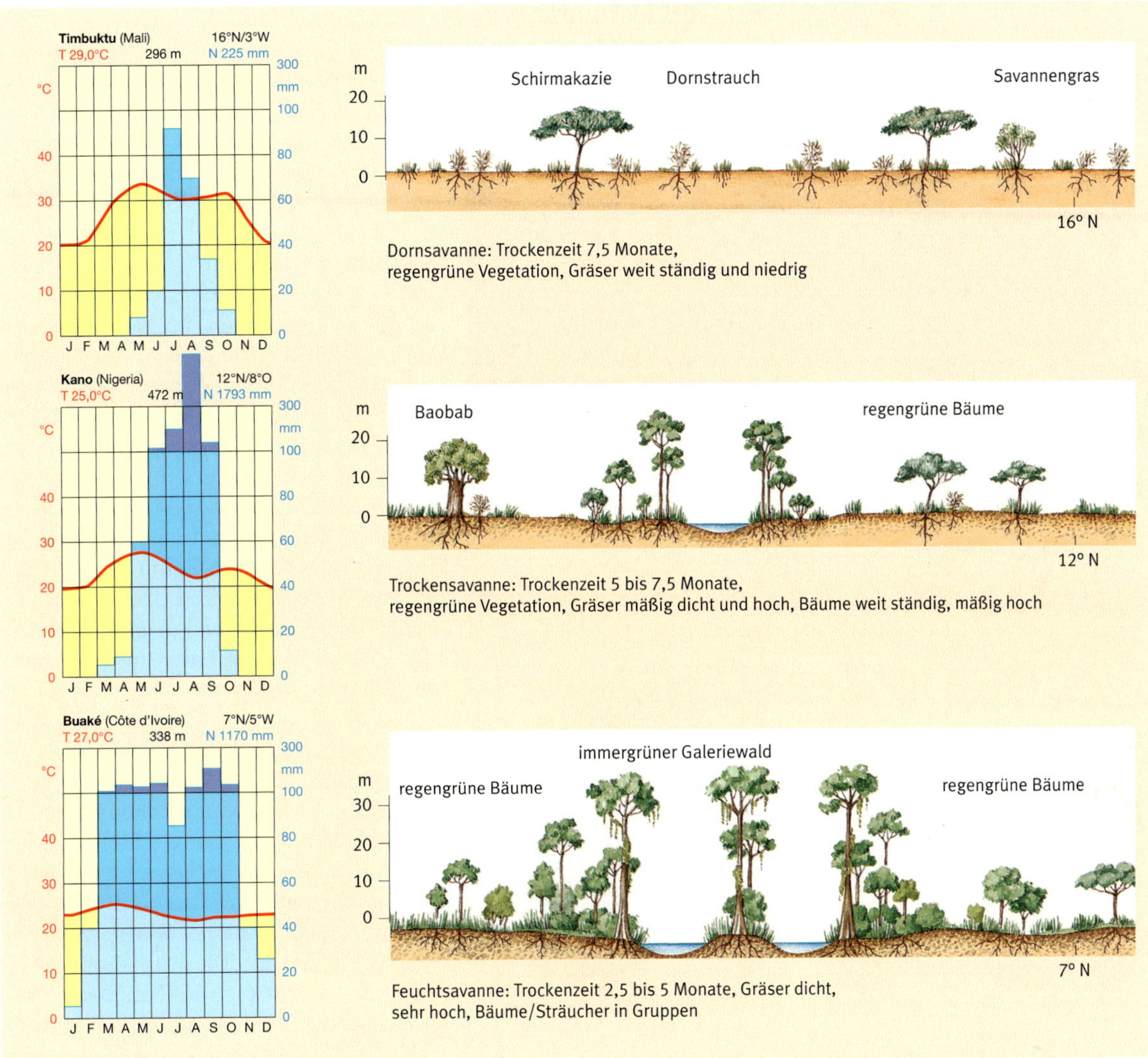

M4 Klima und Pflanzenwuchs der Savannen

M5 In Tansania

Wir sind im Serengeti-Nationalpark. Herr Kanabo berichtet uns, dass die vielen Zebras, Gnus, Giraffen, Elefanten und Wasserbüffel in der Regenzeit genügend Nahrung finden. Außerdem bieten jetzt die hoch gewachsenen Gräser der Savanne genügend Schutz vor natürlichen Feinden. In der Trockenzeit verdorren die Gräser, dann reicht das Futter nicht. Die Herden ziehen entweder nach Süden – dem Regen hinterher – oder sie suchen verbliebene Wasserstellen auf. Hier werden sie oft zur Beute der Löwen und Leoparden. Hyänen und Geier verzehren die Reste der Tierkadaver.

1. Beschreibe die verschiedenartigen Vegetationsbilder der Feucht-, Trocken- und Dornsavanne (M4).
2. Stelle Beziehungen her zwischen dem Niederschlag (Menge und Verteilung im Jahr) und der Form des Pflanzenwachstums (M4).
3. Unterscheide für Buaké, Kano und Timbuktu Monate der Regen- und Trockenzeit. Erläutere den Einfluss beider Jahreszeiten auf das Vegetationsbild (M4).
4. Ordne die Fotos (M1, M2) Jahreszeiten der Savanne zu.
5. Stelle in einem Vortrag die Tierwelt in der Savanne vor. Erläutere dabei auch, wie die Tiere den natürlichen Bedingungen angepasst sind. Nutze dazu auch den Text M5.
6. Informiere dich noch ausführlicher über den Affenbrotbaum (M3). Wie lässt sich sein großer Stammumfang erklären?
7. Gestaltet eine Wandzeitung zum Thema: „Pflanzen und Tiere der Savannen“.

Regenfeldbau und Nomadentum

M1 Dorf mit Hirsespeichern in der Savanne

Einjähriger Anbaukalender für zwei Felder

Monat	T (in °C)	Niederschlag (in mm)	Tage mit N	Anbaufeld Hirse		Brachfeld
Februar	23	4	1	Hacken		
März	26	24	3			
April	25	93	11	Aussaat	Jäten	
Mai	24	205	16			
Juni	23	229	17			
Juli	21	318	23	Blüte		Weide für Rinder, Schafe, Ziegen
August	21	274	22	Ernte		
September	22	219	21			
Oktober	23	39	11			
November	23	5	1	Hacken		
Dezember	21	2	0			

M2 Anbaukalender für Hirse

M3 Hirse- und Maisfeld im Regenfeldbau in Nigeria

Die Savannengebiete werden seit jeher für den Ackerbau und die Viehzucht genutzt. Wie haben die Menschen ihre Wirtschaftsweise den hier bestehenden Bedingungen angepasst?

Sesshafte Hackbauern

Der Ackerbau ist in den Savannen vom Regen abhängig. Fallen im Jahr mehr als 500 mm Niederschlag, wird die agronomische Trockengrenze überschritten. Die Bauern können ohne Bewässerung ihre Felder bestellen (Regenfeldbau).
Am Ende der Trockenzeit beginnen die Bauern mit ihrer Feldarbeit. Sie ist schwer, da der Boden hart und ausgetrocknet ist. Der Boden wird zehn Zentimeter tief mit der Hacke gelockert und nach den ersten Regenfällen muss schnell gesät werden. Am besten gedeihen Hirse und Mais, aber auch Maniok und Bohnen.

Hirse – eine verbreitete Getreideart der Savanne

Hirsekörner haben einen hohen Nährwert. Ihr Mehl kann aber nur als Brei gegessen werden, da ein Verbacken nicht möglich ist. Die Hirsepflanze wird bis zu fünf Meter hoch. Sie braucht viel Wärme, aber nur wenig Feuchtigkeit. Die Wachstumszeit ist kurz. Sie gedeiht auch auf Sandboden.
Während der Wachstumszeit müssen die Felder von Unkräutern frei gehalten werden. Alle Familienmitglieder beteiligen sich an den Erntearbeiten. Trotz schwieriger Arbeit – vor allem für die Kinder und Frauen – ist die Vorfreude auf eine etwas üppigere Mahlzeit groß.
Aber die Ernte darf nicht vollständig verbraucht werden, denn Getreide wird nur einmal im Jahr gegen Ende der Regenzeit geerntet und im folgenden Jahr braucht der Hirsebauer wieder Saatgut. Es ist auch zu berücksichtigen, dass während der Trockenzeit Schädlinge einen Teil der Ernte vernichten. Bei schlechten Ernten wird die richtige Vorratshaltung besonders wichtig. In speziellen Hirsespeichern werden die Vorräte aufbewahrt.

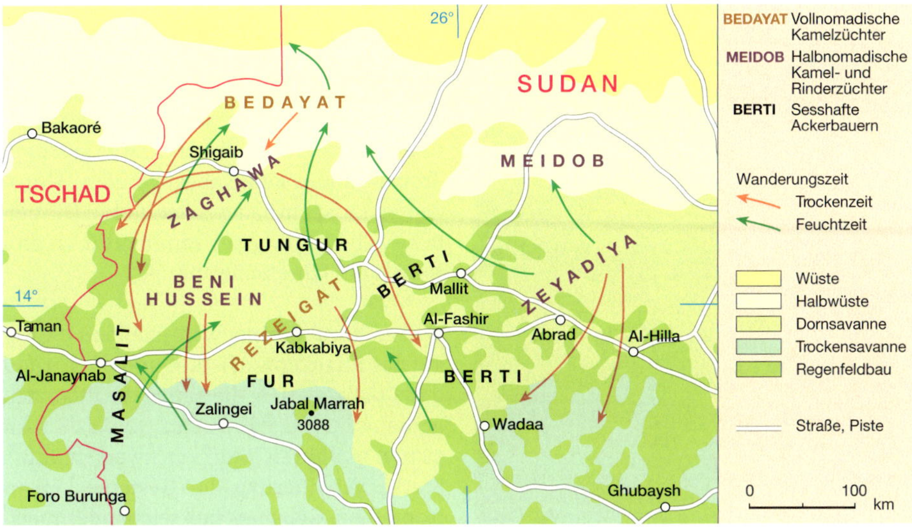

M4 Wanderwege der Nomaden im Norddarfur

Wandern um zu überleben

Dort, wo die Niederschläge für den Ackerbau nicht mehr ausreichen, wird der Landschaftsraum seit Jahrhunderten für die Viehzucht genutzt. Die Viehherden werden auf dem spärlichen Weideland der Trocken- und Dornsavanne gehalten. Futtervorräte können nicht angelegt werden. Rinder, Schafe und Ziegen haben die Sträucher, Gräser und Kräuter schnell abgegrast und müssen dann in neue Gebiete geführt werden.
Daher sind die Viehhüter mit ihren Herden das ganze Jahr auf Wanderschaft, sie leben mit ihren Familien als Nomaden.

Immer dem Regen hinterher

Die Wanderungen gehen im Laufe des Jahres über Hunderte von Kilometern, immer dorthin, wo es gerade geregnet hat und frisches Grün zur Verfügung steht. Erfahrungen, die über viele Generationen gesammelt wurden, werden weitergegeben.
Wenn die Niederschläge ausbleiben und die Wasserstellen austrocknen, müssen die Nomaden nach Wasser graben, um ihre Tiere versorgen zu können, oder sie müssen schneller mit ihren Herden weiterziehen. Das ist sehr schwierig, denn meistens sind es sehr große Herden. Das Ansehen eines Nomaden hängt von der Größe seiner Herde ab.

M5 Dornsavanne mit Nomaden und Viehherde

1. Bestimme die Anbaugebiete von Hirse und Mais in Afrika und ordne sie Vegetationszonen zu (Atlas).
2. Beschreibe und begründe den Anbaukalender für ein Hirsefeld (M2).
3. Erkläre, warum Hirse eine verbreitete Getreideart in den Savannengebieten ist. Gehe dabei auf Anbaubedingungen und die Verarbeitung der Hirse ein (M1).
4. Vergleiche den Hackbau sesshafter Bauern mit dem dir bereits bekannten Hackbau im Wanderfeldbau. Gehe auf die Unterschiede und Gemeinsamkeiten ein.
5. Erkläre, warum die Nutzung der Trocken- und Dornsavanne durch Nomaden sinnvoll ist.
6. Begründe die Wanderungsrichtungen der Nomaden mit ihren Viehherden (M4, M5).

Zusammenfassung

Das Klima des tropischen Regenwaldes ist das ganze Jahr über sehr warm bis heiß und sehr feucht. In diesen immerfeuchten Tropen gibt es keine ausgeprägten Jahreszeiten. Es ist ein Tageszeitenklima. Die tägliche Schwankung der Temperatur ist größer als die Jahresschwankung.

Dieser immergrüne Wald stellt in Bezug auf das Pflanzenwachstum und die Anzahl der Pflanzenarten die üppigste Pflanzengemeinschaft der Erde dar. Der Wald baut sich in mehreren Baumstockwerken auf. Starke Verwitterung der Gesteine ließ in tropischen Gebieten tief reichende, meist nicht sehr nährstoffreiche Böden entstehen. Diese sind von Pflanzen stark durchwurzelt und bieten günstige Lebensbedingungen für Tiere, Pilze und Bakterien. Die in den Tropen typischen starken Regenfälle führen zu Nährstoffauswaschungen des Bodens, die bei der Rodung des Waldes noch zunehmen.

Die natürliche Fruchtbarkeit vieler tropischer Böden nimmt nach wenigen Jahren des Ackerbaus stark ab. Deshalb wechseln die Bauern die Anbauflächen. Sie roden neue Flächen im tropischen Regenwald durch Abbrennen (Brandrodung) und verlegen nach Jahren auch ihre Dörfer.

Ein Teil der Bauern des tropischen Regenwaldes baut auf größeren Rodungsflächen Nutzpflanzen an, deren Früchte sie für den Export verkaufen können.

Die Rodung tropischer Regenwälder zur Nutzung von Edelhölzern oder für den Abbau von Bodenschätzen führt zur Vernichtung von Pflanzen und Tieren. Auch das Klima wird dadurch beeinflusst. Nur rund fünf Prozent der tropischen Regenwälder stehen zurzeit unter Schutz.

Die Savanne zeigt kein einheitliches Vegetationsbild. Entsprechend der Vegetation unterscheidet man die Feucht-, Trocken- und Dornsavanne. Die Dauer der Trockenzeit bestimmt die Savannenart.

Globale Zukunfts-szenarien und Wege zur Nachhaltigkeit

In diesem Kapitel werden Anregungen gegeben, sich mit der Klimaentwicklung, den Ressourcen der Erde und dem Naturschutz selbstständig zu befassen. Ihr findet globale Fragestellungen ebenso wie Themen aus dem Nahraum.

Nachhaltigkeit ist Grundsatz im Umgang mit der Umwelt

Ein Fünftel der Weltbevölkerung verbraucht vier Fünftel der verfügbaren Ressourcen. Nur drei Hundertstel der Wasservorräte der Erde kann der Mensch als Trinkwasser nutzen, aber der Wasserverbrauch hat sich allein in den letzten zehn Jahren verzehnfacht. In den Tropen werden täglich mehrere Hektar Regenwald vernichtet. Ähnliche Nachrichten erreichen uns täglich. Welche Maßnahmen sind notwendig, damit das Leben nachfolgender Generationen auch lebenswert ist?

Um leben zu können müssen Menschen in die Natur eingreifen. Sie gestalten ihre Umwelt. Luft, Wasser, Boden, Pflanzen- und Tierwelt sowie Mineralien sichern den Lebensunterhalt. Die Landschaft wird deshalb zwangsläufig vom Menschen beeinflusst – natürliche Abläufe werden verändert.
Kein geographischer Raum ist unbegrenzt belastbar. Wenn der natürliche Kreislauf innerhalb einer Landschaft dauerhaft gestört wird, entstehen oft schwer zu behebende Schäden.
Um diese Umweltbelastungen zu reduzieren wird eine nachhaltige Wirtschaftsweise angestrebt.

M2 Deutscher Umweltindex (DUX)
1998 wurde in Deutschland erstmalig die Entwicklung der Umweltsituation messbar gemacht. Für die Zustandsbeschreibung gab es bis dahin keine vergleichbaren Kennziffern. Deshalb entstand die Idee zu einem Umwelt-Barometer (Umweltindex), das den Entwicklungsstand der Umweltsituation durch Prüfung weniger Merkmale messbar machen soll. Der Deutsche Umweltindex spiegelt in einer einzigen Zahl Umweltschutz-Entwicklungstrends in Deutschland wider. Er setzt sich aus den Werten für Klima, Luft, Boden, Wasser, Energie und Rohstoff zusammen. Für jede dieser 6 Komponenten können 1000 Punkte vergeben werden, wenn die gesteckten Ziele erreicht wurden. 0 Punkte entsprechen dem Zustand von 1999, Minus-Werte bedeuten eine Verschlechterung im Vergleich zu 1999.

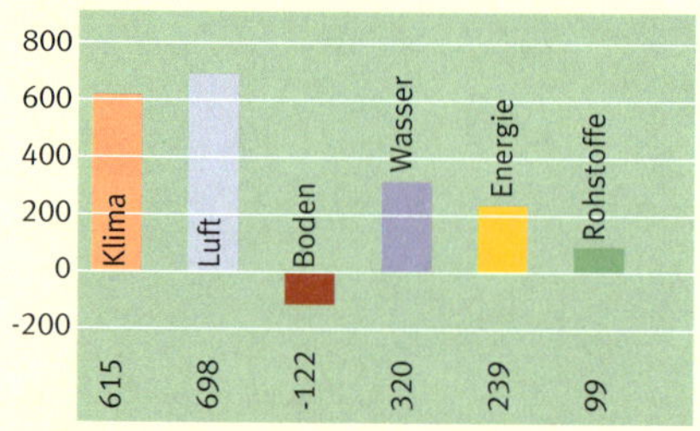

Quelle: Umweltbundesamt Oktober 2003

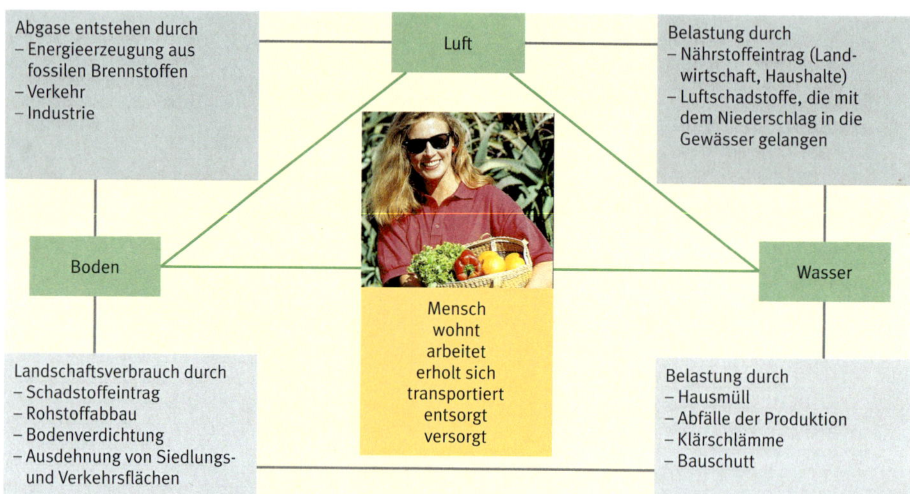

M1 Umweltbelastungen in Deutschland

Was ist „Nachhaltigkeit"?
Auf der Konferenz der Vereinten Nationen für Umwelt und Entwicklung 1992 in Rio de Janeiro wurde die Agenda 21 verabschiedet. Zentrales Anliegen der Agenda 21 ist die nachhaltige, dauerhafte und zukunftsfähige Entwicklung.
Nachhaltigkeit bedeutet, „die Bedürfnisse der Gegenwart zu befriedigen, ohne zu riskieren, dass künftige Generationen ihre eigenen Bedürfnisse nicht befriedigen können".

Entwicklungsprinzip Nachhaltigkeit
Das Entwicklungsprinzip basiert auf der Erkenntnis, dass es in einer Welt mit viel Armut und Umweltschäden bisher keine gesunde Gesellschaft oder Wirtschaft gibt. Ziel der Nachhaltigkeit ist, die Befriedigung der menschlichen Grundbedürfnisse mit einer qualitativ hochwertigen Umwelt und einer gesunden Wirtschaft für alle Menschen der Erde miteinander in Einklang zu bringen. Dieses Ziel lässt sich von keinem Staat allein verwirklichen – vielmehr ist eine weltweite Partnerschaft für eine nachhaltige Entwicklung erforderlich.
Die Unterzeichnerstaaten der Agenda 21, so auch Deutschland, sind aufgefordert, in einer Strategie die Perspektiven für ihre Zukunftsfähigkeit im 21. Jh. zu erarbeiten.
Nachhaltigkeit kann nur erreicht werden, wenn neben umweltschonender Wirtschaftsweise gleichrangig auch ökonomische Sicherheit und soziale Gerechtigkeit angestrebt werden.

M3 Was zum Umweltschutz beiträgt:
1. Lieber teilen, tauschen oder leihen, als immer gleich kaufen.
2. Gebrauchte Sachen kaufen hilft der Umwelt und spart Geld.
3. Augen auf beim Kauf: Verschiedene Materialien haben unterschiedlichen „Naturverbrauch".
4. Je weniger Transport, desto besser.
5. Sparsam verbrauchen – zum Beispiel Strom, Energie und Wasser.
6. „Pflegen, reparieren, putzen – und so lange wie möglich nutzen."
7. Abfall vermeiden – Produkte weitergeben oder wiederverwerten.

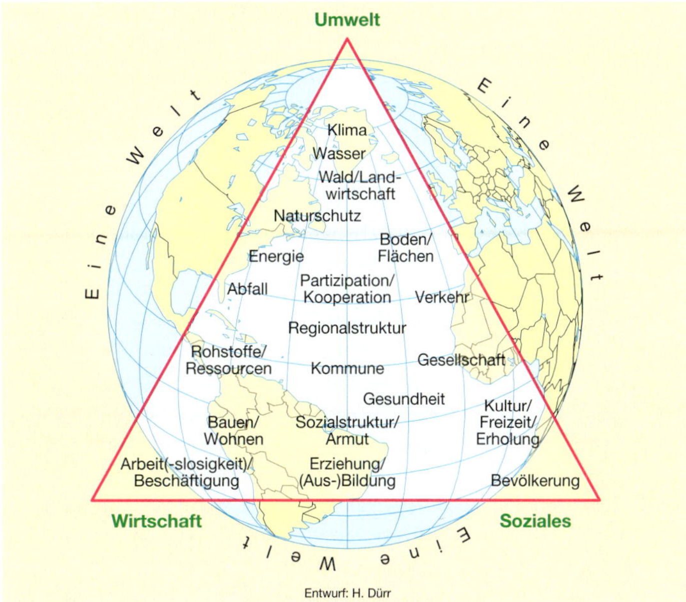

M4 Nachhaltige Entwicklung als Gesamtaufgabe

M5 Recyclingsysteme

1. Beschreibe an Beispielen Eingriffe der Menschen in die Landschaft und ihre Folgen (M1).
2. Beschreibe anhand des DUX die Umweltsituation in Deutschland (M2).
3. Erläutere den Begriff „Nachhaltigkeit". Finde Beispiele (M3, M4, Begriffserklärungen).
4. Begründe, inwiefern Nachhaltigkeit ein tragfähiges Konzept zur Mensch – Umweltgestaltung darstellt (M1, M4).
5. Diskutiert Möglichkeiten zum nachhaltigen Umgang mit der Natur (M4).
6. Erarbeitet in der Gruppe Beispiele dafür, wo in Berlin Möglichkeiten für nachhaltiges Wirtschaften a) genutzt werden, b) genutzt werden könnten (M5).

Verändert der Mensch das Klima?

Wenn irgendwo auf der Erde ein Unwetter wütet, laufen im „Potsdam-Institut für Klimafolgenforschung" die Telefone heiß. Haben extreme Witterungsereignisse etwas mit der Zunahme von Treibhausgasen in der Atmosphäre zu tun? Wir wollen dieser Fragestellung nachgehen.

Natürlicher Treibhauseffekt

Die Atmosphäre der Erde verhält sich ähnlich wie die Luft in einem Treibhaus. Die Treibhausgase Kohlenstoffdioxid und Wasserdampf lassen die Sonnenstrahlung wie farbloses Glas nahezu vollständig durch. Hingegen halten sie, wie das Glas des Treibhauses, einen großen Anteil der Wärmestrahlung zurück.

Dieser natürliche Treibhauseffekt bewirkt, dass die Durchschnittstemperatur der bodennahen Luft +15 °C statt –18 °C beträgt. Der Treibhauseffekt hält den Wärmehaushalt der Erde stabil, denn Ein- und Ausstrahlung befinden sich in einem Gleichgewicht. Andernfalls müsste es auf der Erde zunehmend kälter oder wärmer werden.

Natürliche Klimaschwankungen

Die Energieeinstrahlung der Sonne schwankt, demzufolge ändert sich das Erdklima. Zwischen 1300 und 1900 herrschte in Europa eine kleine Eiszeit. Es war kälter als heute. Dagegen gab es zwischen 900 und 1300 ein Klima mit längeren Sommern, die sogar den Weinbau in Schottland ermöglichten. Damals gab es kein Treibeis zwischen Grönland und Island. Um 1000 besiedelten Normannen die Südwestküste Grönlands.

In der langen Geschichte der Erde gab es mehrere Eiszeitalter. Für zwei Kaltzeiten vor zwei bzw. einer Milliarde/n Jahren gibt es spärliche Anzeichen. Ein großes Eiszeitalter fällt in die Zeit vor 275 bis 285 Millionen Jahren (Karbon, Perm).

Die jüngste Eiszeit endete in Mitteleuropa vor rund 10 000 Jahren. Aber noch ist es ungewiss, ob die Menschheit seither in einer Warmzeit lebt, die in einigen Jahrtausenden erneut von einer Kaltzeit abgelöst werden könnte.

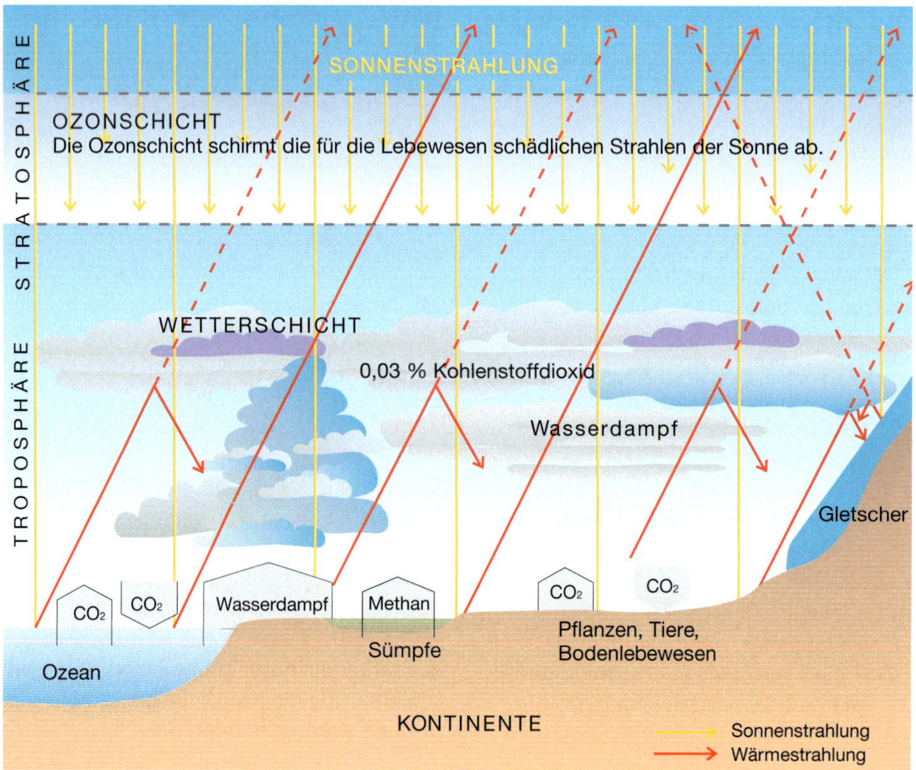

M1 Natürlicher Treibhauseffekt

Vom Menschen beeinflusster Treibhauseffekt

In den letzten 200 Jahren nahm der Kohlenstoffdioxidgehalt in der Atmosphäre um ein Viertel zu. Außerdem wird sie durch Spurengase wie Methan, Stickoxide und Fluor-Chlor-Kohlenwasserstoffe (FCKW) belastet. Sie verstärken den natürlichen Treibhauseffekt.

Eine stark anwachsende Weltbevölkerung erzeugt immer mehr Energie – größtenteils durch Verbrennung fossiler Brennstoffe. Weltweit verursachen Industrieanlagen und Fahrzeuge einen hohen Schadstoffausstoß. Die Freisetzung großer Mengen von Methan aus der Rinderhaltung und von den Reisfeldern kommt hinzu.

Im Gegensatz dazu bewirkt eine Trübung der Atmosphäre durch Stäube einen Wärmeverlust. An den Staubteilchen wird die Sonnenstrahlung reflektiert. Dadurch erreicht weniger Sonnenenergie die Erdoberfläche. Stäube gelangen durch Industrie, Verkehr und Städtebau sowie aus Ackerland und Viehhaltung in die Luft. Allerdings ist die Verweildauer des Staubes in der Luft meist kurz.

M3 Wenn der Meeresspiegel steigt ...

1. Beschreibe den natürlichen Treibhauseffekt (M1).
2. Erläutere, wodurch und wie der Mensch den Treibhauseffekt verstärkt. Welche Folgen sind zu bedenken (M2)?
3. Gib in einem kurzen mündlichen Vortrag wieder, wie sich der Anstieg des Meeresspiegels auf die deutsche Küste auswirken würde. Wodurch könnte dieser Anstieg verursacht werden (M3)?

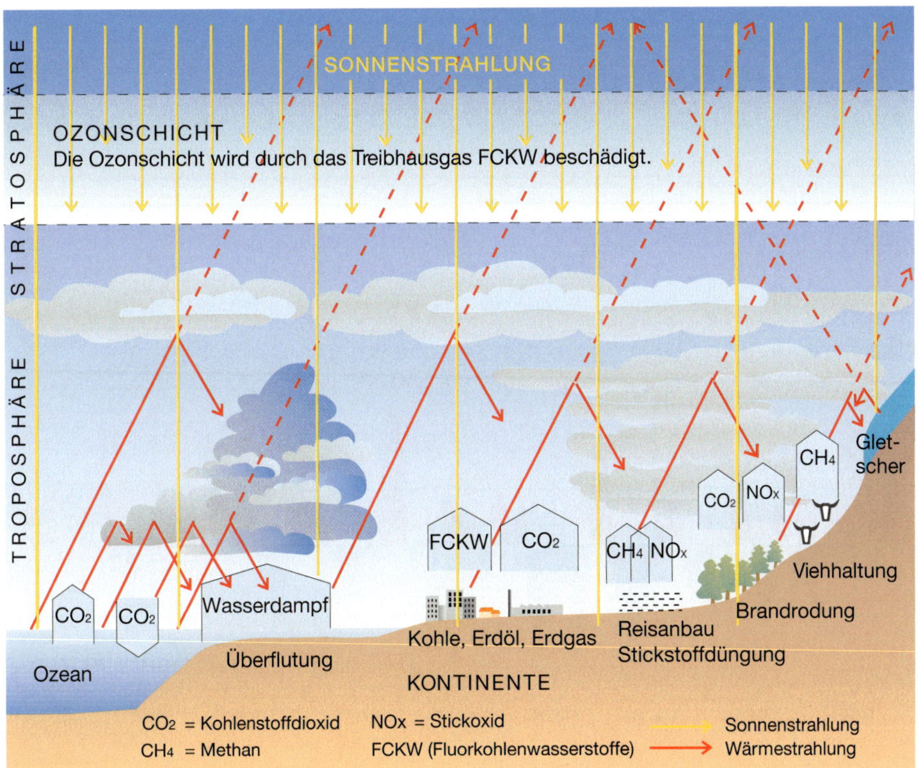

M2 Vom Menschen verstärkter Treibhauseffekt

El Niño – globale Auswirkungen des Klimas im indopazifischen Raum

Furcht und Schrecken verbreiten sich bei den südpazifischen Anrainerstaaten, wenn sich El Niño ankündigt: Vor Peru bricht die Fischerei und mit ihr die exportorientierte Fischmehlindustrie zusammen. Während tropische Starkregen die Infrastruktur an der Westküste Südamerikas zerstören, führen lang anhaltende Dürren auf Borneo in Verbindung mit der in Südostasien herrschenden unkontrollierten Brandrodung zu einer ökologischen (Smog-)Katastrophe.

An den volkswirtschaftlichen Verlusten, die durch die Wetter-Abweichung El Niño entstanden sind, haben die betroffenen Entwicklungsländer schwer zu tragen.

El Niño tritt regelmäßig zur Weihnachtszeit auf, weswegen die seit Jahrhunderten bekannte Erscheinung von den Spaniern „Christkind" genannt wird. Dabei überlagert eine warme Wasserschicht den kalten Humboldt- bzw. Perustrom kurzfristig. Tropische Fische wie Hammerhai und

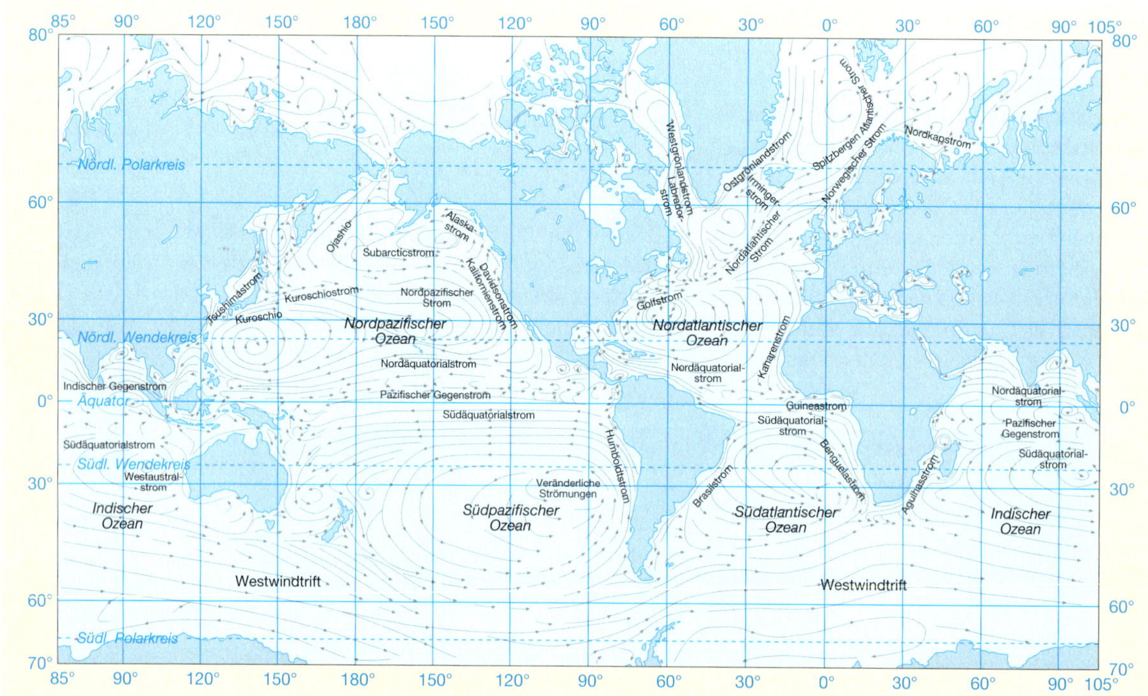

M1 Meeresströmungen ohne El-Niño-Beeinflussung

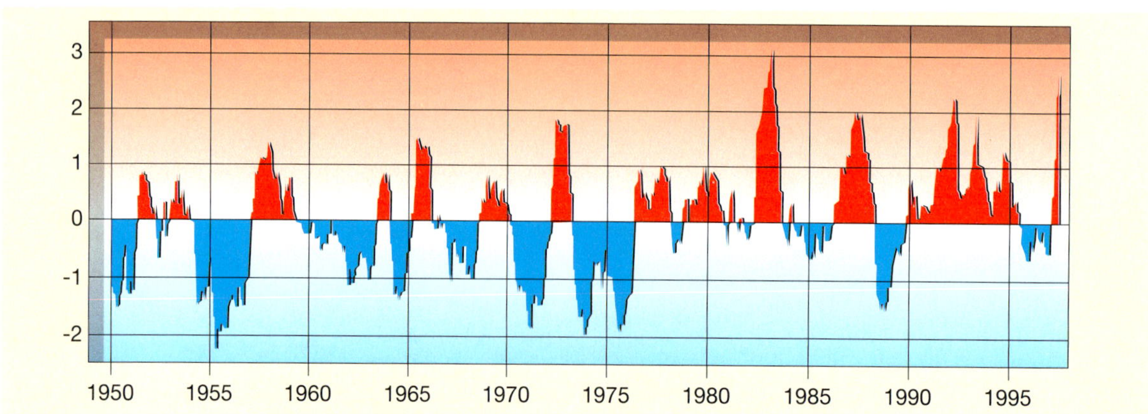

M2 Abweichungen der Oberflächentemperatur des Wassers von normalen Werten

Thunfisch werden dann vor den Küsten Ecuadors und Perus gefangen. Kommt es jedoch zu größeren Temperaturabweichungen, kündigen diese großräumige Veränderungen im pazifischen Luftdrucksystem mit den gefürchteten Folgen an.

Starke Abweichungen der Oberflächentemperatur des Wassers verheißen nicht nur Störungen im Wettergeschehen über dem Pazifik, sondern beeinflussen es vermutlich auch global. Über die Ursache von El Niño gibt es bisher nur Vermutungen.

In normalen Jahren, in denen die kühleren Wasserschichten im Ostpazifik vorherrschen, wehen Passatwinde ganzjährig und bodennah von den Hochdruckgebieten des Ostpazifiks zum Tiefdruckgebiet über Südostasien. Sie treiben warmes Oberflächenwasser nach Westen. Vor der Küste von Indonesien kommt es zu einem 50 Zentimeter höheren Meeresspiegel im Vergleich zur Gegenküste von Ecuador. Das Verdrängen des tropischen Oberflächenwassers vor dem südamerikanischen Kontinent ermöglicht das Aufsteigen von kaltem und nährstoffreichem Tiefenwasser, das sich mit sauerstoffreichem Wasser aus der Zone der Westwinddrift vermischt und vom Humboldt-(Peru-)strom entlang der chilenisch-peruanischen Küste zum Äquator transportiert wird. Dieses nährstoffreiche und sauerstoffhaltige Wasser in Verbindung mit einer kurzen Nahrungskette begründet den enormen Fischreichtum, die darauf aufbauende Fischmehlindustrie sowie den Guano-Abbau der Staaten Peru und Chile.

In ausgeprägten El-Niño-Jahren fallen die Passatwinde aufgrund der veränderten pazifischen Luftdruckverhältnisse aus und warmes Oberflächenwasser drängt vom Zentralpazifik zur ostpazifischen Seite. Das nährstoffarme Tropenwasser (zirka 150 Meter mächtig) unterbricht die äußerst produktive Nahrungskette von Peru, sodass neben den bekannten Folgen für die Fischwirtschaft Tausende von Seevögeln und Robben ihre Nahrungsgrundlage verlieren. Während an der Westküste Südamerikas heftige tropische Regenfälle niedergehen, wird Südostasien von Trockenheit heimgesucht. Bei der letzten großen El Niño-Abweichung wurden 30 Prozent der Ernten durch Dürren, Brände oder Überschwemmungen vernichtet.

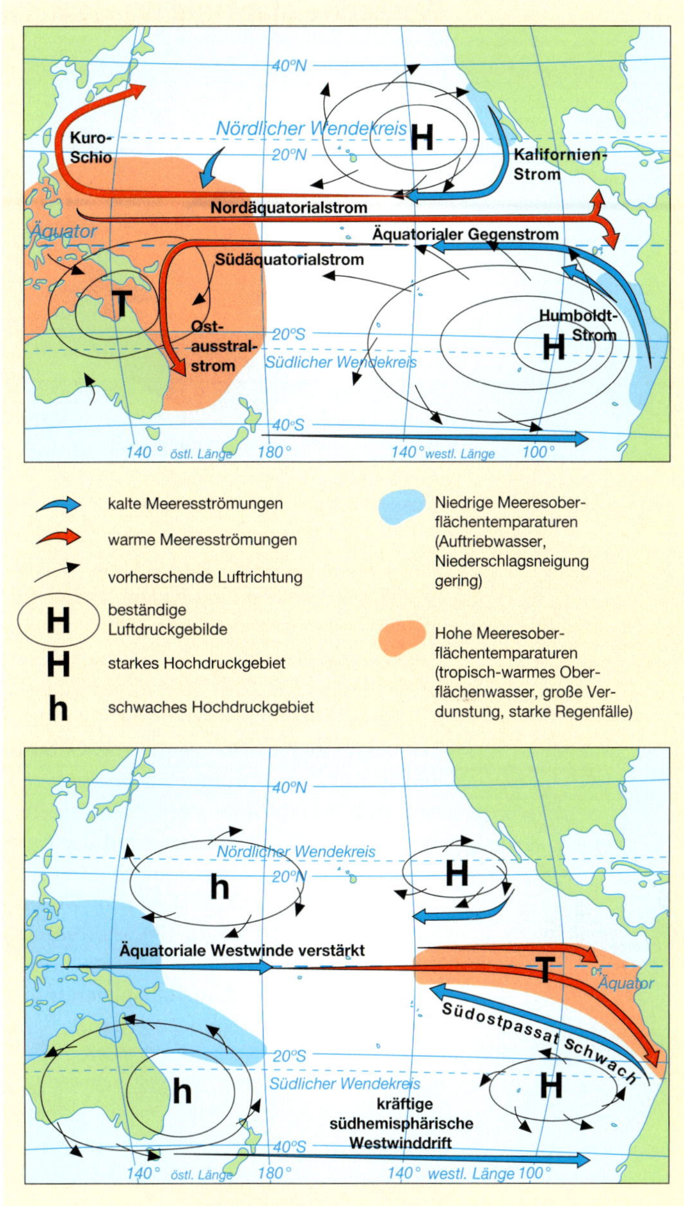

M3 Vergleich der Meeresströmungen und der Luftzirkulation in einem Normaljahr (oben) und während einer El-Niño-Abweichung

1. Erläutere die Entstehung der El-Niño-Erscheinung.
2. Fasse die Auswirkungen der El-Niño-Erscheinung für Mensch und Tier in einem kurzen mündlichen Vortrag zusammen.

Wasserkreislauf und Wassernutzung

M1 Niederschlag = Verdunstung + Abfluss

Wasserverteilung auf der Erde
Durch die Druckunterschiede zwischen Hochdruck- und Tiefdruckgebieten entstehen Winde. Sie verteilen Niederschläge ungleichmäßig über die Erde. Dabei beeinflussen hauptsächlich die Klimafaktoren Breitenlage, Lage zum Meer und Höhenlage die Niederschlagsverteilung. Es entstehen regenreiche und regenarme Gebiete. 90 Prozent des verdunsteten Wassers regnen sich bereits über dem Meer ab, nur etwa zehn Prozent gelangen auf das Festland.
Der Wasserkreislauf besteht im Wesentlichen aus Niederschlag (N), Abfluss (A) und Verdunstung (V).
Mithilfe der Wasserhaushaltsgleichung N = V + A kann er berechnet werden.

Niederschlag (N)
In der Troposphäre befindet sich Wasserdampf. In Abhängigkeit von der Temperatur kann die Luft unterschiedliche Mengen von Feuchtigkeit aufnehmen – warme mehr, kalte weniger. Wird die Sättigungsmenge überschritten, kommt es zur Kondensation, wobei sich Wassertröpfchen bilden. Wolken entstehen. Sie können Niederschlag mit sich bringen.

Abfluss (A)
Der auf die Erde gefallene Niederschlag fließt ab. Dabei unterscheidet man zwischen Oberflächenabfluss und Untergrundabfluss. Fließgewässer führen das Wasser verhältnismäßig schnell in Seen und Ozeane. Das im Erdboden versickerte Wasser bildet das Grundwasser. Es kann bis zu mehreren Tausend Jahren gespeichert werden. Auch an der Erdoberfläche kann Wasser über längere Zeit in Ozeanen, als Polar-und Gletschereis oder über kürzere Zeit in Seen, Sümpfen, als Bodenwasser oder in Biomasse gespeichert werden.

Verdunstung (V)
Durch Sonnenwärme verdunstet an der Erdoberfläche Wasser, der größte Teil über den Meeren. Auf dem Festland geben vor allem Gewässer und Pflanzen Feuchtigkeit durch Verdunstung ab.

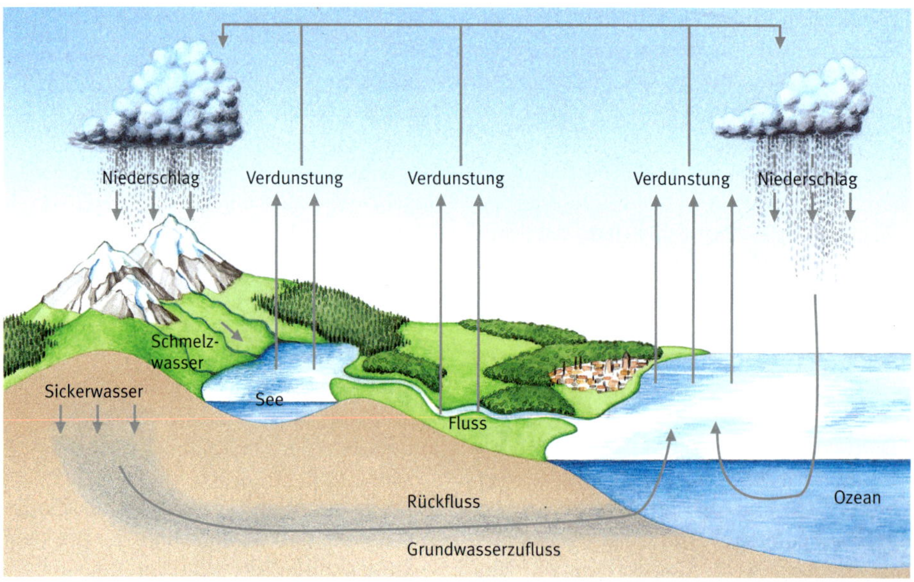

M2 Wasserkreislauf

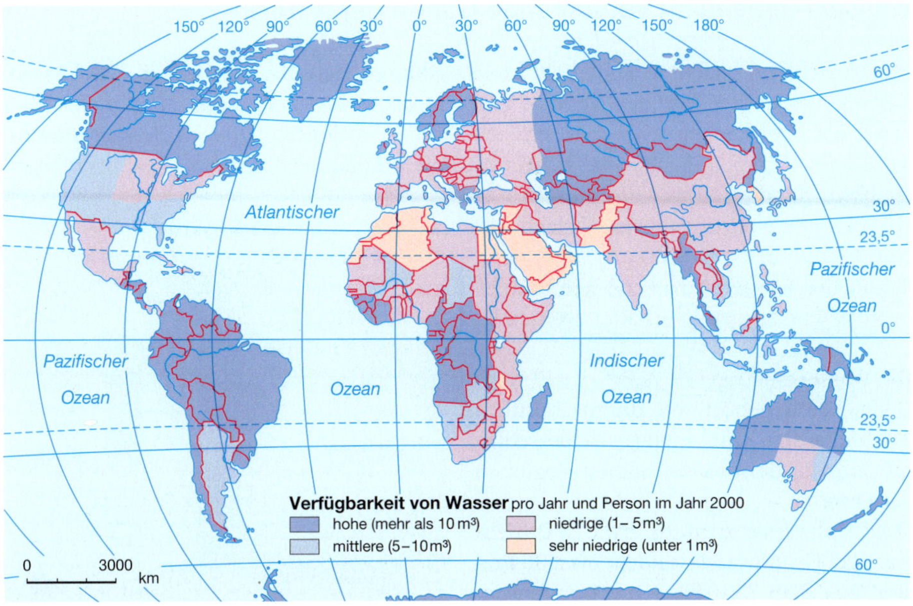

M3 Verfügbarkeit des Wassers

M4 Konflikte um die Ressource Wasser

In vielen Regionen der Erde stimmt das Wasserangebot nicht mit dem Wasserverbrauch überein. Beispiele für Regionen, in denen es zu Nutzungskonflikten gekommen ist:

Naher und Mittlerer Osten

Israel, Jordanien, Libanon, Palästina und Syrien beziehen Wasser aus dem Jordan-Becken, auch Grundwasser. Im Gaza-Streifen ist der Grundwasserspiegel durch Übernutzung jährlich um 15 bis 20 Zentimeter gesunken, eindringendes Meerwasser verschlechtert die Qualität.

Türkei

Das Südostanatolien-Projekt (GAP) umfasst 22 zum Teil schon vollendete Staudämme und 19 Kraftwerke. Die Auswirkungen auf die Ökologie der Region und vor allem auf Syrien sowie Irak sind noch weitgehend unbekannt. Euphrat und Tigris führen in ihrem Unterlauf bis zu 50 Prozent weniger Wasser.

Zentralasien

Kasachstan, Kirgisistan, Tadschikistan, Turkmenistan sowie Usbekistan beziehen für Menschen und Wirtschaft das Wasser aus Amu-Darja und Syr-Darja – u. a. zur Bewässerung riesiger Baumwollplantagen. Der Aral-See ist zur Hälfte ausgetrocknet, salziger Sand legt sich bei Stürmen auf das Land.

Südostasien

Für 60 Millionen Menschen am Mekong – in China, Laos, Kambodscha, Vietnam und Thailand – verändert sich ihr Lebensraum nachteilig durch Süßwasserableitung und Staudammprojekte.

Afrika

Das Wasser des Nil nutzen zehn Staaten – u. a. Ägypten, Äthiopien und Sudan. Während Äthiopien seine anwachsende Bevölkerungszahl durch ein System von kleinen Staudämmen mit Wasser versorgen will, beharrt Ägypten auf den 1959 mit Sudan vertraglich vereinbarten Zuteilungen.

M5 Wassermengen der Erde

Weltmeer
97,39 %
1 348 000 000 km³

Polar- und Meereis, Gletscher
2,01 %
27 820 000 km³

Grundwasser, Bodenfeuchte
0,58 %
8 062 000 km³

Seen und Flüsse
0,02 %
225 000 km³

Atmosphäre
0,001 %
13 000 km³

1. Beschreibe den Wasserkreislauf der Erde und erkläre die Wasserhaushaltsgleichung N = V + A (M1, M2).
2. Nenne Länder mit überwiegendem Wassermangel und Länder mit überwiegendem Wasserüberschuss. Erkläre aufgrund der klimatischen Ursachen (M3).
3. Erarbeite einen Vortrag zur Wassersituation in einer Region (M4).
4. Bewerte die Verfügbarkeit von Wasserreserven der Erde (M3, M5).
5. Erarbeitet in zwei Gruppen Poster zu den Themen: „Konfliktpotenzial Wasser“ und „Nachhaltige Wassernutzung“.

Wasser – eine nicht versiegende Quelle der Natur?

In Deutschland machen sich nicht viele Gedanken über den Wert des Wassers. Wer Durst hat oder kochen will, dreht einfach den Wasserhahn auf. Wasser steht uns „selbstverständlich“ zur Verfügung. Es ist ein wichtiges Nahrungsmittel. Welche Probleme sind bei der Nutzung und beim Schutz des Wassers zu lösen? Wie kann eine gute Wasserqualität erhalten werden?

Die Wassernutzung

Deutschland gehört mit durchschnittlich 210 Milliarden Kubikmetern Niederschlag pro Jahr zu den wasserreichen Regionen der Erde.

Das Trinkwasser wird zu etwa 70 Prozent aus dem Grundwasser und zu etwa 30 Prozent aus dem Oberflächenwasser gewonnen. Bevor es verwendet werden kann, erfolgt bei ca. 80 Prozent eine technische Aufbereitung. Dazu gehört z. B. die Beseitigung von Verunreinigungen oder die Verbesserung des Kalkgehalts.

Die wirtschaftliche Entwicklung hängt eng mit Wasserressourcen zusammen. Wasser wird in der Landwirtschaft, zur Energiegewinnung und in der industriellen Produktion als Kühl-, Transport-, Lösungs- und Reinigungsmittel eingesetzt. Zur Bereitstellung dieses Wassers müssen viele Eingriffe in den natürlichen Wasserkreislauf stattfinden.

Belgien	122	Kanada	255
Deutschland	129	Australien	256
Dänemark	136	Norwegen	260
Spanien	145	Japan	278
Großbritannien	147	USA	295

Quelle: OECD 1999, IWSA 1999, BGW-Wasserstatistik 2000

M1 Täglicher Trinkwasserverbrauch der Haushalte im internationalen Vergleich (Liter/Einwohner)

	Berlin	Deutschland
Wasserversorgungsunternehmen	1	5260
Wassergewinnungsanlagen	11	14525
Wassergewinnung in 1000 m^3 insgesamt	209300	5408951
– davon Grundwasser	209300	3502337
– davon Uferfiltrat und angereichertes Grundwasser	–	707575
– davon Fluss-, Seen-, Talsperrenwasser	–	690641

(Statistische Ämter des Bundes und der Länder)

M2 Wassergewinnung 2005

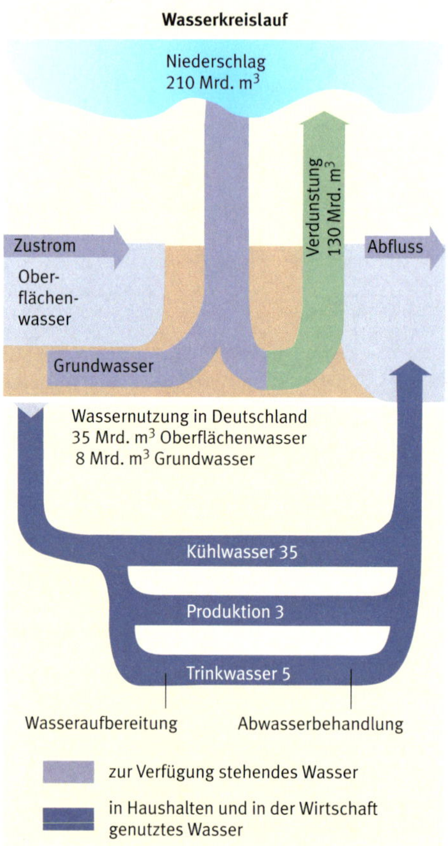

M3 Vereinfachtes Schema des Wasserkreislaufs in Deutschland (in Mrd. m^3/Jahr)

Problematische Folgen dieser Wassernutzung können sein:
- Erhöhte Grundwasserentnahme führt zu einer Absenkung des Grundwasserspiegels.
- Dammbauten und Kanalisierung können das Abflussverhalten der Gewässer erheblich verändern.
- Trockenlegungen (z. B. durch viele Entwässerungskanäle) entziehen den Landschaften das Wasser. Es fließt an der Oberfläche zu rasch ab.
- Die Versiegelung vieler Flächen Deutschlands verhindert das Einsickern des Niederschlagswassers in den Boden. Täglich werden 131 Hektar versiegelt.

Die Wasserqualität

Wasser scheint in Deutschland eine unerschöpfliche Ressource zu sein. Qualitativ haben jedoch die vielfältigen Gewässernutzungen die Wasserbeschaffenheit an manchen Flussläufen und Seen nachteilig verändert.

Seit etwa 20 Jahren greifen erfolgreich Maßnahmen des Gewässerschutzes. Inzwischen sind viele Flüsse und Seen wieder sauberer geworden.

Trotz erheblicher Verminderung der Schadstoffeinleitung werden aber die international vereinbarten Zielvorgaben für die Gewässerqualität noch nicht überall erreicht. Eine nachhaltige Wasserwirtschaft hat die langfristige Erhaltung einer hohen Wasserqualität zum Ziel.

Zur Schonung der Wasserressourcen soll dem Wasserhaushalt außerdem möglichst wenig Grund- und Oberflächenwasser entzogen werden.

M4 Ziele der Wasserrahmenrichtlinie der EU

- Erreichung eines guten Zustandes des Oberflächen- und Grundwassers; es darf nur geringfügig vom natürlichen Zustand abweichen.
- Förderung der nachhaltigen Wassernutzung
- Entwicklung von gemeinsamen Einstufungskriterien für eine Gewässerzustandskarte Europas
- Förderung des Schutzes von grenzüberschreitenden Gewässern
- Förderung einer Abnahme der Belastung durch gefährdete Substanzen

M5 Thermalheizung

In Neustadt-Glewe werden seit 1995 ca. 1300 Wohnungen und 22 Gewerbebetriebe mit Thermalwasser beheizt. Etwa 98 °C heißes Wasser wird dafür aus ca. 2250 Metern Tiefe gefördert. Durch eine 210-Kilowatt-Turbine kann während des Sommers mit der dann nicht benötigten Wärme Strom erzeugt werden. Das Heizkraftwerk in Neustadt-Glewe mit einer elektrischen Leistung von 210 Kilowatt ist Deutschlands erstes geothermisches Kraftwerk. Es soll rund 500 Haushalte mit Strom versorgen.

Verursacher von Schadstoffeinleitungen in Gewässer

- Oberflächenabfluss z. B. aus der Landwirtschaft
- Windeintrag ins Oberflächenwasser
- Drainagen zur Trockenlegung feuchter Flächen
- ungeklärte Abwässer aus Industrie, Haushalten und Gewerbegebieten

Folgen der Wasserbelastung

- Nährstoffe (Phosphor und Stickstoff) begünstigen das Algenwachstum.
- Sauerstoffmangel und Schwermetallanreicherung lösen Fischsterben aus.
- Trinkwasseraufbereitung wird erschwert
- Chlorverbindungen sind schwer abbaubar und z. T. hochgradig giftig.

Maßnahmen gegen Schadstoffeinleitung

- gleichmäßigere Verteilung des Viehbestandes, Reduzierung der mineralischen Stickstoffdünger
- Schließung von Drainagen um Entwässerungen in der Landwirtschaft rückgängig zu machen; in den hieraus resultierenden nassen sauerstofffreien Böden wird Nitrat zu Luftstickstoff abgebaut.
- chlorhaltige Chemikalien durch biologisch abbaubare ersetzen
- weitere Verbesserung der alternativen Entsorgungswege, z. B. Sondermüllentsorgung von chlorhaltigen Lösungsmitteln und Farben

M6 Schadstoffeintrag in das Grund- und Oberflächenwasser und die Folgen, Maßnahmen zur Verbesserung

1. Beschreibe den Trinkwasserverbrauch Deutschlands im Vergleich zu anderen Staaten (M1).
2. Informiere dich über Details der Wassergewinnung in Berlin und berichte darüber vor der Klasse (M2).
3. Erkläre den Wasserkreislauf Deutschlands. Vergleiche die angegebenen Wassermengen miteinander (M3).
4. Begründe die Erarbeitung einer Wasserrahmenrichtlinie für alle EU-Staaten (M4, M6).
5. Entwickle eine Tabelle über den Schadstoffeintrag in die Gewässer. Schlage Maßnahmen zur Verringerung der Gewässerbelastung vor (M6).
6. Diskutiert auf der Grundlage von M6, welchen Beitrag ihr zur nachhaltigen Wassernutzung leisten könnt.

Flusssysteme und Regulierungsmaßnahmen

Flusslandschaften stellen von jeher bevorzugte Siedlungsgebiete dar. Auch heute gehören sie zu den dicht besiedelten und stark industrialisierten Regionen mit besonderer wirtschaftlicher Bedeutung als Transportweg, Wasserlieferant für Industrie und Kraftwerke sowie zur Trinkwasserversorgung. Schwankende Wasserstände sind für die Flüsse typisch. Auch Hochwasserereignisse treten in unregelmäßigen Abständen ein. Warum führen sie mitunter zu verheerenden Katastrophen?

M2 Pressemeldung vom 21.08.2002
Das Hochwasser der Elbe erreicht nun nach zehn Tagen auch den Elbeunterlauf. In der Prignitz wird weiter evakuiert. Das Elbehochwasser steht in Wittenberge kurz vor der Deichkrone. Jetzt halten nur noch die vor Tagen errichtete 80 Zentimeter hohe Spundwand und die aufgestapelten Sandsäcke die Elbe vom Überschwappen ab. Mit den Sandsackbarrieren beträgt die Deichhöhe 8,45 Meter.

M1 Eingriffe des Menschen in das Abflussverhalten von Flüssen (Auswahl)

Wesentliche Auswirkungen

Bau von Talsperren
Regulierung des Abflusses – Flutung von Tälern im Stauraum
Stauregulierung im Flusslauf (Anlegen von Wehren)
Regulierung des Wasserstands im Fluss (z. B. Schaffung von ausreichendem Wasserstand für die Schifffahrt), Veränderung des Fließverhaltens des Flusses, dadurch gestörte Sedimentation und Erosion im Flussbett und infolge Erhöhung der Flusssohle Beeinträchtigung des Fischzuges im Fluss

Veränderung des Flussquerschnitts
Möglichkeiten für den Einsatz größerer Binnenschiffe, Veränderung der Abflussmenge, die Wasserdurchlässigkeit des Hauptarmes wird stark erhöht, Gefahr der Austrocknung und Verlandung der Nebenarme

Begradigen von Flussläufen
Möglichkeiten für den Einsatz größerer Binnenschiffe, Erhöhung der Fließgeschwindigkeit, Verweildauer des Wassers in der Flussaue verringert sich – bei Niedrigwasser Austrocknung der Auen – Reduzierung der Laichplätze für Fische

Eindeichung und Anlegen von Überflutungsflächen
Rückhalt von Hochwasserwellen innerhalb des Deichbereiches, regulierte Flutungsmöglichkeit bei Hochwasser

Nutzung von Uferbereichen (Bebauung, Versieglung, intensive Landwirtschaft)
Zerstörung der Auenlandschaften, möglicher Eintrag von Schadstoffen – große Schäden bei Hochwasser

Einleiten von Abwasser in Flüsse
Schadstoffbelastung

Wasserentnahme zur Bewässerung
Reduzierung der abfließenden Wassermenge; Gefahr der Austrocknung bei Niedrigwasser

Flusssysteme
Flüsse sind der sichtbare Ausdruck des Wasserkreislaufes. Niederschlagswasser, das nicht verdunstet oder versickert, fließt entsprechend dem Relief oberirdisch ab.
Flüsse bilden durch einen Haupt- und mehrere Nebenflüsse ein Flusssystem. Die von einem Flusssystem entwässerte Fläche bezeichnet man als „Einzugsgebiet". Grenzen zwischen Einzugsgebieten nennt man „Wasserscheide".

Der Abfluss ist die Wassermenge in Kubikmetern pro Sekunde (m^3/s), die an einem Punkt ein Flussgebiet durchströmt. Sie unterliegt oft starken Schwankungen.
Welche Menge Wasser in einem Fluss zu einem bestimmten Zeitpunkt abfließt, hängt u. a. vom Flussquerschnitt, vom Gefälle des Flusses, von der Beschaffenheit des Einzugsgebietes und des Flusssystems ab. Darüber hinaus sind Menge, Art und Intensität des Niederschlages bedeutsam.

Regulierungsmaßnahmen
Infolge wirtschaftlicher Maßnahmen sind die meisten Fließgewässer Mitteleuropas kanalisiert und reguliert. Natürliche Flussläufe sind kaum noch anzutreffen.
Trotz vielfältiger Regulierungsmaßnahmen sind Hochwasser nicht zu vermeiden. Sie können Menschenleben fordern und erhebliche Sachschäden anrichten. Hochwasserschutz ist auch heute noch eine wichtige Aufgabe und bestimmt einige Aspekte der aktuellen Umweltpolitik. Dabei wird auch zunehmend naturnahe Hochwasserrückhaltung diskutiert.

M3 Havelmündung in die Elbe

M4 Wehrgruppe Quitzöbel während des Hochwassers 2002

Der Mündungsbereich der Havel in die Elbe

Bis 1956 mündete die Havel bei Quitzöbel in die Elbe. Dann wurde die Havelmündung durch eine künstliche Verlängerung, den Gnevsdorfer Vorfluter, um sieben Kilometer weiter nach Norden verlegt. Durch den Bau von Wehren kann seitdem der Abfluss des Havelwassers in die Elbe gesteuert werden.

Havel und Elbe führen selten gleichzeitig Hochwasser, darum wurde ein System zur „Zwischenlagerung" des Hochwassers der Elbe in der Havelniederung eingerichtet.

Kern dieses Systems sind die Quitzöbeler Wehre aus dem Jahr 1936 und weitere später erbaute Wehre. Bevor das Elbehochwasser die Havelmündung passiert, kann ein Wehr geöffnet werden, sodass Elbewasser in die Havel strömt. Danach wird das Wehr so lange geschlossen, bis sich der Wasserabfluss normalisiert hat.

Bei einem Hochwasser der Elbe kann auch die Havelmündung an der Wehrgruppe Quitzöbel geschlossen werden, sodass das Havelwasser hinter den Wehren „wartet". Der dafür vorgesehene Überflutungsraum in der Havelniederung fasst insgesamt 250 Millionen Kubikmeter Wasser.

Während des Hochwassers im August 2002 wurden weitere Flächen geflutet und somit die Elbe entlastet.

M5 Um den zügigen Abfluss des Elbehochwassers auf die Überflutungsflächen bei Quitzöbel zu gewährleisten wurden beim „Jahrhunderthochwasser" 2002 die Deiche durch Sprengung geöffnet.

1. Ordne die thematische Karte M3 räumlich ein. Wo verlaufen Ländergrenzen?
2. Nenne charakteristische Merkmale von Flusslandschaften und Flusssystemen.
3. Erkläre anhand von M1 die Auswirkungen wasserbaulicher Maßnahmen auf das Abflussverhalten von Flüssen.
4. Erläutere die Funktion des Gebietes der unteren Havel als Flutungsraum für die Elbe (M3–M5).
5. Begründe, warum das Gebiet der unteren Havel in M4 weiträumig überflutet ist, obwohl die Havel am 20.08.2002 kein Hochwasser führte und das Wehr in Quitzöbel noch nicht zur Flutung geöffnet war (M5).

Eingriffe in den Wasserhaushalt

M1 In den Fließen und Kanälen des Spreewalds

Der Mensch versucht regulierend in den Wasserhaushalt einzugreifen. Infolgedessen werden einerseits Landschaften entwässert, andererseits sorgen Bewässerungsanlagen für die Verbesserung der Anbaubedingungen in der Landwirtschaft.

Folgen von Entwässerungen am Beispiel des Spreewalds:

Ausgangssituation
Der Spreewald ist ein fließgewässerreiches Niederungsgebiet mit nur geringen Höhenunterschieden. Eine Folge davon sind oberflächennahe Grundwasserstände und häufige Überflutungen.
Allein zwischen 1897 und 1933 gab es 124 Hochwasserereignisse.
Mit der Industrialisierung zogen immer mehr Menschen in das Gebiet an der Spree und man begann im vorigen Jahrhundert mit der „Zähmung" des Flusses.

Maßnahmen und Folgen
Zur Regulierung des Abflusses wurden Talsperren im Oberlauf gebaut, Umflutkanäle geschaffen und Wehre angelegt. Die eingedeichten Flächen wurden durch Grabensysteme entwässert und das Wasser wurde mithilfe von Schöpfwerken abgepumpt. Dadurch wurde landwirtschaftliche Nutzfläche gewonnen. Durch diese Maßnahmen sind die Wasserstände der Spree weitgehend regulierbar.
Die Grundwasserstände wurden gesenkt. Die Moore gelangen dadurch unter Lufteinfluss und vererden. Feuchte Gebiete verlieren mit dem überschüssigen Wasser ihre besondere Pflanzen- und Tierwelt.
Durch die zügige Wasserableitung fehlt in Trockenperioden das Wasser der Spree. Das geänderte Fließverhalten führt zu Veränderungen im Flussbett und zur stärkeren Nährstoffanreicherung und Sauerstoffzehrung des Wassers (Eutrophierung).

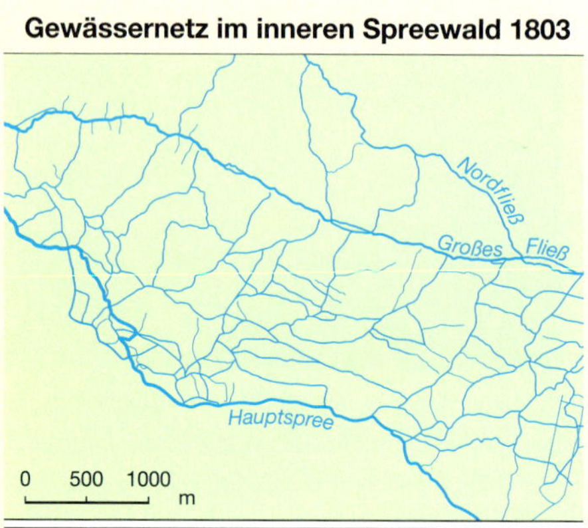

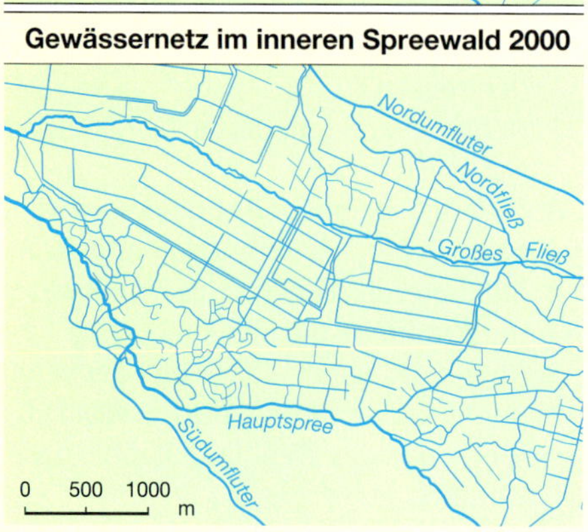

M2 Entwässerung: Beispiel Spreewald

Einfluss des Braunkohlenabbaus auf den Wasserhaushalt der Spree:
1. Braunkohlenförderung in der Niederlausitz; Folge: Grundwasserabsenkung und verringerter Oberflächenabfluss
2. Einleitung von abgepumptem Grundwasser aus den Tagebauen in die Spree; Folge: gleichmäßige Wasserführung
3. Fluten der Tagebaurestlöcher; Folge: Oberflächenwasser wird benötigt

Spreewald leidet unter Wassermangel
Zeitungsmeldung 1998 aus Lübben: „Während die Hauptsorge der Spreewälder in den letzten Jahrhunderten dem Hochwasser galt, droht dieser Region aufgrund der Tagebau begleitenden Entwässerung ein Grundwasserdefizit von rund 13 Millionen Kubikmetern.
Der Wasserhaushalt der Spree ist insbesondere in Trockenperioden schon heute so stark beeinträchtigt, dass die natürliche Wassermenge nicht mehr ausreicht um alle Erfordernisse der Landwirtschaft, des Tourismus sowie der Ökosysteme zu erfüllen."

Bewässerung in Spanien
Spanien hat günstige Temperaturen für den Anbau von Obst und Gemüse, behindernd wirkt aber der Wassermangel. Schon von altersher wurden darum Bewässerungsanlagen gebaut. In Spanien gibt es über tausend Staudämme – mehr als in jedem anderen europäischen Land.

M3 Unterschiedliche Bewässerungsverfahren
- Überstaubewässerung: aus Gräben wird Wasser auf Felder geleitet und bleibt dort eine bestimmte Zeit lang stehen, z. B. für Reisanbau
- Furchenbewässerung: angelegte Furchen dienen dazu, Wasser auf Feldern zu verteilen, z. B. für Baumwoll- und Gemüseanbau
- Künstliche Beregnung: Beregner befinden sich an einem Rohr und versprühen Wasser, bis die Feuchtigkeit die Wurzeln der Pflanzen erreicht; dabei wird wenig Wasser verbraucht, gute Steuerungsmöglichkeit z. B. für Futterpflanzenanbau
- Tröpfchenbewässerung: den Wurzeln jeder Pflanze werden in kurzen Abständen geringe Mengen Feuchtigkeit über dünne Kunststoffschläuche zugeführt; Wasserverluste bleiben auf ein Minimum beschränkt

Probleme des Bewässerungsfeldbaus
Effektive Bewässerung erfordert Informationen über Wasservorräte und Bodenbeschaffenheit sowie finanzielle Mittel. Dadurch sind die Möglichkeiten einzelner Landwirte beschränkt.

Das Landschaftsbild in Spanien wird immer stärker von hoch spezialisierten Großbetrieben beherrscht.

Das zur Bewässerung eingesetzte Wasser enthält fast immer Salze. Sie werden in den Boden eingeschwemmt, und die ohnehin im Boden enthaltenen Salze werden gelöst. Bei starker Erwärmung der Bodenoberfläche steigt das Wasser auf und führt dabei die gelösten Salze mit sich. Sie reichern sich im Oberboden an, weil das Wasser verdunstet.

Entwässerung, d. h. Absenkung des Grundwasserspiegels, beugt der Versalzung vor.

M4 Dauer der sommerlichen Trockenheit in Spanien

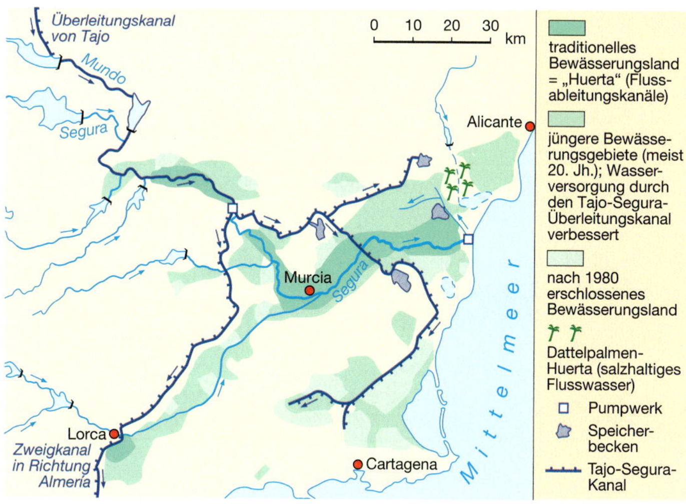

M5 Bewässerungssystem Tajo-Segura

1. Beschreibe die Veränderungen im Gewässernetz des Spreewaldes durch den Eingriff des Menschen (M2).
2. Begründe, warum im Spreewald Entwässerungssysteme angelegt wurden (M2).
3. Vergleiche die Auswirkungen auf den Wasserhaushalt im Spreewald während der Zeit des Braunkohleabbaus und danach (M2).
4. Informiere dich über die Nutzung des Spreewalds und mögliche Auswirkungen des veränderten Wasserhaushalts (s. a. S. 80 f.).
5. Erkläre den Zusammenhang zwischen Bewässerungsmaßnahmen, Klima und landwirtschaftlicher Nutzung am Beispiel Spaniens (M3, M4).
6. Der Tajo-Segura-Überleitungskanal konnte den Wassermangel in Südspanien nicht beseitigen. Begründe (M4, Atlas).
7. Nenne mögliche Folgen der Bewässerung.

Ressourcenvielfalt der Erde

„Ressourcen einer endlichen Welt“, so titelte die taz im März 2005 einen ihrer Artikel. Damit sprach sie einen sehr sensiblen Bereich menschlicher Tätigkeit an: den Umgang mit der Natur. Bei diesem Thema begegnen uns auch die Begriffe „Rohstoffe“, „Reserven“ und „Ressourcenvielfalt“.
Was sind Ressourcen und wie lassen sie sich von den Rohstoffen sowie den Reserven abgrenzen? Was bedeutet „Ressourcenvielfalt“?

Ressourcen
Zumeist erfasst man unter dem Begriff „Ressourcen“ alle Bestandteile an Produktionsfaktoren (Hilfsmitteln), die der Mensch zum Wirtschaften benötigt. Dazu gehören z. B. die Rohstoffe und Energieträger, aber auch die natürlichen Lebensgrundlagen menschlichen Lebens wie Luft, Wasser und Boden.
Zu den Ressourcen zählt darüber hinaus auch der Mensch selbst mit seinem Wissen und seinen Fähigkeiten. Diese Ressource gewinnt an Bedeutung.

Naturressourcen
Naturressourcen sind ein Teil der Naturraumausstattung. Sie umfassen alle vom Menschen nutzbaren natürlichen Stoffe, einschließlich der Luft, des Wassers, des Bodens sowie der unterschiedlichen Energieformen. Naturressourcen sind eine unabdingbare Voraussetzung des menschlichen Lebens. Sie sind die Existenzgrundlage der Menschheit.

In der Welt gewinnt die Erkundung von Naturressourcen ein immer größeres Gewicht. Wegen ihrer existenziellen Bedeutung für die Versorgung der Menschen mit lebenswichtigen Nahrungsgütern und mit Energie, für die Bereitstellung von Ausgangsstoffen für die Industrie sowie für das tägliche Leben treten Fragen des sicheren ungehinderten Zugangs zu den Ressourcen, der Kosten für die Erschließung und den Transport und vor allem der nachhaltigen Nutzung und Sorgen um die Endlichkeit der Ressourcen immer mehr in den Mittelpunkt.

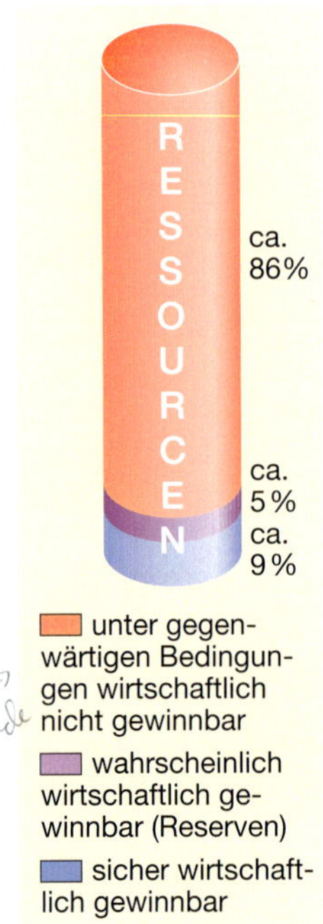

M1 Ressourcen

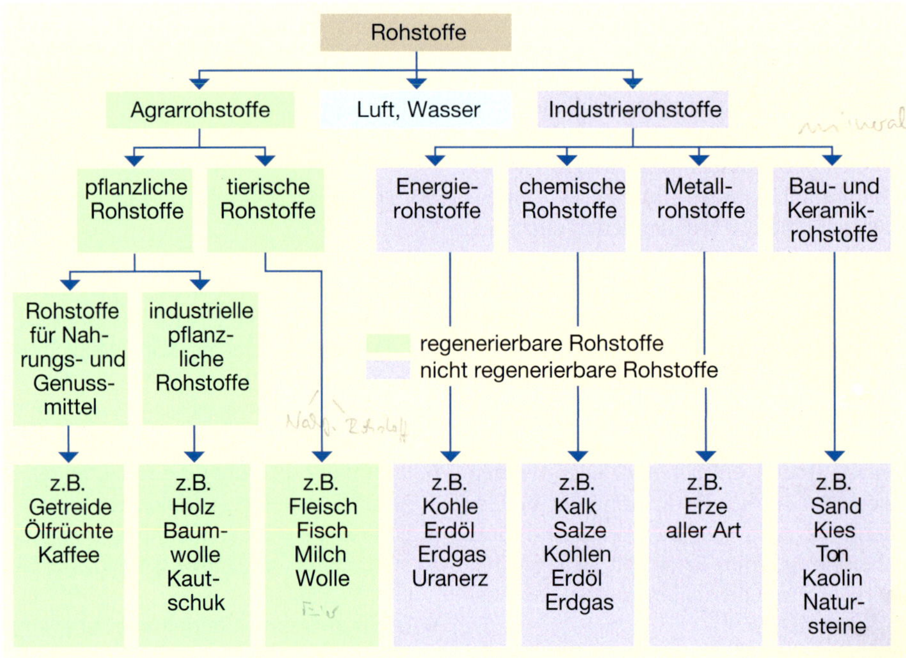

M2 Gliederung der Rohstoffe nach ihrem Verwendungszweck

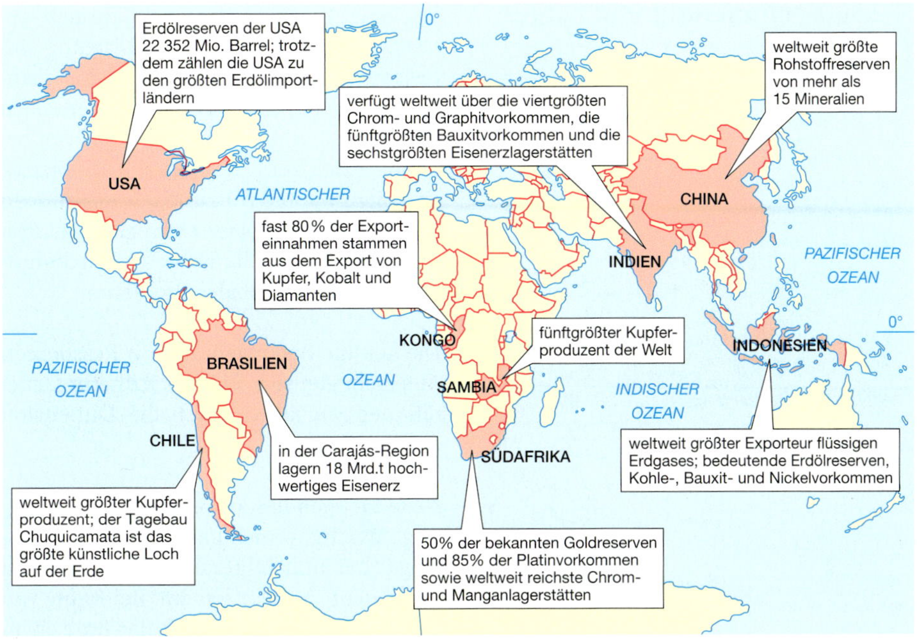

M3 Ungleiche Verteilung von Ressourcen

Reserven

Mit „Reserven" sind natürliche Ressourcen gemeint, die nach dem gegenwärtigen Kenntnisstand noch nicht genutzt werden, weil ihre Förderung unrentabel ist. Sie sind aber mengenmäßig erfasst und könnten in Zukunft unter veränderten Bedingungen zur Verfügung stehen. Sie werden oftmals auch als „potenzielle Ressourcen" bezeichnet.

Rohstoffe

Mit dem Begriff „Rohstoffe" werden die durch menschliche Tätigkeit umgewandelten natürlichen Ressourcen bezeichnet. Sie dienen direkt oder indirekt (nach Aufbereitung) der Befriedigung der Bedürfnisse der Menschen.

Rohstoffe sind weltweit wegen ihrer existenziellen Bedeutung begehrt, aber sehr unterschiedlich verteilt. Einige Länder sind in einer vorteilhaften Lage, weil sie über umfangreiche Energierohstoffe, mineralische Lagerstätten und landwirtschaftliche Nutzflächen verfügen. Andere haben nur begrenzte natürliche Ressourcen, sodass sich ihre wirtschaftliche Entwicklung auf die Herstellung von Gütern oder der Bereitstellung von Dienstleistungen gründet. Den Bedarf an natürlichen Ressourcen müssen sie im Wesentlichen aus Exporteinnahmen erwirtschaften.

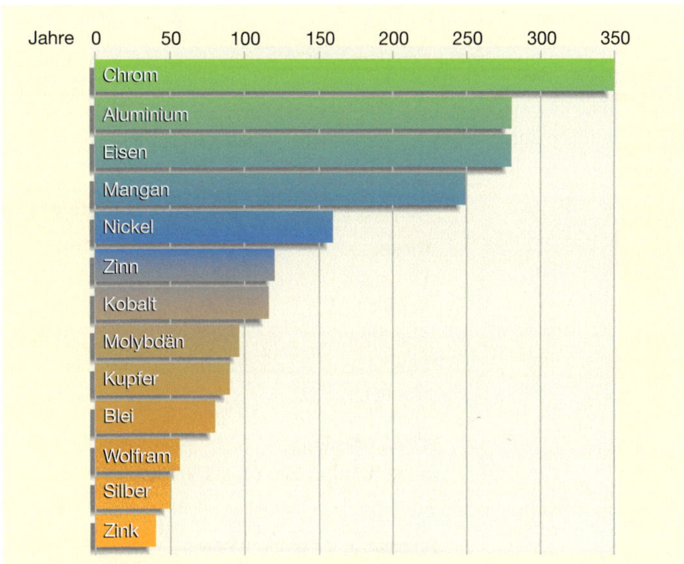

M4 Verfügbarkeit ausgewählter Rohstoffe nach Jahren

1. Erkläre die Begriffe „Ressourcen", „Reserven" und „Rohstoffe".
2. Nenne andere Möglichkeiten als die in M2 genannten, nach denen man die natürlichen Ressourcen gruppieren kann.
3. Diskutiert in der Klasse über die Folgen der unterschiedlichen Lebensdauer der Rohstoffe (M4). Findet heraus, wofür die genannten Rohstoffe benötigt werden.
4. Erläutere anhand von M3 die Verteilung ausgewählter Ressourcen der Erde. Ziehe Schlussfolgerungen daraus.
5. Begründe, warum sich die Einschätzung der Rohstoffsituation der Staaten der Erde verändern kann (M1, M3, M4).

↳ Recycling
↳ techn. Neuerungen (neue Prod.verfahren)
↳ rentableres Abbau

Ressourcennutzung und Folgen

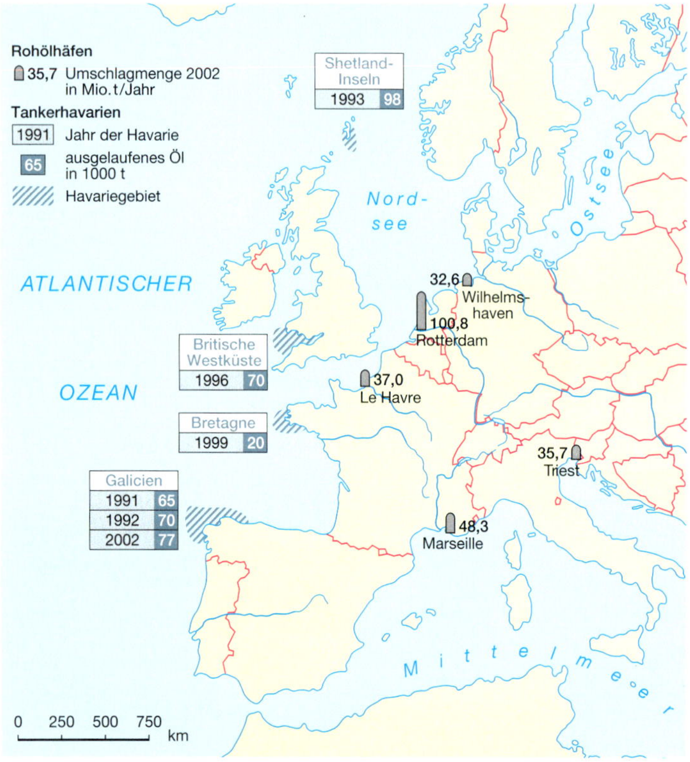

M1 Rohölhäfen Europas und Tankerhavarien vor Europas Küsten

Rohstoffe	1960/1978	2004
Nickel	6000	15000
Zinn	16000	7000
Kupfer	700	2900
Aluminium	500	1700
Blei	200	900
Eisenerz	40	35

M2 Entwicklung von Rohstoffpreisen (in US-$/Tonne)

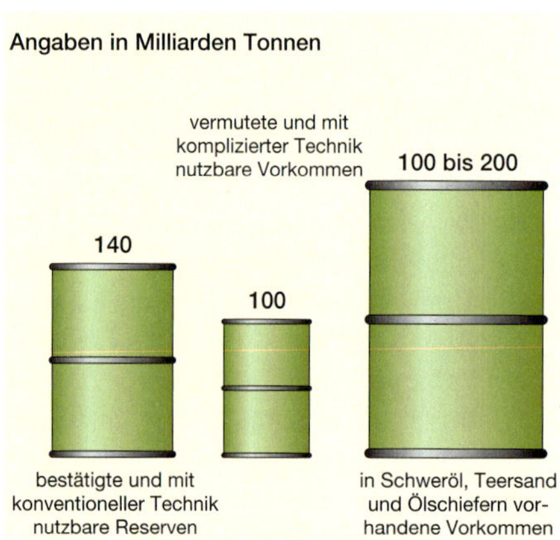

M3 Welterdölreserven (2005)

Im Verlauf seiner vieltausendjährigen Geschichte hat der Mensch die Nutzung von Ressourcen immer mehr intensiviert. Ganze Entwicklungsabschnitte wurden nach den genutzten natürlichen Ressourcen benannt (Steinzeit, Kupferzeit, Eisenzeit). Trotzdem war die Nutzung der Ressourcen nur ein lokales, später ein regionales Problem. Warum ist die Naturressourcennutzung heute ein globales Problem?

Die heutige Bereitstellung von Ressourcen unterscheidet sich von der früherer Generationen vor allem durch die Dimension der Nutzung.

Neue Mengendimensionen

Gegenwärtig werden gewaltige Mengen biologischer und mineralischer Ressourcen verbraucht. So wurden im Zeitraum von 1950 bis zur Gegenwart auf der Erde ebenso viele mineralische Rohstoffe verbraucht wie in der gesamten bisherigen Menschheitsgeschichte.

Neue Raumdimensionen

Durch politische, technische, ökonomische Entwicklungen konnten die Einzugsbereiche für Rohstoffe immer stärker erweitert werden (z. B. Bau von Pipelines und großer Schiffseinheiten).

Neue Wertedimension

Rohstoffe sind teuer geworden. So wird der Preisanstieg sehr deutlich, wenn man die Rohölpreise verfolgt.

Neue ökologische Dimensionen

Die neuen Dimensionen in der Rohstoffgewinnung, im Rohstofftransport, in der Rohstoffverarbeitung und im Rohstoffverbrauch verlangen zunehmend einen sorgfältigeren Umgang mit den natürlichen Reserven.

Neue Qualitätsdimensionen

Die Ansprüche der Wirtschaft an hochwertige Grundstoffe (Stahl, Aluminium) sind gestiegen, weil die Produktion mit diesen Rohstoffen am effektivsten ist. Trotz höherer Transportkosten ist z. B. der Einsatz importierter Erze mit hohem Metallanteil kostengünstiger als der einheimischer Erze mit geringerem Anteil.

M4 Wir haben die Erde von unseren Kindern nur geliehen.

M5 Erzabbau in Brasilien

Konflikte der Ressourcennutzung

Ohne Eingriffe in die Natur könnte die Menschheit nicht existieren. Rodungen von Wäldern – um Ackerflächen zu gewinnen – Bewässerung von Feldern sowie Hochwasserschutz sind uns aus Überlieferungen bekannt.

Der Umfang und die Intensität der Nutzung natürlicher Ressourcen nahmen zu. Erst in den letzten Jahrzehnten setzen sich die Menschen zunehmend mit der Erkenntnis auseinander, dass sie mit ihren rigorosen Eingriffen in den Naturhaushalt ihre Existenz bedrohen:

- Großflächige Rodungen vermindern die Sauerstoffproduktion.
- Verbrennungsprodukte und Abgase tragen zur globalen Erwärmung bei, die Witterungsanomalien und Wetterkatastrophen hervorrufen kann.
- Überweidung und Ausdehnung des Regenfeldbaus in die Trockensavanne führen zur Ausbreitung von Wüsten.
- Lebensräume von Pflanzen und Tieren werden zerstört und monotone Nutzungslandschaften entstehen.
- Saurer Regen führt zu Waldschäden.
- Abprodukte aus Industrie und Landwirtschaft sowie Müll belasten den Boden und die Gewässer.
- Flächenverbrauch versiegelt den Boden, vernichtet Grünflächen und verändert den Wasserhaushalt.
- Flussbegradigungen führen zu Überschwemmungen.

Rohstoff		1950	1990	2003
Industrieminerale	Sand	ca. 3000	ca. 9000	18 000
	Naturstein	ca. 3000	ca. 8000	4 100
	Kalisalze	1201	3541	3 735
	Phosphat	523	143	3 578
Metalle	Eisenerz	191	960	1066
Energierohstoffe	Steinkohle	381	3536	3883
	Braunkohle	30	1280	876
	Erdöl	116	3108	3631
	Erdgas	4	2056	2558

M6 Weltproduktion nach Mengen (in Mio. t; Erdgas in Mio. m^3)

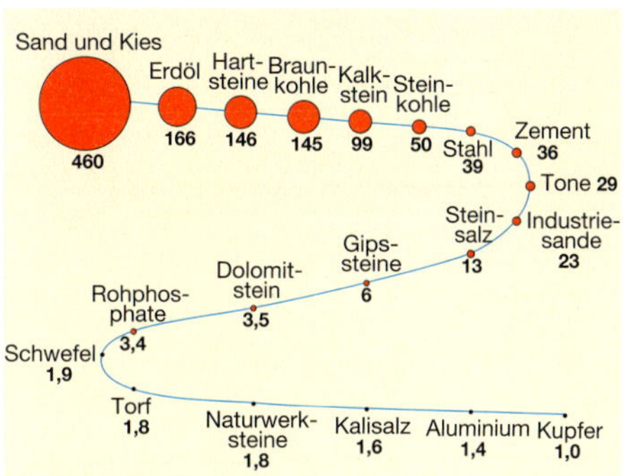

M7 Lebenslanger Rohstoffverbrauch pro Kopf in Deutschland (in t)

1. Erläutere die Unterschiede in der Ressourcennutzung in vergangenen Jahrhunderten und der Gegenwart.
2. Begründe die neue Dimension in der Ressourcennutzung anhand von Beispielen (M1 – M4).
3. Nenne mögliche Folgen der Ressourcennutzung. Belege sie mit Beispielen (M6).
4. Begründe, inwiefern der „ökologische Rucksack" von Bedeutung für die Wirtschaft und für die Umwelt ist (M7).
5. Diskutiert in der Klasse anhand von M5 die Feststellung von Friedrich Nietzsche (Philosoph), dass die Lebenden von den Toten regiert werden.

Ökologisch verantwortungsbewusster Umgang mit Rohstoffen

M1 Kriterien für eine ökologisch sinnvolle Nutzung von Ressourcen

- Die Nutzung einer erneuerbaren Ressource darf nicht größer sein als ihre Regenerationszeit.
- Die Abgabe von Stoffen darf nicht größer sein als die Aufnahmefähigkeit der Umwelt.
- Die Nutzung nicht erneuerbarer Ressourcen muss deutlich verringert werden.
- Alle menschlichen Eingriffe müssen in einem ausgewogenen Verhältnis zu der Zeit stehen, die zur Regeneration erneuerbarer Rohstoffe, zur Erholung der Ökosysteme bzw. zum ökologischen Abbau benötigt wird.

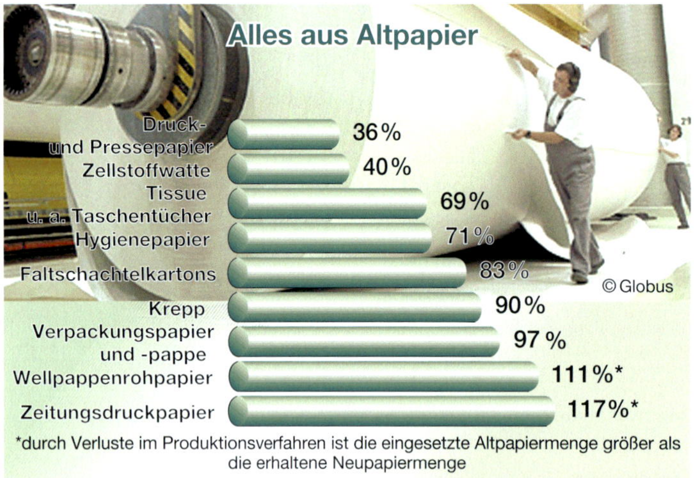

M2 Altpapieranteil an der deutschen Papierproduktion (2002)

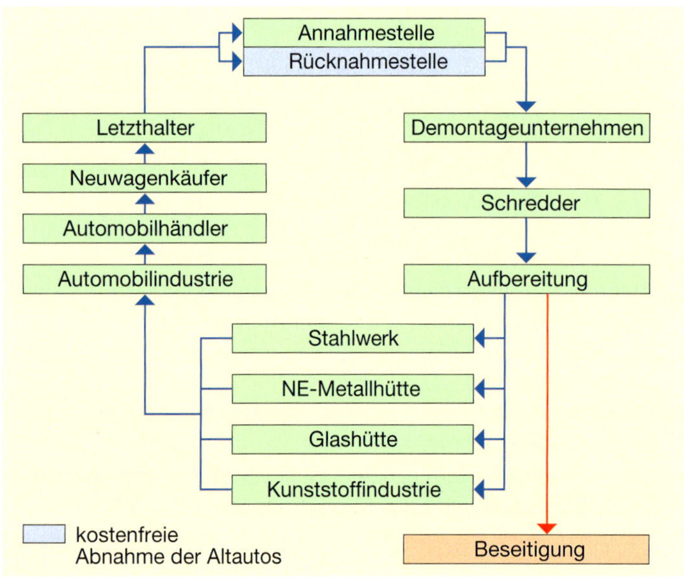

M3 Altautokreislauf

Unser aller Leben ist in hohem Maße von unserer Umwelt abhängig. Wir brauchen saubere Luft zum Atmen, reines Wasser zum Trinken und unbelastete Nahrungsmittel zum Essen. Neben diesen Grundbedürfnissen sind wir auch auf viele Rohstoffe angewiesen, die der Realisierung der unterschiedlichen Ansprüche dienen. Weil die Umwelt aber nicht unbegrenzt belastbar ist, sind umfangreiche Bemühungen zur Bewahrung dieser Lebensgrundlage notwendig.

Die Sicherung der Verfügbarkeit natürlicher Ressourcen setzt den ökologisch bewussten nachhaltigen Umgang mit Ressourcen voraus.

Rohstoff-Recycling

Für die industrielle Produktion wurden früher fast ausnahmslos Rohstoffe aus bergbaulicher oder agrarischer Erzeugung verwendet. Diese Stoffe werden als „Primärrohstoffe“ bezeichnet.
Heute wächst die Bedeutung der so genannten Sekundärrohstoffe. Viele Rohstoffe (z. B. Metalle, Papier, Glas) können nach dem Verschleiß des Produkts wieder zurückgewonnen und über das Recycling erneut dem Produktionsprozess zugeführt werden.
Oftmals ist der Einsatz von Sekundärrohstoffen kostengünstiger und ökologisch sinnvoller als die Entsorgung von Altmaterialien durch Lagerung auf Deponien oder durch Verbrennen. Die Lebensdauer mineralischer Rohstoffe verlängert sich dadurch erheblich. So liegt in Deutschland die Recyclingrate z. B. für Blei, Silber, Zinn, Glas und Papier über 50 Prozent, bei Eisen, Kupfer, Aluminium, Zink und Platin zwischen 35 bis 50 Prozent.

Wenn erreicht wird, dass die entsorgten Materialien eines Produkts zu Ausgangsstoffen eines neuen Produkts werden, ergibt das den höchsten Effekt der Ressourcennutzung. Die effektive Ressourcennutzung durch Recycling erfordert verantwortungsbewusstes Denken und Handeln eines jeden Menschen.

Vorteile nachwachsender Rohstoffe
- Verringerung der Abhängigkeit von fossilen Energieträgern
- Schonen von nicht erneuerbaren Ressourcen
- biologische Abbaubarkeit
- Reinhaltung der natürlichen Lebensgrundlagen Boden, Wasser und Luft
- Reduzieren von Umweltbelastungen und Müllbergen

Nachteile nachwachsender Rohstoffe
- nicht alle Alltagsprodukte können aus Naturstoffen gewonnen werden
- erforderliche Mengen und Anbauflächen stehen eventuell nicht zur Verfügung
- gegenwärtig hohes Preisniveau

Rapsfeld

Substitution von Rohstoffen (Beispiele)

Produkt	Rohstoff	Substitution
Dieselkraftstoff	Erdöl	Raps
Stromkabel	Blei, Kupfer	Aluminium, Glasfaser, Kunststoff
Dachrinnen	Zink	Kunststoff
Wasserrohre	Blei	Kunststoff

Gründe für die Substitution von Rohstoffen (Auswahl)
Produktionsvereinfachung, Gewichtsreduzierung, Witterungsstabilität, höhere Unfallsicherheit, Hygiene, Umweltfreundlichkeit, Korrosionsbeständigkeit

M4 Substitution von Rohstoffen

Nachwachsende Rohstoffe

Die Produktion nachwachsender Rohstoffe gehörte neben der Nahrungsmittelherstellung von alters her zu den Hauptaufgaben der Landwirtschaft. Heute haben sie eine neue Bedeutung durch zahlreiche Verwendungsmöglichkeiten erfahren, die sich durch die Anwendung moderner Technologien eröffneten.
Nachwachsende Rohstoffe sind land- und forstwirtschaftliche Erzeugnisse, die einer Verwendung im Nichtnahrungsbereich zugeführt werden. Sie können industriell zur Erzeugung von Wärme, Elektroenergie sowie anderen Energieformen genutzt werden.
Sowohl die Anbauflächen als auch die Vielzahl der Anwendungsbereiche werden größer. Die Gründe dafür sind ökonomischer und ökologischer Art. Da nachwachsende Rohstoffe ihre fossilen Konkurrenten in vielen Bereichen ersetzen können, tragen sie dazu bei, deren begrenzte Vorräte für nachfolgende Generationen zu schonen.

Substitution von Rohstoffen

Der Ersatz von Rohstoffen durch andere Stoffe kann zur Sicherung der Rohstoffverfügbarkeit und zur Schonung der Umwelt beitragen. Oftmals ist die Substitution von Rohstoffen das Ergebnis der Forschung und Entwicklung neuer Technologien sowie veränderter Ansprüche an die Verwendbarkeit des Produktes. So werden beispielsweise durch die Herstellung künstlicher Diamanten aus Graphit Schneide- und Bohrwerkzeuge geschaffen, aus künstlich geschaffenen Rubinen entstehen Elemente für die Lasertechnik. Die Entwicklung völlig neuer Stoffe ermöglicht, nicht nur in der Natur vorhandene primäre Rohstoffe einzusparen und effektiver zu nutzen, sondern auch völlig neue Werkstoffe zu entwickeln (z. B. Glasfaser in der Elektroindustrie).

1. Erläutere die Kriterien für eine ökologisch sinnvolle Nutzung natürlicher Ressourcen (M1).
2. Begründe, warum Recycling eine wichtige Methode zur Schonung natürlicher Ressourcen darstellt (M2, M3).
3. Weise Zusammenhänge zwischen Wissenschaft, technischem Fortschritt und ökologischer Rohstoffnutzung nach (M1 – M4).
4. Erarbeite einen Vortrag zum Thema „Nachwachsende Rohstoffe – ein Weg zur verantwortungsvollen Ressourcennutzung“. Nimm auch das Internet zu Hilfe (M4).
5. Erarbeitet in Gruppen eine Präsentation zum Thema „Verantwortungsbewusster Umgang mit Rohstoffen“.
6. Erarbeitet in Gruppen mögliche Beiträge, die jeder zum verantwortungsbewussten Umgang mit natürlichen Ressourcen leisten kann. Denkt auch daran, dass Boden, Wasser und Luft ebenfalls zu den natürlichen Ressourcen zählen.

Naturschutz – Biosphärenreservate und Nationalparks

Gebote oder Verbote zum Schutz der Natur sind unübersehbar – und wir wissen, dass die Natur vielerorts gefährdet ist.
Aber Wissen allein führt nicht automatisch zu einem bewussten Verhalten. Welche Konzepte wurden für den Naturschutz entwickelt?

Das brandenburgische Landschaftsschutzkonzept

Natur zu erhalten ist oberstes Gebot des Naturschutzes. Auch in Brandenburg ist er per Gesetz geregelt und in Rahmengesetze Deutschlands und der EU eingebunden.
In Brandenburg sind ein Drittel der Landesfläche Natur- und Landschaftsschutzgebiete. Das gegenwärtige Netz der Schutzgebiete (Stand: 30.9.2005) weist 426 Naturschutzgebiete auf ca. 202 000 Hektar und 116 Landschaftsschutzgebiete auf ca. 975 000 Hektar aus. Naturschutz und Landschaftspflege sind in Brandenburg von zentraler Bedeutung, da hier zahlreiche wertvolle Landschaften, Tier- und Pflanzenarten zu schützen sind. Naturschutzgebiete sind Landschaftsräume, die geschützt werden um bedrohten Tier- und Pflanzenarten den Lebensraum zu erhalten. Es gelten unterschiedliche gesetzliche Vorgaben zum Vollschutz oder zum Teilschutz von Landschaften.

M2 Naturschutzgebiete – Einrichtungen zur Erhaltung von Landschaften

Nationalpark
Gebiet zum Schutz von großräumigen Naturlandschaften mit einer weitgehend sich selbst überlassenen Entwicklung

Biosphärenreservat
Gebiet zum Schutz, zur Pflege und Entwicklung sowie Wiederherstellung von Kulturlandschaften; die großräumigen Landschaften haben eine reiche Naturausstattung und eine beispielhafte sozial- und landschaftsverträgliche Nutzung.

Naturpark
Gebiet, in dem Naturschutzziele und Naturschutzvorsorge mit einer umweltschonenden Landnutzung und Wirtschaftsentwicklung vereinbart werden, z. B. als naturnahe Erholungslandschaft

M1 Großschutzgebiete in Brandenburg

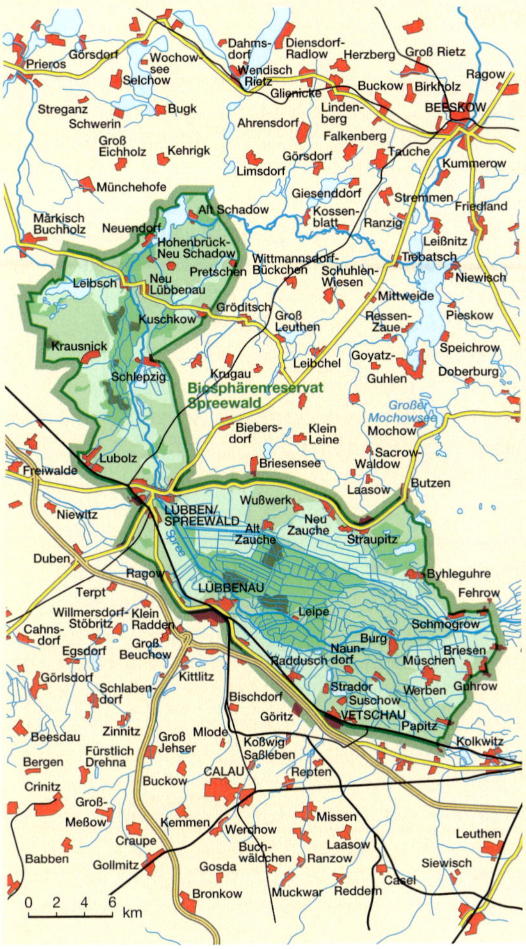

Zone 1 (2 % Flächenanteil)
Naturschutzgebiete der Kernzone
Totalreservat, der natürlichen Dynamik überlassen;
Betreten verboten

Zone 2 (21 % Flächenanteil)
Naturschutzgebiete der Pflegezone
Pufferzone für Totalreservate;
bedingte Nutzung nach Naturschutzgesetzgebung

Zone 3 (42 % Flächenanteil)
Entwicklungszone der harmonischen Kulturlandschaft
Landschaftsschutzgebiete; Schutz und Nutzung mit traditionellen Bewirtschaftungen und naturverträglichem Tourismus

Zone 4 (35 % Flächenanteil)
Regenerierungszone
deutlich ökologisch geschädigte, sanierungsbedürftige Gebiete; durch gezielte Maßnahmen für naturverträglichen Tourismus langfristig in Zone 2 und 3 zu überführen

M3 Biosphärenreservat Spreewald

M4 Ziele des Biosphärenreservates Spreewald

1. Schutz und Erhaltung der in Europa einzigartigen Landschaft mit 971 Kilometern langem feinmaschigem Fließgewässernetz
2. Schutz gefährdeter Arten in ihren Biotopen
3. Regenerierung von Meliorationsflächen und Fließgewässern zu ökologisch stabilen Lebensräumen
4. Entwicklung von Landnutzungsformen zur Existenzsicherung der Spreewaldbauern
5. Bewahrung traditioneller Bewirtschaftungsformen
6. Entwicklung eines naturnahen und umweltverträglichen Fremdenverkehrs
7. Vermitteln eines Umweltbewusstseins bei Einheimischen und Besuchern

1. Erläutere das brandenburgische Naturschutzkonzept (M1, M2).
2. Vergleiche die Aufgaben von Nationalparks, Biosphärenreservaten und Naturparks (M2).
3. Stelle in einem Vortrag ein Großschutzgebiet Brandenburgs vor. Lege dabei ein Quellenverzeichnis an (M1).
4. Beschreibe Aufgaben und Ziele des Biosphärenreservates Spreewald. Finde Gründe, warum der Spreewald zum Biosphärenreservat ernannt wurde (M3, M4).
5. a) Ordne die 4 Zonen des Biosphärenreservates Spreewald der Karte zu. Beschreibe ihre Ausdehnung und ihre Lage im Spreewald. b) Erkläre die unterschiedlichen Schutzziele in den 4 Zonen (M3, M4).
6. Stelle Verhaltensregeln auf, die nach deiner Meinung für das Verhalten bei einer Geländeexkursion zum Schutz der Natur gelten sollen. Vergleiche deine Regeln mit denen deiner Mitschüler.
7. Berichte über den Wasserhaushalt des Biosphärenreservats Spreewald. Gehe auf aktuelle Veränderungen ein (s. hierzu auch S. 72).

Der Nationalpark Unteres Odertal

M1 Wildgänse im Unteren Odertal

Der Nationalpark Unteres Odertal ist der jüngste der zwölf deutschen Nationalparks. Er ist von Anfang an als Bestandteil eines deutsch-polnischen Naturschutzprojektes angelegt worden, das das gesamte untere Odertal von Hohensaaten bis Stettin über eine Länge von 60 Kilometer einschließt. In der zwei bis drei Kilometer breiten Oderniederung hat sich eine Landschaft erhalten, die einzigartig in Mitteleuropa ist. Im Frühjahr und im Herbst ist das untere Odertal Rastplatz für Watt- und Wasservögel aus Skandinavien. An manchen Tagen können hier über 100 000 Wasservögel beobachtet werden. Über 250 Pflanzenarten und rund 160 Vogelarten konnten bisher nachgewiesen werden. Die Auenlandschaft bietet zudem Amphibien und Reptilien, Mollusken und Säugetieren wie Fischotter und Biber einen Lebensraum.

Auf deutscher Seite gehören neben der zwei bis drei Kilometer breiten Flussaue, die von vielen Altarmen durchzogen ist, wertvolle Wälder und blütenreiche Trockenrasen auf den Oderhängen dazu. Während an anderen deutschen Flüssen Hochwasser schnell zur Gefahr werden kann, ist es an der unteren Oder alljährliche Normalität, dass tausende Hektar Wiesen und Weiden meterhoch überflutet werden. Nirgendwo sonst in Mitteleuropa sind derart große natürliche Überflutungsräume erhalten geblieben.

M2 An einem Aussichtspunkt nahe Stützkow

Die natürlichen Gegebenheiten, aber auch die unmittelbare Grenzlage zu Polen haben bewirkt, dass das untere Odertal nicht weiter bebaut wurde und so die überaus artenreiche Auenlandschaft erhalten geblieben ist. Auf polnischer Seite ist das durch die Auswirkungen des Zweiten Weltkriegs teilweise zerstörte Poldersystem nicht wieder in Stand gesetzt und jegliche Nutzung aufgegeben worden, sodass seit Mitte des 20. Jahrhunderts eine vom Menschen unbeeinflusste Renaturierung stattgefunden hat.

Seit 1993 ist der polnische Teil als Landschaftsschutzpark, seit 1995 der deutsche Teil als Nationalpark ausgewiesen. Mit der Verabschiedung des Nationalparkgesetzes durch den Brandenburger Landtag im Sommer 1995 sind etwa 1100 Hektar des insgesamt 10 500 Hektar großen Schutzgebietes als Kernzone ausgewiesen worden. Im Verlauf von rund 15 Jahren sollen insgesamt 50 Prozent des Nationalparks als Totalreservat sich selbst überlassen werden. Auf den restlichen Flächen kann, wie schon im gesamten Nationalpark praktiziert, eine extensive landwirtschaftliche Nutzung erfolgen. Kultur- und Naturlandschaft sollen geschützt, entwickelt, gepflegt und für den Besucher erlebbar gestaltet werden.

Zum Schutz des Unteren Odertals hat sich bereits 1992 der gemeinnützige Verein der Freunde des Deutsch-Polnischen Europa-Nationalparks Unteres Odertal gegründet. Er ist Träger des Gewässerrandstreifenprojektes der Bundesrepublik Deutschland, das bis zum Jahr 2006 rund 28 Millionen Euro für den Naturschutz im unteren Odertal bereitstellt. 73 Prozent der Summe trägt das Bundesministerium für Umwelt, Naturschutz und Reaktorsicherheit, 18 Prozent das brandenburgische Ministerium für Landwirtschaft, Umweltschutz und Raumordnung und neun Prozent muss der Verein als Träger der Maßnahme selbst aufbringen. 80 Prozent der Mittel stehen für den Landerwerb zur Verfügung, mit dem Rest finanziert der Verein Pacht, Ausgleichszahlungen, Biotop einrichtende

Maßnahmen und die Erstellung eines Pflege- und Entwicklungsplans. Darüber hinaus fördert der Verein die extensive Landwirtschaft und engagiert sich in der Bildungsarbeit und Besucherinformation.

M3 Pflege- und Entwicklungsplan

Der Pflege und Entwicklungsplan regelt für das Kerngebiet [...] die Nutzung der einzelnen Flächen. Ziel ist es dabei, aus naturschutzfachlicher Sicht die künftige Nutzung so zu gestalten, dass sich das Ökosystem, insbesondere die Tier- und Pflanzenwelt vom menschlichen Einfluss weitgehend unbeeinflusst entwickeln und entfalten kann. Dabei ist natürlich Rücksicht auf die vorhandene wirtschaftliche, verkehrliche und touristische Nutzung zu nehmen.

Insbesondere regelt der Pflege- und Entwicklungsplan die Nutzungszeit und Nutzungsintensität. So dürfen im Kerngebiet gelegene Flächen künftig nicht vor dem 30. Juni eines Jahres genutzt werden, teilweise auch später, wenn es beispielsweise das Brutverhalten bestimmter Vögel [...] erfordert. Auch die Nutzungsintensität wird eingeschränkt, so ist der Einsatz von Düngemitteln und Pestiziden verboten, die Besatzdichte für Nutztiere beschränkt, die Mähwiesen sollen so gemäht werden, dass das Niederwild geschützt ist. [...]

M4 Tierarten im Nationalpark

(Wild)Bienen	139
Reptilien	5
Fische	45
Säugetiere	45
Heuschrecken	33
Schmetterlinge	532
Käfer	204
Spinnen	301
Gewässerkleintiere	242
Vögel	161
Libellen	48
Mollusken	140

M5 Nationalpark Unteres Odertal

M6 Erholung im Unteren Odertal

1. Beschreibe Besonderheiten des Nationalparks „Unteres Odertal“.
2. Erläutere Gründe für die Artenvielfalt der Tierwelt (M4).
3. Der Pflege- und Entwicklungsplan verweist auf Herausforderungen des Nationalparks. Ermittle mögliche Nutzungskonflikte.
4. Informiere dich im Internet (www.unteres-odertal.de) über die Angebote des Nationalparks.

Zusammenfassung

Nachhaltigkeit soll im Umgang des Menschen mit seiner Umwelt wirken. Das bedeutet, dass Ressourcen nur sparsam verbraucht werden dürfen. Sie zielt somit auf die Sicherung der menschlichen Zukunft. Die Umsetzung des Prinzips der Nachhaltigkeit von der politischen bis hin zur persönlichen Ebene verlangt die Herausbildung neuer Verhaltensformen.
Eine stark wachsende Weltbevölkerung erzeugt immer mehr Energie – größtenteils durch Verbrennung fossiler Brennstoffe. In den letzten 200 Jahren nahm der Kohlenstoffdioxidgehalt in der Atmosphäre um ein Viertel zu.
Neben den Eingriffen des Menschen in die Atmosphäre zählen seine Eingriffe in den Wasserhaushalt zu den großen zukünftigen Herausforderungen.

Ressourcen sind für das Leben der Menschen von grundlegender Bedeutung. Unterschieden wird zwischen „Naturressourcen“ (natürlichen Ressourcen) sowie „Humanressourcen“. Erforschte bzw. vermutete Vorräte natürlicher Ressourcen werden als „Reserven“ bezeichnet. Diese lassen sich unter den gegenwärtigen technologischen Bedingungen nicht oder nicht wirtschaftlich nutzen. Natürliche Ressourcen werden untergliedert nach ihrer Zuordnung zum Natursystem, nach der Erschöpfbarkeit und Regenerierbarkeit sowie nach der Verfügbarkeit.

Der ökologisch verantwortungsbewusste Umgang mit endlichen und regenerierbaren Ressourcen ist eine unabdingbare Voraussetzung für die Existenzsicherung der Menschheit. Im Hinblick auf die Ressourcennutzung müssen grundlegende globale Aufgaben gelöst werden:
- Sicherung der Welternährung bei verstärktem Bevölkerungswachstum
- Sicherung der Versorgung mit Energie und Rohstoffen
- Sicherung eines wirksamen aktiven Umweltschutzes und Verhinderung zunehmender Belastungen der Umwelt
- Sicherung einer mittel- und langfristigen Verfügbarkeit von Naturressourcen.

Deutschland in Europa

Der Wirtschaftsraum Berlin/Brandenburg im Vergleich zu anderen deutschen Verdichtungsräumen ist ein Thema des Kapitels. Das andere befasst sich mit der Stellung Deutschlands in Europa und dem europäischen Einigungsprozess.

Die Lage Berlins im Naturraum

M1 Berlin um 1780

An der engsten Stelle des Warschau-Berliner-Urstromtales entstanden im Mittelalter an einer Furt die Kaufmannssiedlungen Berlin und Cölln. Durch das Urstromtal fließt die Spree. Bei Köpenick nimmt sie die Dahme auf. Weitere Zuflüsse, darunter die Panke, kommen von Norden. Bei Spandau mündet die Spree in die Havel.

Im Raum Berlin begrenzen die 45 bis 55 Meter hohen Grundmoränenplatten des Barnim und des Teltow das Urstromtal. Die Ränder fallen teilweise steil zum 15 Meter tiefer liegenden Urstromtal ab. Den Ostrand der Unterhavel bilden die Hügelketten der eiszeitlichen Ablagerungen. Selbst im bebauten Stadtgebiet Berlins sind die Abhänge von Barnim und Teltow erkennbar. Die Prenzlauer Allee in Pankow, die Rollbergstraße in Neukölln und die Straßen in deren Umgebung weisen ein beachtliches Gefälle auf.

Die abschmelzenden Gletscher ließen auch die aus Nordeuropa stammenden großen Gesteinsblöcke – die Findlinge – zurück. Soweit diese größer sind als ein Kubikmeter, werden sie im Stadtgebiet statistisch erfasst und als Naturdenkmal geschützt.

Westlich und nördlich des Tegeler Sees sowie östlich des Müggelsees befinden sich Dünenfelder. Orts- und Flurnamen wie „Tegeler Sandberge“, „Sandhausen“ und „Helleberge“ weisen darauf hin.

Nach dem Abschmelzen der Gletscher füllten sich die zungenbeckenförmigen Vertiefungen des heutigen Müggelsees und des Wannsees. Im Grunewald entstand die Kette der Rinnenseen. Auch zahlreiche Pfuhle sind heute noch im Stadtbild zu erkennen. Die Trasse des 1900 bis 1907 gebauten Teltowkanals verläuft im Bereich alter Pfuhle.

Wo vermoorte Senken und Rinnen überbaut wurden, gab der weiche Untergrund stellenweise nach. Das führte zu Senkungen der Fundamente und zu Rissen in den Gebäuden. Im „Nassen Dreieck“ (Zille-, Hebbel- und Fritschestraße in Charlottenburg) sowie in der Puttkamer-, Friedrich- und Besselstraße in Kreuzberg mussten sogar Häuser abgerissen werden. Nur mit erheblichem technischem Aufwand konnten Gebäude im Bereich der Schlangenbader Straße in Wilmersdorf fertig gestellt werden.

Berlin liegt mit 52° 31‘ nördlicher Breite und 13° 25‘ östlicher Länge inmitten der Mark Brandenburg. Die Oberflächenformen dieser Landschaft sind während und nach der letzten Eiszeit entstanden.

Im Norden reicht die Mark Brandenburg mit Prignitz und Uckermark bis an die Mecklenburgische Seenplatte. Im Süden grenzt sie an den Südlichen Landrücken, der sich von der Lüneburger Heide über den Fläming bis zur Niederlausitz zieht. Die Gebiete westlich der Oder bilden das Land Brandenburg.

Flachwellige Moränengebiete wechseln mit ebenen Sanderflächen. Urstromtäler mit Seen und sumpfigen Niederungen durchziehen sie. Die großen Brüche und Luche, wie das Oderbruch, das Rhinluch und das Havelluch, sind seit dem 18. Jahrhundert weitgehend trockengelegt worden. In den bogenförmigen Endmoränenzügen bei Chorin und Joachimsthal wechseln bewaldete Kuppen und feuchte Senken. Wegen ihrer reizvollen Umgebung sind diese Seen in der Ruppiner und in der Märkischen Schweiz beliebte Ausflugsziele der Berliner. Im Umkreis von 150 Kilometern um Berlin liegen etwa 3000 Seen.

Die glazigene Landschaft der Platten und Täler bot den Märkern unterschiedliche Möglichkeiten der Bodennutzung. Der Geschiebelehm der Grundmoränen ist gut geeignet für einen ertragreichen Ackerbau. Daher sind die Grundmoränenplatten dicht besiedelt. Dagegen eignen sich die Sandflächen der Platten und Täler, die Endmoränenzüge, die Moore sowie die Dünen nicht oder nur wenig für eine landwirtschaftliche Nutzung und somit kaum besiedelt. Die Baustoffindustrie jedoch nutzt die Gebiete zur Gewinnung von Sand, Kies und Ton.

Das Urstromtal eignet sich wegen seiner Richtung, des geringen Gefälles und des hohen Grundwasserstandes gut zum Bau von Kanälen, so verlaufen hier der Oder-Spree-Kanal und der Oder-Havel-Kanal.

M2 Düne in Heiligensee

M3 Findling im Alten Park in Tempelhof

M4 Pfuhl im Alten Park in Tempelhof

1. Nenne und lokalisiere die höchsten natürlichen Erhebungen in Berlin.
2. Beschreibe eiszeitliche Spuren, die heute noch in Berlin zu sehen sind.
3. Zeichne ein Profil durch das Berliner Urstromtal von Weißensee nach Zehlendorf.

Berlin – Aufstieg zur Industriemetropole

Die Gewerbe- und Handelsfreiheit zu Beginn des 19. Jahrhunderts bildeten die Grundlage für den industriellen Aufschwung in Preußen. Förderungs- und Unterstützungsprogramme sollten den Anschluss an die europäischen Industriestaaten – besonders England – herbeiführen. Die Modernisierung der Wirtschaft, deren Grundlage die Dampfmaschine war, führte zur Entwicklung der Maschinen- und Metallindustrie sowie zur Herausbildung der Textilindustrie. Der Ausbau des Verkehrs – vor allem der Eisenbahn – beschleunigte den industriellen Aufschwung. 1838 wurde die Eisenbahnverbindung zwischen Berlin und Potsdam eröffnet. Mitte des 19. Jahrhunderts war Berlin bereits zentraler Eisenbahnknoten Preußens. Durch Eingemeindungen verdoppelte sich binnen weniger Jahre die Stadtgebietsfläche.

Im Zentrum konzentrierten sich zunehmend Banken, Versicherungen und der Handel. Die Fabrikanlagen der Großbetriebe zogen weiter an den Rand der Stadt und darüber hinaus. Ebenso rasch entwickelte sich in Berlin die Elektroindustrie. Die Elektrifizierung der Haushalte, der Straßenbeleuchtung, von Straßenbahn, S- und U-Bahn ließen diesen Industriezweig der Stadt zum umsatzstärksten sowie beschäftigungsintensivsten werden. Ende des 19. Jahrhunderts arbeitete von allen in der Elektroindustrie Tätigen im deutschen Kaiserreich jeder dritte in Berlin. In Berlin war mehr als ein Achtel aller deutschen Erwerbstätigen beschäftigt.

Der wirtschaftliche Aufschwung zog wie keine andere deutsche Stadt Zuwanderer an. Innerhalb weniger Jahrzehnte verviel-

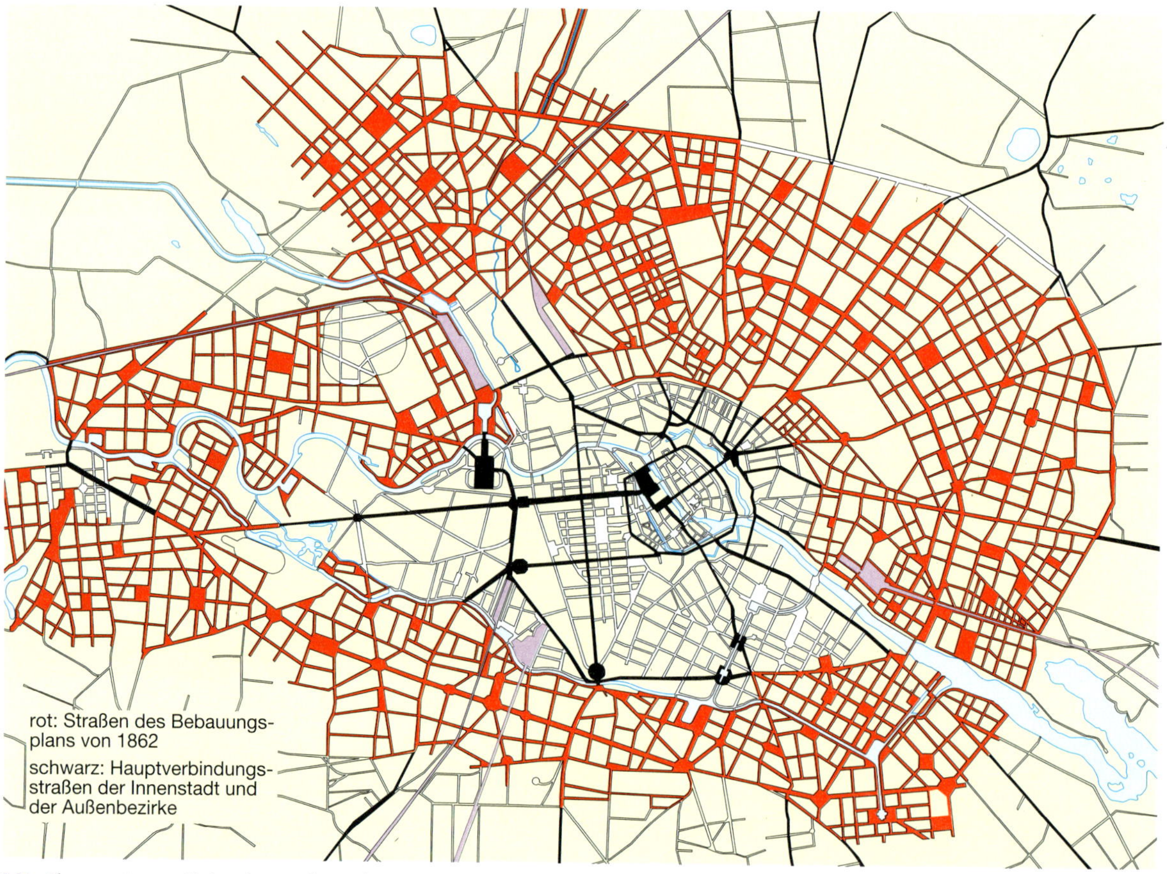

M1 Plan von James Hobrecht aus dem Jahr 1862

Reaktion auf Wohnungsnot?

fachte sich die Wohnbevölkerung. Zur Kehrseite dieser Entwicklung gehörte die steigende Wohnungsnot, der man durch den Bau immer größerer Wohnhäuser zu begegnen versuchte. Dazu beigetragen hatte der Hobrechtplan – benannt nach dem Baurat James Hobrecht zu Beginn der 1860er-Jahre. Der Plan umfasste das Gebiet, das in heutiger Zeit in etwa vom Berliner S-Bahn-Ring umschlossen wird. Der Bebauung der landwirtschaftlichen Flächen um Berlin, nicht zuletzt der Umlandgemeinden selbst, stand nun nichts mehr im Weg. Boden- und Bauspekulationen hatten zur Folge, möglichst viele Menschen auf möglichst geringem Raum zu möglichst hohen Mieten unterzubringen. Um das Jahr 1900 lebten in Kreuzberg-Friedrichshain über 60000 Menschen auf einem Quadratkilometer Stadtfläche. Innerhalb des sog. „Wilhelminischen Rings“ war teilweise die Wohnbebauung durchsetzt von Gewerbegebäuden. Aber auch öffentliche Gebäude wie Schulen und Kirchen passten sich in die Blockbebauung ein. Die vier- bis sechsgeschossigen Mietshäuser wurden bald „Mietskasernen“ genannt.

Häufig wird übersehen, dass während der Phase der Wilhelminischen Blockbebauung auch zahlreiche Villenkolonien entstanden. Erste Villen außerhalb der Stadtmauer waren bereits ab 1800 zwischen Tiergartenstraße und Landwehrkanal südlich des Tiergartens entstanden. Die systematische Erschließung von Villenkolonien begann in den 1860er-Jahren.

1. Nenne die heutigen Berliner Bezirke, die vom Hobrechtplan erfasst wurden.
2. Ermittle mithilfe eines aktuellen Stadtplans, inwieweit die Straßenplanung Hobrechts noch heute Bestand hat. Notiere Straßennamen.
3. Fertige eine Skizze der typischen Wilhelminischen Blockbebauung an.
4. Die Bebauung Berlins in der Wilhelminischen Zeit wird häufig gleichgesetzt mit Hinterhäusern und -höfen. Erarbeite ein genaueres Bild der baulichen Entwicklung Berlins im Kaiserreich.

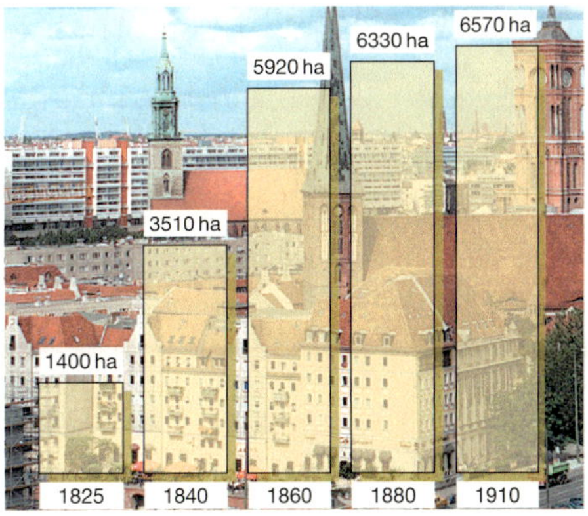

M2 Entwicklung der Fläche Berlins 1825 bis 1910

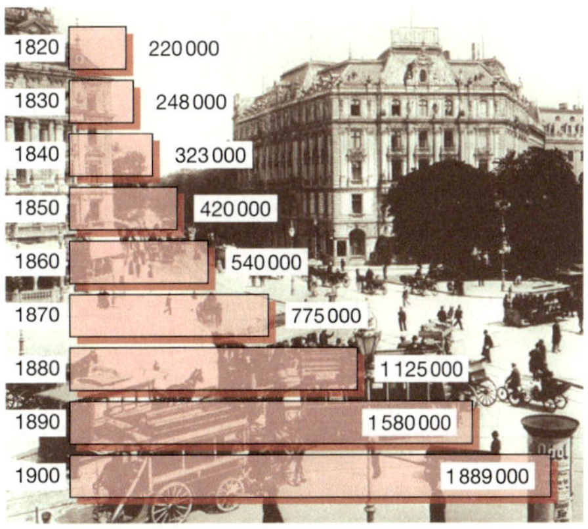

M3 Bevölkerungsentwicklung Berlins 1820–1900

M4 Berliner „Mietskasernen“ um 1900

M1 Ludwig-Erhard-Haus

Wirtschaftsstandort Berlin

Eine Ende der 1990er-Jahre in Auftrag gegebene Prognose der wirtschaftlichen Entwicklung Berlins ermittelt für den Zeitraum bis 2010 ein geringes wirtschaftliches Wachstum (im Jahresdurchschnitt weniger als zwei Prozent). Die Zahl der Beschäftigten wird sich im selben Zeitraum von 1,53 Millionen (1995) auf 1,38 Millionen (2010) verringern. Positive Entwicklungen hinsichtlich der Zahl der Erwerbstätigen werden bis 2010 vor allem im Bereich der Dienstleistungsunternehmen erwartet. In allen anderen Sektoren sind abnehmende Zahlen der Erwerbstätigen zu erwarten. Dies gilt besonders für das produzierende und verarbeitende Gewerbe. Berlin wird bis zum Jahr 2010 mit wirtschaftlichen Schwierigkeiten zu rechnen haben.

Berlins Wirtschaft durchläuft einen Strukturwandel. Der Umbruch spiegelt sich vor allem im verarbeitenden Gewerbe. Im Jahr 2005 waren in der Berliner Industrie fast 120000 Beschäftigte tätig, knapp ein Drittel des Standes von 1990. Im ehemaligen Ostteil der Stadt sind sogar nur knapp ein Fünftel der Arbeitsplätze im verarbeitenden Gewerbe erhalten geblieben. Rund 100 mittlere und größere Betriebe siedelten sich bereits in der ersten Hälfte der 1990er-Jahre im Berliner Umland an. Andere verlagerten ihre Produktion in Teile Europas, wo die Herstellungskosten niedriger sind, oder mussten ihren Betrieb einstellen.

Der Rückgang der Industrie hat in Berlin vielfältige Ursachen. Der Zusammenbruch der Märkte im östlichen Mitteleuropa und Osteuropa, auf die große Teile der Industrie im ehemaligen Ostteil Berlins ausgerichtet waren, Produktivitätsrückstände, die oft veraltete technische Ausrüstung, fehlendes Kapital in den Betrieben und die wirtschaftliche Infrastruktur führten zum industriellen Zusammenbruch im ehemaligen Ostteil Berlins und zu Industriebrachen in den traditionellen Wirtschaftszweigen.

Aber auch im ehemaligen Westteil Berlins hat der Rückgang der Industrie in Anknüpfung an längerfristige Tendenzen in der ersten Hälfte der 1990er-Jahre eingesetzt.

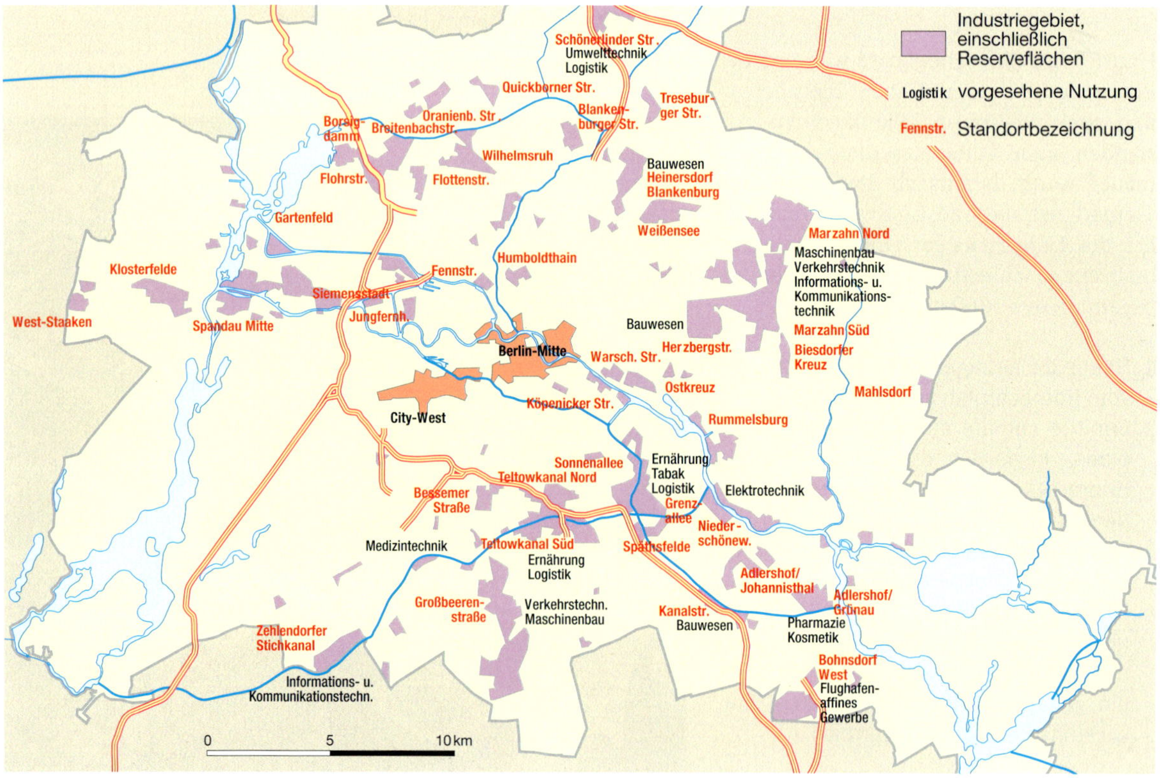

M2 Flächen des produzierenden Gewerbes in Berlin 2004

In den 1950er- und 1960er-Jahren hatten die meisten Unternehmenszentralen den Westteil Berlins in Richtung Frankfurt a. M., Köln, München, Stuttgart oder Hannover verlassen. Technologisch zukunftsträchtige Produktionsstandorte, aber auch Forschungsabteilungen und industrienahe Dienstleistungen entwickelten sich in der Nähe neuer Vorstandssitze. Zurück blieben die „Werkbänke". Häufig waren in den Produktionsstätten notwendige Innovationen ausgeblieben, sodass die veralteten Technologien im Westteil der Stadt der Rezession zum Opfer fielen. Der Wegfall künstlicher Standortpräferenzen (Berlin-Förderung, Subventionen u. Ä.) beschleunigten den Rückgang des verarbeitenden Gewerbes.

So wird verständlich, dass Berlin seine Zukunft gern als Dienstleistungsmetropole sieht. Tatsächlich sind im Bereich der Dienstleistungen Wachstumsraten zu verzeichnen. Mit dem Blick auf die Hauptstadtfunktion rücken vor allem Dienstleistungen in den Vordergrund, die auf überregionale Wirkung ausgerichtet sind wie die Bereiche Finanzwesen und Beratung (Rechts- und Unternehmensberatung, Architektur und Planungsbüros, Softwarehersteller, Werbeagenturen), aber auch Medien und im Zusammenhang mit dem Tourismus der Kultursektor. Werden die Entwicklungstendenzen dieser Dienstleistungsbereiche für die 1990er-Jahre betrachtet, so sind die größten Zuwachsraten in den Bereichen Versicherungen, Beratungsdienste und Kreditinstitute zu verzeichnen. Der Umzug von Parlament und Regierung wird hier als Motor der Entwicklung gesehen. Wirtschaftsexperten heben allerdings hervor, dass Berlin auf dem Weg zur Dienstleistungsmetropole an wettbewerbsfähigen Industriebetrieben aller Branchen festhalten muss. Sie sind unverzichtbarer Auftraggeber für Dienstleister.

Unterstützung erhält die Berliner Wirtschaft durch EU-, Bundes- und Landesmittel. Bis 2006 standen Berlin über eine Milliarde Euro EU-Fördermittel zur Verfügung. Schwerpunkt der EU-Förderfonds sind die Stärkung der Wettbewerbsfähigkeit durch den Ausbau der Infrastruktur, der Schutz der Umwelt und die Förderung der Arbeitskräfte durch Qualifizierung.

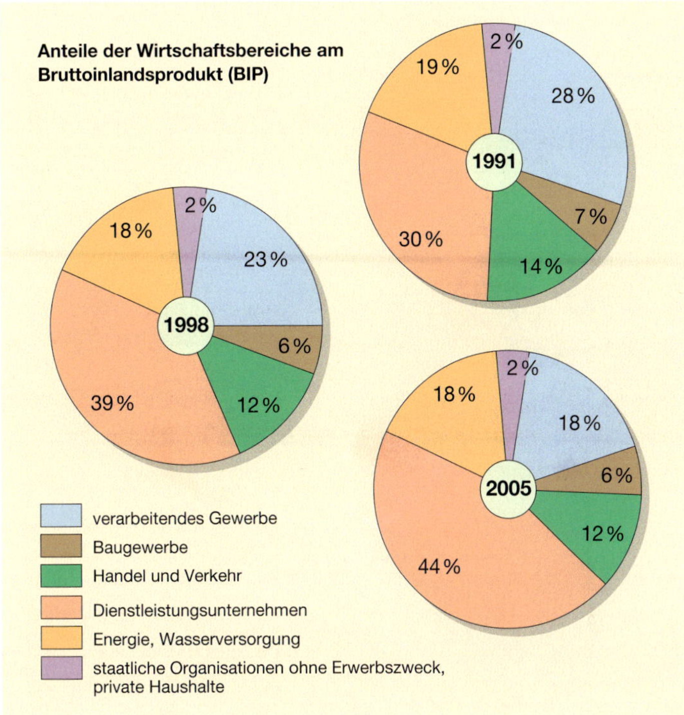

M3 Wirtschaftlicher Strukturwandel

	BIP pro Kopf in 1000 Euro 2005	Arbeitslosenquote März 2006
Hamburg	45,876	11,6
Bremen	36,903	15,8
Hessen	32,436	10,1
Bayern	32,387	8,3
Baden-Württemberg	30,800	7,1
Nordrhein-Westfalen	27,078	12,2
Saarland	26,114	10,7
Schleswig-Holstein	24,353	11,3
Rheinland-Pfalz	24,002	8,9
Niedersachsen	23,551	11,7
Berlin	23,453	18,5
Sachsen	20,058	19,4
Sachsen-Anhalt	19,433	20,5
Thüringen	19,087	17,7
Brandenburg	18,767	19,0
Mecklenburg-Vorpommern	18,305	21,6

M4 Bruttoinlandsprodukt und Arbeitslosenquote

1. Berichte über die wirtschaftliche Ausgangslage der beiden Stadthälften zum Zeitpunkt der Wiedervereinigung.
2. Erläutere den wirtschaftlichen Strukturwandel, den Berlin gegenwärtig durchläuft.
3. Vergleiche die wirtschaftliche Lage Berlins mit anderen deutschen Großstädten.
4. Fertige eine Skizze der räumlichen Verteilung der Berliner Gewerbestandorte an.

Industriestandorte an der Spree

M1 Oberschöneweide

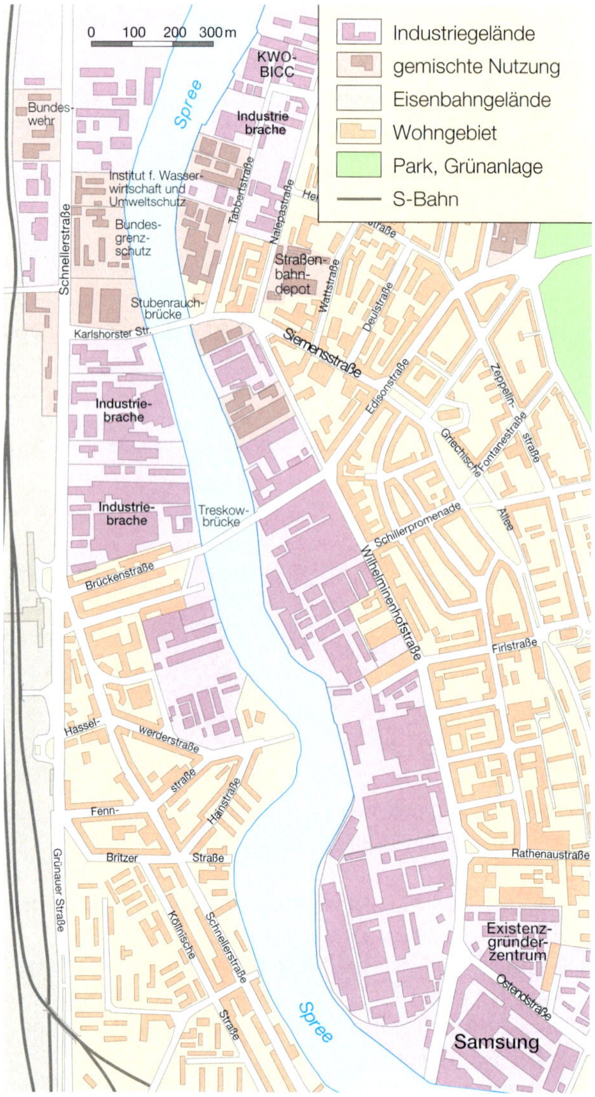

M2 Flächennutzung in Oberschöneweide

Traditionsstandort Oberschöneweide

Bis Ende des 19. Jahrhunderts war Oberschöneweide ein bekannter Ausflugsort an der Spree mit zahlreichen Lokalen. Der Wandel zum Industriestandort begann 1890, als die 1887 gegründete Firma AEG im dünn besiedelten Gelände ihre ersten Industriebauten errichtete. Es entstanden eine Akkumulatorenfabrik, ein Kabelwerk und das Kraftwerk Oberspree.

Mit der Industrieansiedlung wuchs von 1895 bis 1919 die Einwohnerzahl von 625 auf rund 25600. Östlich der Wilhelminenhofstraße, die das Industriegebiet begrenzt, bildeten sich dicht besiedelte Wohnviertel. Anfang der 1930er-Jahre bot allein die Elektroindustrie in Oberschöneweide über 17000 Arbeitsplätze. Noch 1990 war Oberschöneweide das größte geschlossene Industriegebiet im Ostteil Berlins mit rund 25000 Arbeitsplätzen. Nach der Wiedervereinigung waren die Betriebe nicht mehr konkurrenzfähig. Innerhalb von drei Jahren sank die Zahl der Beschäftigten um mehr als 20000. Das Quartier verlor im selben Zeitraum ein Drittel seiner Bewohner.

2005 gab es in Oberschöneweide noch rund 3000 Arbeitsplätze. Fast ein Drittel der Beschäftigten ist in der Firma Samsung tätig, in der Farbbildröhren produziert werden. Neu ist das Technologie- und Gründerzentrum Spreeknie mit den Schwerpunkten Solar- und Mikrosystemtechnik sowie Optotechnik. Ende der 1990er-Jahre bestanden im Gewerbegebiet Oberschöneweide 15 Unternehmen.

Um den Niedergang des Quartiers aufzuhalten, wurde das Gelände an der Wilhelminenhofstraße Mitte der 1990er-Jahre zum Sanierungsgebiet erklärt. Über 500 Millionen Euro wurden investiert. Ein Großteil der denkmalgeschützten Industriebauten wurde saniert, Neubauten wurden errichtet und neue Gewerbehöfe eröffnet. 2005 arbeiteten in den Wilhelminenhöfen 30 Firmen mit zusammen 400 Mitarbeitern.

Oberschöneweide bietet nach Ansicht der Berliner Wirtschaftsförderung gute Bedingungen für Betriebe des verarbeitenden Gewerbes sowie für produktionsorientierte Dienstleister.

Planung Spreeraum

Das Planungsgebiet Spreeraum zwischen Janowitz- und Elsenbrücke umfasst etwa 160 Hektar Fläche und gehört damit zu den großen zusammenhängenden innerstädtischen Planungsräumen in Berlin. Die Areale beiderseits der Spree im heutigen Bezirk Friedrichshain-Kreuzberg werden durch die Jannowitz-, Michael-, Schilling-, Oberbaum- und Elsenbrücke miteinander verbunden.

Die Nutzung dieser Teile des Spreeufers geht auf das 19. Jahrhundert zurück. Holzmärkte, Schiffbauer und Textilfabriken säumten das linke Spreeufer. Ab 1850 kamen Kasernenanlagen hinzu. Auch das rechte Spreeufer wandelte sich in diesem Zeitraum zu einem innerstädtischen Areal, das allerdings durch Bahn- und Hafenanlagen geprägt war. Ab 1890 bis Ende der 1920er-Jahre entstanden Speichergebäude. Der Osthafen war vor dem Ersten Weltkrieg einer der größten Binnenhäfen Mitteleuropas. Anfang des 20. Jahrhunderts eröffnete im heutigen Planungsgebiet die Glühlampenfabrik Osram ihre Werke und bot in den 1920er-Jahren 4500 Arbeitsplätze.

Während der Teilung Berlins verlief die Grenze entlang der Spree und das Areal beiderseits der Spree geriet in eine Randlage. Auf beiden Seiten lagen die stadtentwicklungspolitischen Ziele in der Beseitigung bzw. Sanierung der wilhelminischen Bau-Ära. Das rechte Spreeufer profitierte von der Nähe zum Zentrum um den Alexanderplatz. Mit der Wiedervereinigung und vor allem der Fusion der Bezirke Friedrichshain und Kreuzberg im Jahr 2001 ist das Areal beiderseits der Spree wieder ein herausragender Entwicklungsraum, der durch seine Lage als künftiges Ergänzungsgebiet für die City große Bedeutung für Berlin erlangen kann.

Ab den 1990er-Jahren haben sich durch die Ansiedlung innovativer Unternehmen mit den Schwerpunkten Multimedia und Design erste Ansätze zur Wiederbelebung des Wirtschaftsraums beiderseits der Spree herausbilden können. Die Bereiche um den Ostbahnhof, Oberbaum City und die Treptower stehen stellvertretend für diese Entwicklung. In den ersten zehn Jahren seit der Wiedervereinigung sind über 470000 Quadratmeter Bruttogeschossfläche für Gewerbe, Dienstleistungen und Wohnen entstanden. Der Stadtentwicklungsplan Gewerbe aus dem Jahr 1999 sieht im Planungsraum günstige Entwicklungsbedingungen für Unternehmen der Medienwirtschaft, des grafischen Gewerbes, der Informations- und Kommunikationstechnik, der Pharmazie und Solartechnik. Der Zugewinn eines großen Unternehmens der Unterhaltungsindustrie, das seinen neuen Sitz in einem ehemaligen Speicher an der Oberbaumbrücke bezog, lässt auf eine positive Entwicklung des Spreeraums hoffen.

M3 Oberbaum City

M4 „Treptower“

① Treptowers
② MTV
③ Universal Music
④ Oberbaum City
⑤ Neue Spreespeicher
⑥ Arena O_2 World
⑦ Spree-Kongress-Center
⑧ Energie-Forum Berlin
⑨ Ver.di-Bundeszentrale

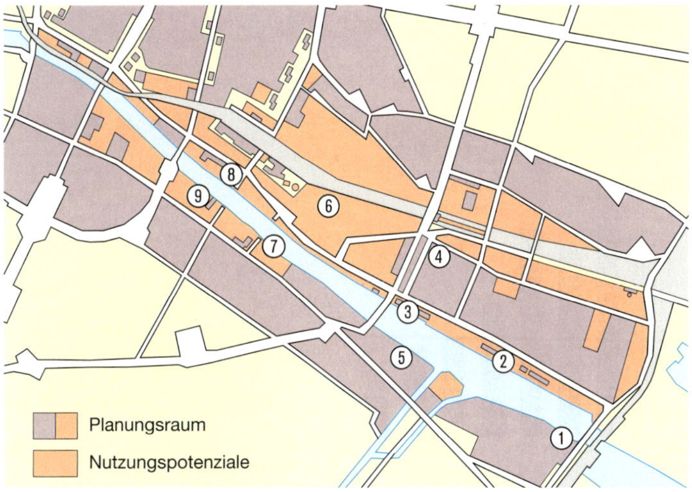

M5 Flächennutzungspotenziale im Planungsgebiet

1. Beschreibe die Entwicklung des Industriegebiets Oberschöneweide.
2. Stelle die Standortfaktoren für das Planungsgebiet Spreeraum dar.

Berlins Wirtschaftslage

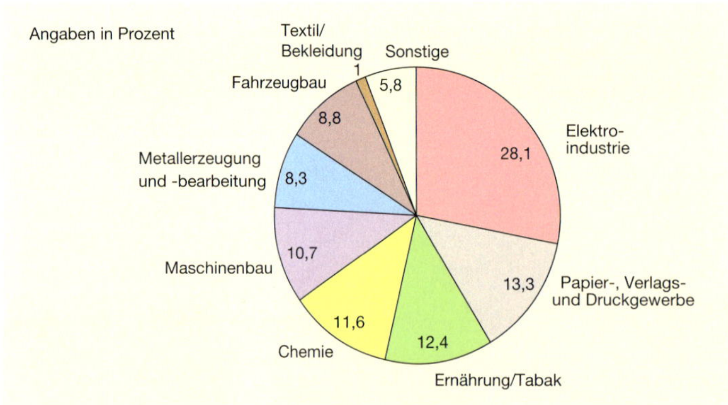

M1 Beschäftigte im verarbeitenden Gewerbe 2005

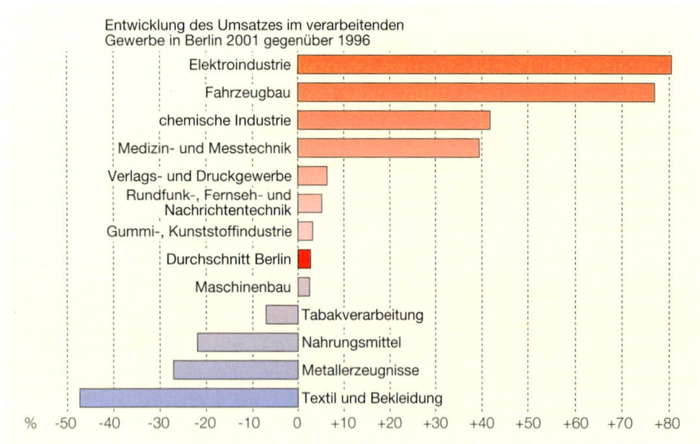

M2 Umsatz im verarbeitenden Gewerbe 1996 und 2001

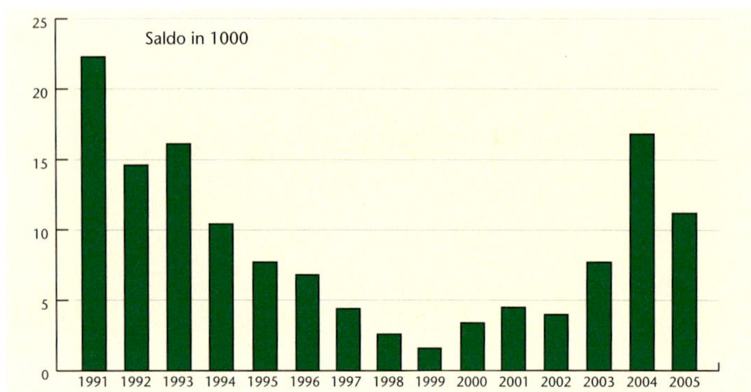

M3 Gewerbean- und -abmeldungen 1991 bis 2005

Seit der Wiedervereinigung bewegen sich öffentliche und private Investitionen in Berlin weiterhin in großen Höhen. Bauboom und Modernisierung der städtischen Infrastruktur summieren sich zu mehrstelligen Milliardenbeträgen. Zweifellos entstehen dabei Standortvorteile – zum Beispiel für die Medien- und Kommunikationsbranche. So hat Berlin seit dem Jahr 2000 das weltweit größte Glasfasernetz mit 150 000 Kilometern Kabel sowie das modernste und mit 2,2 Millionen Teilnehmern größte digitale Kommunikationsnetz in Deutschland. Selbst im zahlenmäßig geschwächten, aber noch immer vorhandenen Produktionsgewerbe konnten Standorte in Berlin gehalten werden. DaimlerChrysler baut im Werk Marienfelde Fahrzeugmotoren, und BMW erweiterte seine in Spandau ansässige Motorradfertigung für über 50 Millionen Euro. Die Produktion konnte in den letzten Jahren kontinuierlich auf inzwischen 75 000 Motorräder jährlich gesteigert werden. Mit der hohen Nachfrage stieg auch die Beschäftigtenzahl auf 2400 Mitarbeiter.

Es gibt fast 200 Firmen der Elektroindustrie mit insgesamt rund 18 000 Beschäftigten. Anders als die Elektroindustrie ist der Berliner Maschinenbau mittelständisch geprägt. Die Zahl der Beschäftigten lag 2005 bei rund 11 000. Weiterhin besitzt Berlin große international tätige Unternehmen in der chemischen Industrie sowie Betriebe der Ernährungs- und Genussmittelbranche. Das Gründerklima in Berlin gilt weiterhin als gut. Viele Fachleute halten es sogar für das beste in Deutschland. Informationstechnologien, Telekommunikation und neue Medien sind seit 2000 Boombranchen. So erwirtschaften jährlich rund 1800 Softwarefirmen mit 16 000 Mitarbeitern einen Jahresumsatz von rund 1,5 Milliarden Euro. Neben der traditionellen Bekleidungsindustrie hat sich in Berlin eine anerkannte Designerszene entwickelt. In Berlin existieren rund 180 Klein- und Kleinstunternehmen. Ferner hat sich der internationale Modehandel in Berlin angesiedelt. Unternehmen eröffneten ihre Filialen in der Friedrichstraße und am Kurfürstendamm.

Für die Berliner Wirtschaft sowie für den Arbeits- und Ausbildungsmarkt kommt dem Berliner Handwerk traditionell eine hohe Bedeutung zu. In den Handwerksbetrieben der Stadt waren im Jahr 2005 rund 190 000 Personen in über 30 000 Betrieben tätig. „Sorgenkind“ der Berliner Wirtschaft

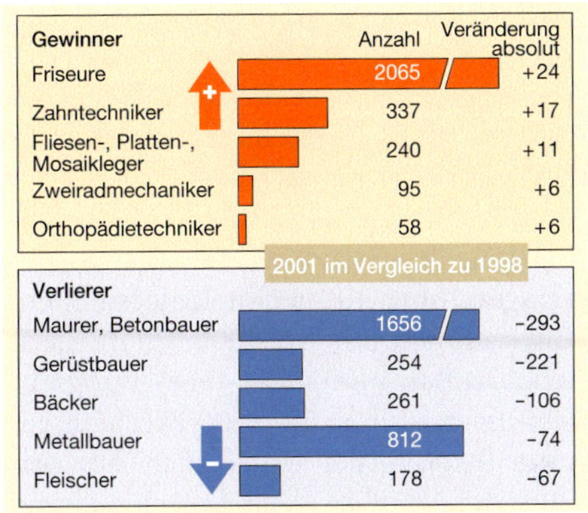

M4 Strukturwandel im Berliner Handwerk

M5 BMW in Spandau

ist nach Jahren des Booms die Bauwirtschaft. Die inzwischen insgesamt schwierige Auftragslage führte Ende der 1990er-Jahre zu einer beständigen Abnahme der Beschäftigtenzahlen und des Umsatzes.

Wachsender Dienstleistungssektor

Unverändert im Wachstum seit mehreren Jahren befindet sich der Dienstleistungssektor mit 740 000 Beschäftigten, ohne die öffentlichen Dienste. Zu dieser Entwicklung trägt bei, dass Berlin als Bundeshauptstadt attraktiver Firmensitz für internationale Unternehmen geworden ist. Hinzu kommt, dass durch die Anwendung sowie Weiterentwicklung der Informations- und Kommunikationstechnik immer neue Dienstleistungsangebote in vielen Sparten entstehen konnten. So sind fast alle großen Werbebranchen in Berlin vertreten. Ein anderer Dienstleistungsbereich, der von der Hauptstadtfunktion profitiert, ist der Bereich der Markt- und Meinungsforschung. Auch hier haben große deutsche Institute in den vergangenen Jahren in Berlin Vertretungen gegründet. Viele der Berliner Call-Center führen Markt- und Meinungsforschung durch.

Die positive Entwicklung der in Kammern organisierten wirtschaftsnahen freien Berufe hat sich fortgesetzt. Besonders die rechts-, wirtschafts- und steuerberatenden Berufe hatten überdurchschnittliche Zuwächse. Gleiches gilt für Finanzdienstleistungen und Versicherungsunternehmen. Jedoch hatten im Jahr 2005 von den größten 100 Unternehmen in Deutschland lediglich fünf ihren Sitz in Berlin – in München sind es doppelt so viele.

1995	1997	1999	2001	2003	2005
Erwerbstätige insgesamt					
1612,7	1551,3	1538,3	1557,7	1416,3	1407,7
Land- und Forstwirtschaft, Fischerei					
9,3	8,3	7,6	7,3	9,3	9,0
produzierendes Gewerbe					
225,7	200,6	186,9	180,6	167,9	161,8
Baugewerbe					
146,4	130,8	115,2	94,7	92,8	84,9
Handel, Gastgewerbe, Verkehr					
387,4	358,4	349,1	353,2	330,8	325,6
Finanzierung, Vermietung, Unternehmensdienstleistungen					
267,4	274,1	294,4	319,7	258,2	260,0
öffentliche und private Dienstleister					
407,1	407,7	422,7	462,9	408,4	424,9

M6 Erwerbstätigkeit in Berlin nach Wirtschaftsbereichen 1995 bis 2005 in 1000

M7 Schering in Wedding

1. Berichte über die Entwicklung der Berliner Wirtschaft. Beschreibe insbesondere die Veränderungen einzelner Branchen.

Großprojekte der Forschung und Innovation

M1 Photonik-Zentrum

M2 Zentrum für Umwelt-, Bio- und Energietechnologie

Eine Konzentration von Forschungseinrichtungen befindet sich in Berlin um die Standorte der Universitäten in den Bezirken Mitte, Charlottenburg-Wilmersdorf und Steglitz-Zehlendorf. Die Wissenschaftszentren Adlershof und Buch werden zudem vom Land Berlin als Großstandorte entwickelt. Sie sind geplant als Wissenschafts- und Wirtschaftsstandorte. Das Profil beider Standorte ergibt sich aus einer vielfältigen Wechselwirkung von Grundlagenforschung und Anwendung, der Verbindung von Forschung, Ausbildung und Praxisbezug.

Adlershof

Das wichtigste Vorhaben ist die Entwicklung des Standorts Adlershof, mit dem eine wissenschaftliche sowie wirtschaftliche Tradition verbunden ist: Zu Beginn des 20. Jahrhunderts starteten hier die ersten Motorflugzeuge Deutschlands, 1912 wurde die Deutsche Versuchsanstalt für Luftfahrt gegründet. Nach dem Zweiten Weltkrieg kamen die Akademie der Wissenschaften und später das Fernsehen der DDR nach Adlershof.
Nachdem 1992 beschlossen wurde, auf diesem Gelände einen herausragenden Wissenschafts- und Wirtschaftsstandort zu schaffen, sind inzwischen auch die mathematisch-naturwissenschaftlichen Fachbereiche der Humboldt-Universität nach Adlershof gezogen. Damit wird die Entwicklung des Standorts von drei Säulen getragen: über 400 technologieorientierte Unternehmen mit fast 4000 Mitarbeitern, zwölf außeruniversitäre Forschungseinrichtungen mit rund 1500 Beschäftigten sowie Institute der Universität. Auf dem 420 Hektar großen Gelände sollen einmal bis zu 25 000 Fachkräfte arbeiten und mehr als 15 000 Menschen wohnen.
Die Unternehmen in Adlershof konzentrieren sich auf vielfältige Arbeitsfelder: optische Technologien, Umwelt-, Energie-, Informations-, Medien- und Materialtechnologie sowie Mikrosystemtechnik. Die Betreiber des Standorts Adlershof verfolgen das Konzept, mit der Errichtung von Innovationszentren sowohl junge als auch bereits etablierte Unternehmen in ihren Forschungsschwerpunkten zusammenzubringen und die Zusammenarbeit mit Forschungseinrichtungen zu fördern. Den Betreibern obliegt auch die städtebauliche Entwicklung des Areals, das die Gebiete rund um den ehemaligen Flugplatz Johannisthal sowie das Mediengelände am S-Bahnhof Adlershof umfasst.

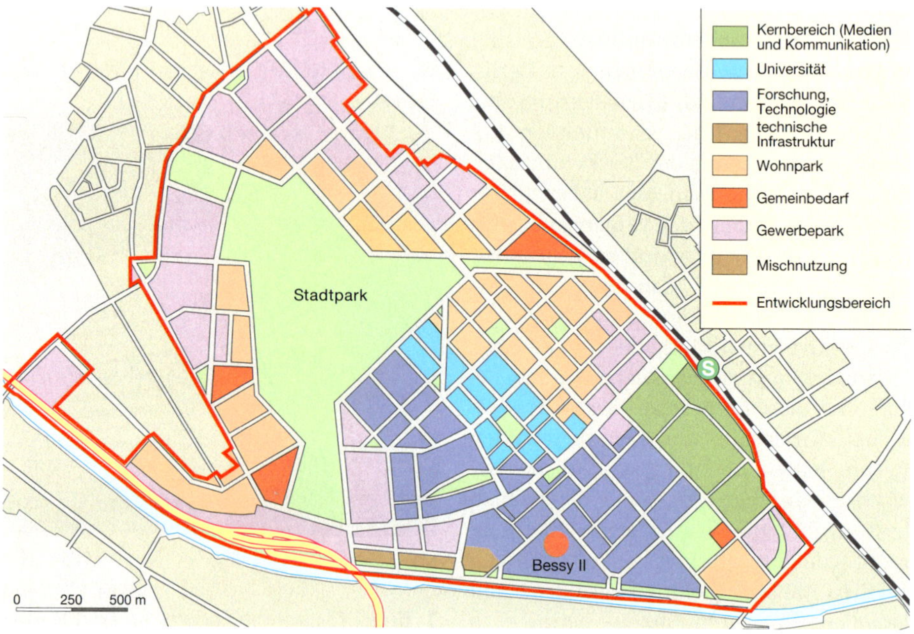

M3 Berlin-Adlershof 2005

M4 Zentren in Adlershof

Kern des Wirtschaftsstandorts Adlershof ist ein Wissenschafts- und Technologiepark, der 2005 zu den 15 größten weltweit zählt:

- Im Photonikzentrum werden Produkte und Verfahren aus den Arbeitsfeldern Lasertechnik, Optotechnik, Fotovoltaik entwickelt und vermarktet.
- Im Innovationszentrum für Informatik befinden sich Unternehmen mit den Schwerpunkten Multimedia, Softwaretechnologie und Produktionsplanungssysteme.
- Im Innovationszentrum für Umwelttechnologie werden Produkte und Verfahren für umweltschützende Technologien sowie Sanierungstechniken entwickelt und vermarktet.
- Das Innovations- und Gründerzentrum bietet Unternehmen günstige Rahmenbedingungen für die erste Entwicklungsphase.
- Das Ost-West-Kooperationszentrum bietet Raum für Unternehmen aus mittel- und osteuropäischen Ländern sowie gemischte Ost-West-Unternehmen, die im technologieorientierten Bereich tätig sind.

1998 wurde in Adlershof der Elektronenspeicherring BESSY II fertig gestellt. Er steht unterschiedlichen Nutzergruppen aus den Bereichen Physik, Biologie, Materialwissenschaft, Analytik und Mikrotechnik zur Verfügung.

Buch

Der biomedizinische Forschungscampus in Berlin-Buch ist ein in Deutschland einzigartiger Wissenschafts- und Wirtschaftsstandort. Er verbindet molekularbiologische Grundlagenforschung mit klinischer Forschung.

Die Gründung geht auf eine Empfehlung des Wissenschaftsrats aus dem Jahre 1991 zurück. Aus den Zentralinstituten für Molekularbiologie, Krebs- und Herz-Kreislauf-Forschung der Akademie der Wissenschaften der DDR wurde 1992 das Max-Delbrück-Centrum für molekulare Medizin von Bund und Land gegründet. Mit der Neugründung in räumlicher Nähe zu den Spezialkliniken der medizinischen Fakultät der Humboldt-Universität gelang es, eine Struktur zu schaffen, die es ermöglicht, klinische Forschung im Verbund mit molekularbiologischen, zellbiologischen und physiologischen Methoden zu betreiben. Schwerpunkte der Forschung sind u.a. die Herz-Kreislauf-Forschung, Krebsforschung und Genetik. Gemeinsam mit Medizinern entwickeln Wissenschaftler verbesserte Verfahren zur Diagnose, Therapie sowie Vorbeugung von Tumor- und Herz-Kreislauf-Leiden.

Seit Mitte der 1990er-Jahre wird ein Biotechnologiepark in räumlicher Nähe entwickelt. Seit dem Jahr 2000 arbeiten auf dem 32 Hektar großen Gelände über 1900 Menschen. Mit Fördermitteln der EU sind Infrastrukturmaßnahmen ermöglicht worden – u.a. Labor- und Bürobauten für Firmenansiedlungen und ein Konferenzzentrum. Im Technologiepark arbeiten 30 Firmen, die Produkte und Verfahren rund um die Biomedizin entwickeln. Inzwischen ist ein Innovations- und Gründerzentrum für die Ansiedlung weiterer junger Biotechnologie-Unternehmen entstanden. Ergänzt wird der Standort durch ein Forschungsinstitut für molekulare Pharmakologie.

M5 Eingangsgebäude zu BESSY II

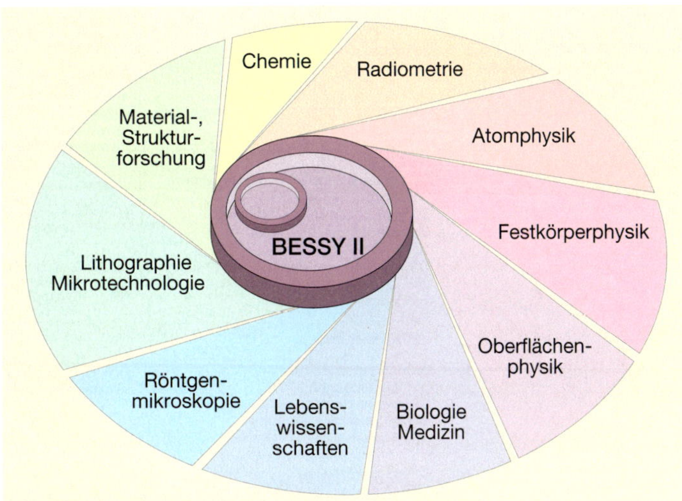

M6 Grundlagenforschung in BESSY II

1. Erläutere die Konzeption der beiden Großprojekte in Adlershof und in Buch.
2. Informiere dich im Internet über den Fortgang der Entwicklung in Adlershof (www.adlershof.de bzw. www.wista.de).

Wirtschaftspolitik

M1 Weiberwirtschaft

Die Wirtschaftspolitik Berlins setzt seit der Wiedervereinigung in erster Linie auf den Umbau der Industriestadt des 19. und 20. Jahrhunderts zur Dienstleistungsmetropole des 21. Jahrhunderts. Um die produktionsnahen Dienstleistungen zu fördern, hat die industrielle Entwicklung Berlins ihren Schwerpunkt im Bereich neuer Technologien, in enger Verknüpfung mit Forschung und Entwicklung neuer Produkte. Zentrale Bestandteile der Wirtschaftspolitik sind die Einrichtung technologieorientierter Innovations- und Gründerzentren, finanzielle Anschubhilfen für junge Unternehmen sowie die Förderung der Zusammenfassung von Forschung und Entwicklung mit Produktion und produktionsnahen Dienstleistungen.

Berlin hat auf diesem Gebiet bereits seit den frühen 1980er-Jahren Erfahrungen sammeln können. Hier steht das älteste Innovations- und Gründerzentrum Deutschlands. Zu den bevorzugten Ansiedlungen neuer Technologien zählen in Berlin die Informations- und Kommunikationstechnologie, Medizintechnik und Biotechnologie, Lasertechnik und Optotechnik, Umwelttechnik, Medienwirtschaft, Pharmazeutik und Verkehrstechnik.

M2 PHÖNIX-Technologiezentrum

Ein Problem bleibt, dass auch eine Bündelung neuer technologischer Entwicklungen keine Aussagen über einen künftigen wirtschaftlichen Erfolg zulässt. Bisher sind überwiegend kleine, aber hoch spezialisierte Firmen entstanden, die häufig nur wenige Mitarbeiter beschäftigen. Dennoch tragen die Gründerzentren in erheblichem Maß zur wirtschaftlichen Belebung Berlins bei. Nicht selten sind sie auf den Flächen ehemals namhafter großer Berliner Industriebetriebe untergebracht. Die Innovationszentren tragen damit auch zum Erhalt der Attraktivität städtischer Teilräume bei. So nutzt z. B. das Phönix-Technologiezentrum die ehemaligen Produktionsstätten der Borsig-Werke oder der Focus Teleport Gebäude der Fabrik Narva, früher Osram.

Mit dem Umzug von Parlament und Bundesregierung sieht sich Berlin gern in der Rolle der Medienhauptstadt. Die Stadt steht allerdings hier in Konkurrenz zu anderen deutschen Großstädten wie Hamburg und Köln. 2002 ist sie zumindest Musikhauptstadt geworden. Durch den Umzug eines namhaften Musikkonzerns an die Spree hält Berlin mit rund 340 Millionen Euro Umsatz mehr als 50 Prozent des nationalen Musikmarkts. Hier werden rund 50 Labels, 90 Musikverlage, 50 Tonstudios und 250 Clubs betrieben.

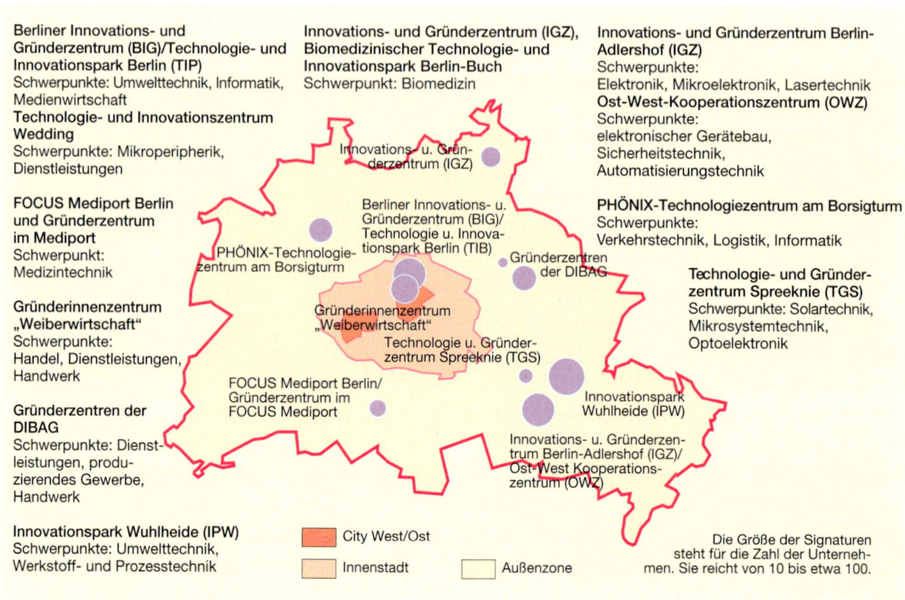

M3 Technologieorientierte Gründerzentren 2005

Imagepflege des Wirtschaftstandorts
Berlin ist in Bewegung. Aufbruchstimmung und dynamische Entwicklung bestimmen die Stadt und Region. Der gegenwärtige Strukturwandel führt zu großen Modernisierungsschüben und bietet hervorragende Chancen für Investoren. Großflächige Neubauprojekte und zahlreiche attraktive Loft-Etagen für innovative Unternehmen liegen in Berlin dicht beieinander. Mieten und Kaufpreis sind im internationalen Vergleich sehr günstig. Berlin bietet hohe Lebensqualität durch die Verbindung von Kulturlandschaft und Tourismusregion. 170 Museen, 150 Bühnen, acht Sinfonieorchester, eine lebendige Musik- und Kunstszene sowie über 200 Kinos machen Berlin zu einer faszinierenden und lebenswerten Stadt. In der Region liegen urbane Dichte und Natur eng beieinander. Brandenburg mit seinen rund 3000 Seen und fast 30 000 km Fließgewässern ist eine der wasserreichsten Regionen Europas. Eingebettet in diese Idylle liegt Berlin, dessen Fläche zu etwa 40 % aus Wäldern, Seen und Parks besteht.

Als führender Wissenschafts- und Forschungsstandort in Deutschland bietet Berlin ein optimales Kooperationsklima zwischen Wissenschaft und Wirtschaft sowie ideale Bedingungen für Unternehmensgründer des 21. Jahrhunderts. Mehr als 6 Mio. Einwohner in der Region Berlin-Brandenburg bilden nicht nur einen kompakten Absatzmarkt, sondern ebenfalls ein hervorragendes Potenzial an gut ausgebildeten Arbeitnehmern. Multikulturell ist Berlin wie keine andere deutsche Stadt. Unter den 3,4 Mio. Menschen in Berlin leben 450 000 Ausländer aus 180 Nationen. Mit 1,3 Mio. Besuchern jährlich ist Berlin die Nummer 1 unter den deutschen Kongressstädten. Der schnelle Aus- und Neubau der Verkehrswege macht Berlin wieder zum europäischen Verkehrsknoten. Allein 100 Mrd. Euro werden in die Infrastruktur investiert.

(zusammengestellt aus Broschüren der Gesellschaft für Hauptstadt-Marketing)

M4 Headquarter von MTV (in Planung)

... im Aufbruch
- Wegfall der Mauer, Räume für Entwicklungen
- Zentrum der Wissenschaft, qualifizierte Arbeitskräfte, internationalste deutsche Stadt (180 Nationalitäten)
- 13 Gründerzentren, vor allem für Biotechnologie, Verkehrstechnik, Informations- und Kommunikationstechnologie
- Modernisierung der Stadt, 10 Mrd. Euro für Bahnverkehr

... in der Mitte Europas
- Sprungbrett in Richtung West und Ost
- dreifache Ausstellerzahlen aus Osteuropa seit 1990 auf Berliner Messen, die meisten russischen Medien und Börsentitel

... die neue Hauptstadt
- Entscheidungszentrum Deutschlands
- Zentrale für Verbände, für internationale Repräsentanzen

... Wissenschaft, Kultur und Landschaft
- 4 Universitäten, 14 Hoch- und Fachschulen, Akademien
- größte Dichte an Tagungen, Ausstellungen und Kongressen

M5 Universal Music (an der Oberbaumbrücke)

1. Erläutere die Wirtschaftspolitik Berlins.
2. Ermittle Standortfaktoren, die für die wirtschaftliche Entwicklung Berlins Bedeutung haben.

Der Potsdamer Platz als Dienstleistungszentrum

M1 Arkaden

M2 DB-Zentrale und Beisheim-Center

Kein Ort wird derart eng mit dem Aufbruch Berlins seit der Wiedervereinigung verbunden wie der Potsdamer Platz. An keinem Ort wurde auch derart kontrovers die Gestaltung einer neuen Mitte Berlins erörtert. Ungebrochen prallen die Meinungen über den neuen Stadtteil aufeinander. Kritiker werden nicht müde, den auf dem ehemaligen Grenzland zwischen den beiden Stadthälften entstandenen Stadtteil als geschichtsloses Unterhaltungs- und Dienstleistungszentrum zu bezeichnen. Ungeachtet dessen erfreut sich der Platz zunehmender Beliebtheit bei Berlinern wie bei Touristen. Von den täglich bis zu 100000 Besuchern des neuen Stadtteils sind nur knapp die Hälfte Berliner. Der Platz wurde weitgehend durch private Investoren gestaltet. Drei große Abschnitte lassen sich ausmachen.

Das DaimlerChrysler-Projekt

Das DaimlerChrysler-Projekt war das erste Vorhaben in diesem Gebiet. Im Herbst 1992 wurde der bauliche Wettbewerb für das Areal entschieden. 1994 wurde mit den Bauarbeiten begonnen, im Oktober 1998 bereits das 68000 Quadratmetern große Areal eröffnet. 340000 Quadratmeter Bruttogeschossfläche sind für zwei Milliarden Euro entstanden, davon fast die Hälfte für Büros. Der Konzern DaimlerChrysler hat hierher seine gesamte Vertriebsabteilung mit über 1100 Mitarbeitern und einem Jahresumsatz von 18 Milliarden Euro von Stuttgart nach Berlin verlegt. Wohnungen nehmen 70000 Quadratmeter, Läden und Gastronomie 40000 Quadratmeter ein.

Insgesamt sind 19 Gebäude, davon zwei Hochhäuser entstanden, zehn neue Straßen, der Marlene-Dietrich-Platz, eine zentrale Piazza, und rund 12000 Quadratmeter Wasserfläche. Zum Komplex gehören ein Musical-Theater, ein Spielkasino, zwei Hotels, Tiefgaragen mit 2500 Stellplätzen, ein Kinokomplex mit 19 Sälen und 3500 Plätzen, eine Einkaufsstraße mit 120 Geschäften sowie mehr als 20 Restaurants, Bars und Cafés.

Sony-Center

Der zweite Komplex am Potsdamer Platz ist das Sony-Center. Im Frühjahr 1996 begannen die Bauarbeiten, obgleich Sony beinahe genauso früh als Großinvestor am Potsdamer Platz festgestanden hat wie die Daimler-Tochter Debis. Kurz nach dem Fall der Mauer wurde dem japanischen Großunternehmen seitens des Senats von Berlin ein Grundstück angeboten, um einen Beitrag zum Wiederaufbau des Potsdamer Platzes zu leisten und an der Neu-

M3 Regionalbahnhof Potsdamer Platz

gestaltung Berlins mitzuwirken. Nach dem Beschluss des Deutschen Bundestages zum Umzug nach Berlin unterschrieb Sony den Kaufvertrag. In ihm waren u. a. der Erhalt des ehemaligen Grand Hotels Esplanade sowie die Errichtung eines Filmhauses zur Unterbringung von verschiedenen, über das Stadtgebiet verteilten Filmarchiven geregelt.
Insgesamt sieben Gebäude mit über 130 000 Quadratmetern Bruttogeschossfläche befinden sich heute auf dem Sony-Areal. Die Hälfte davon wird für Büroflächen beansprucht. Sony selbst ist mit seiner Europazentrale auf 20 000 Quadratmetern in Bürohäusern an der Bellevuestraße untergebracht, die das Areal zum Kulturforum abschließt. Unter dem Komplex befindet sich ein Parkhaus mit rund 900 Einstellplätzen. Seit Herbst 1999 wurden die Büroräume bezogen.
Ein Bürohochhaus im Sony-Areal wird von der Deutschen Bahn AG genutzt, die hier ihre Konzernzentrale hat. Weitere Gebäude werden von Tochterunternehmen Sonys belegt. Wahrzeichen der baulichen Anlage ist das 26 500 Quadratmeter große Urban Entertainment Center. Um einen überdachten Platz gruppieren sich Kinos, Cafés, Restaurants und Läden. Hauptattraktion ist ein Zelt ähnliches Dach aus 600 Tonnen Stahl, 3500 Quadratmetern Glas und über 5200 Quadratmetern Textilgewebe, das die Piazza abschirmt.

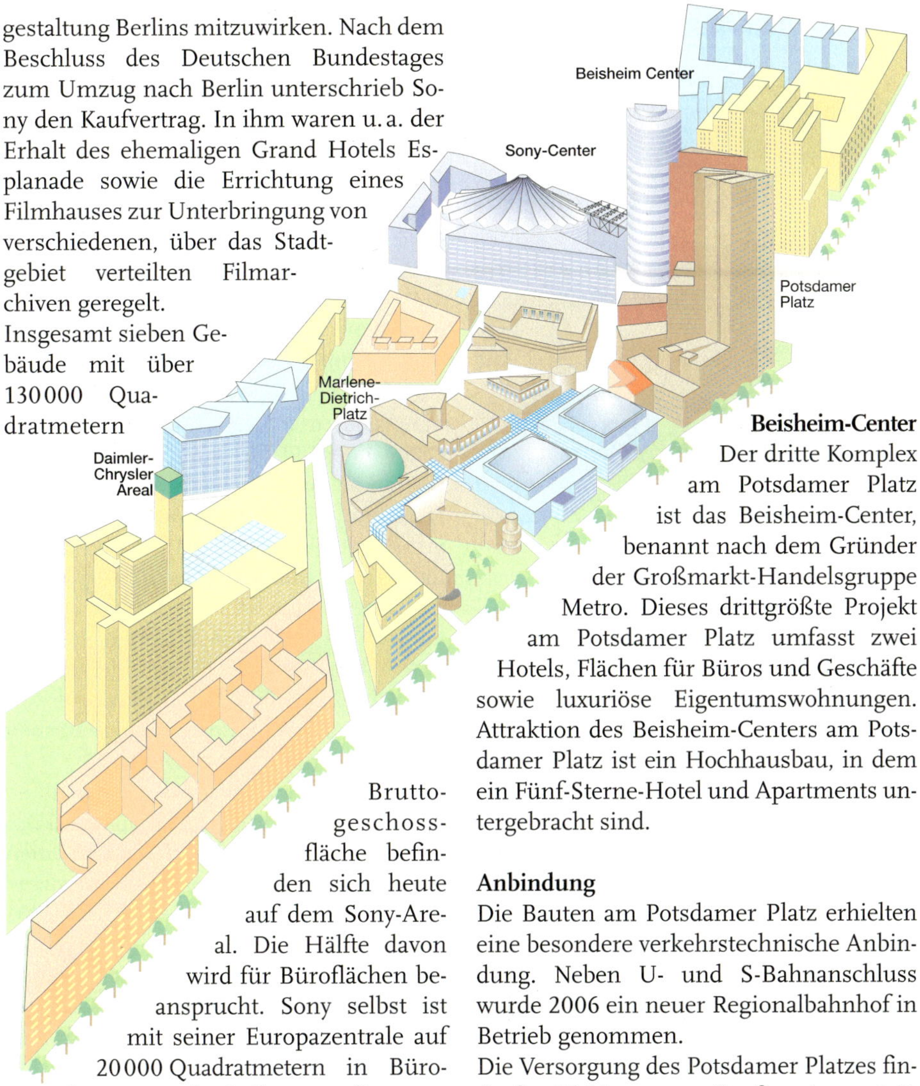

Beisheim-Center
Der dritte Komplex am Potsdamer Platz ist das Beisheim-Center, benannt nach dem Gründer der Großmarkt-Handelsgruppe Metro. Dieses drittgrößte Projekt am Potsdamer Platz umfasst zwei Hotels, Flächen für Büros und Geschäfte sowie luxuriöse Eigentumswohnungen. Attraktion des Beisheim-Centers am Potsdamer Platz ist ein Hochhausbau, in dem ein Fünf-Sterne-Hotel und Apartments untergebracht sind.

M4 Sony-Center

Anbindung
Die Bauten am Potsdamer Platz erhielten eine besondere verkehrstechnische Anbindung. Neben U- und S-Bahnanschluss wurde 2006 ein neuer Regionalbahnhof in Betrieb genommen.
Die Versorgung des Potsdamer Platzes findet fast 20 Meter unter Straßenniveau statt. Hier wurde eine 4500 Quadratmeter große Halle errichtet. 15 Rampen und sieben Haltebuchten stehen für an- und abfahrende Lkws bereit. Die Versorgung der Geschäfte, Gastronomie und Hotels wird im Untergrund gesteuert. Hier werden bis zu 260 Lkws täglich abgefertigt, die sonst durch die Straßen und Fußgängerzonen des Potsdamer Platzes fahren müssten. Die Logistik des neuen Stadtviertels hat weltweit Interessenten gefunden, die andernorts Ähnliches bauen wollen.

M5 Gastronomie

1. Erläutere die Gestaltung und Nutzung des Potsdamer Platzes.
2. Nenne anhand von Beispielen Bereiche, in denen neue Arbeitsplätze entstanden sind.
3. Erkunde die Gestaltung des Leipziger Platzes und ermittle die Nutzung seiner Gebäude.

Messe- und Kongressstadt Berlin

M1 Messehallen unter dem Funkturm

M2 Das ICC

M3 Hotel Adlon am Pariser Platz

Bereits in den 1920er-Jahren zogen Funkausstellung, Grüne Woche und Automobilausstellung viele Besucher nach Berlin. Seit dieser Zeit besteht auch das Messegelände am Funkturm, das während der Teilung Deutschlands an den Rand der europäischen Messelandschaft gedrängt war. Trotzdem konnte sich Berlin bereits seit den 1970er-Jahren zu einem anerkannten internationalen Messeplatz entwickeln. Die Entscheidung für Berlin als Bundeshauptstadt und Regierungssitz sowie die Osterweiterung der Europäischen Union verstärken national wie international die Bedeutung Berlins als Messe- und Kongressstadt. Von 1991 bis 1999 sind in Berlin 20 neue Messehallen mit 80 000 Quadratmetern Nutzfläche entstanden. Der Umbau hat rund 900 Millionen Euro gekostet. Die Hallenfläche des Messegeländes wurde auf 160 000 Quadratmeter verdoppelt und liegt unter den deutschen Messestädten an sechster Stelle.

Im Jahr 2000 erzielte die Messe Berlin einen Umsatz von rund 115 Millionen Euro und mit rund 23 500 Ausstellern einen neuen Höchstwert, davon über 43 Prozent ausländische. Die Besucherzahl lag 2001 bei über einer Million Fach- und Privatbesuchern. Die Bedeutung des Messeplatzes Berlin für die Länder Mittel- und Osteuropas unterstreicht der hohe Anteil an ausländischen Ausstellern (bis zu 23 %) und Fachbesuchern (durchschnittlich ein Drittel) aus dieser Region.

Der Kongressstandort Berlin ist unangefochten die Nr. 1 in Deutschland und hat seine Position unter den wichtigsten Kongressstädten der Welt gehalten. Das Internationale Congress Centrum ICC Berlin behauptete seine führende internationale Position mit über 660 Kongressen, Tagungen und Seminaren. Bei diesen Kongressveranstaltungen, von denen über 70 mehr als 1000 Teilnehmer zählten, wurden insgesamt über eine viertel Million Teilnehmer registriert.

Seit 1999 gibt es in Neukölln mit dem Estrel Hotel Berlin, dem größten Hotel Deutschlands, ein privat geführtes Congress- und Convention-Center für Veranstaltungen mit bis zu 6000 Teilnehmern.

Durch ihre Messe- und Kongressveranstaltungen leistet die Messe Berlin einen bedeutenden Beitrag zur Entwicklung des Wirtschaftsstandorts Berlin. So wird eine jährliche Erhöhung der Kaufkraft von rund 500 Millionen Euro bewirkt. Nach Messeangaben werden bis 2015 im ICC 200 Großveranstaltungen stattfinden.

Tourismus

Einträglich für Berlin ist ebenso der Tourismus. Erstmalig in der Geschichte Berlins wurde im Jahr 2000 die Zahl von zehn Millionen Übernachtungen überschritten. Die Zahl der Gäste lag bei fünf Millionen, rund ein Viertel aus dem Ausland. Berlin ist damit hinter London, Paris und Rom unter den europäischen Hauptstädten auf den vierten Platz vorgerückt. Nicht erfasst werden die zahlreichen Besucher, die privat übernachten. Fachleute schätzen ihren Anteil auf etwa acht Millionen. Bei einer durchschnittlichen Aufenthaltsdauer von knapp vier Tagen bedeutet dies über 30 Millionen Übernachtungen. Die Zahl der Tagesbesucher beträgt einschließlich der rund sieben Millionen Tagesgeschäftsreisenden jährlich ungefähr 75 Millionen. Diese Zielgruppe gibt in Berlin jährlich über 1,8 Milliarden Euro aus. Seit Sommer 2005 hat Berlin 81 000 Hotelbetten in über 550 Beherbergungsbetrieben. Damit hat Berlin mehr Hotelbetten als New York. Die Auslastung lag bei knapp 50 Prozent. Weitere 10 000 bis 12 000 Hotelbetten werden in den nächsten Jahren hinzukommen. Nahezu alle internationalen Hotelgesellschaften sind an einem Standort in Berlin interessiert.

Der Tourismus ist in Berlin zu einem der wichtigsten Wirtschaftsbereiche geworden. Der durch alle Berlin-Besucher erzeugte Umsatz ist auf rund vier Milliarden Euro gestiegen. Jeder beruflich übernachtende Gast gibt pro Tag durchschnittlich 150 Euro aus, die Tagesausflügler lassen pro Tag durchschnittlich 25 Euro in der Stadt, die Tagesgeschäftsreisenden 40 Euro.

In Berlin hängen rund 50 000 Arbeitsplätze im Gastgewerbe, aber auch in anderen Dienstleistungsbereichen direkt oder indirekt vom Tourismus ab, der sich damit zu einem starken Motor für den Dienstleistungssektor entwickelt hat.

Ort	Ausstellungsfläche (brutto in m²)	
	Halle	Freigelände
Hannover	495 265	57 880
Frankfurt am Main	324 277	83 163
Köln	286 000	52 000
Düsseldorf	252 214	32 500
München	180 000	103 000
Berlin	160 000	100 000
Nürnberg	152 000	–
Essen	110 000	20 000
Leipzig	101 200	69 998

M4 Messeplatz Deutschland 2005

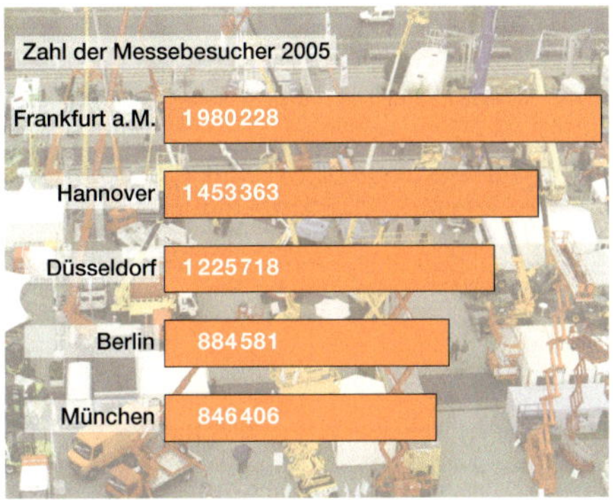

M5 Messestädte mit internationalen und überregionalen Messen in Deutschland

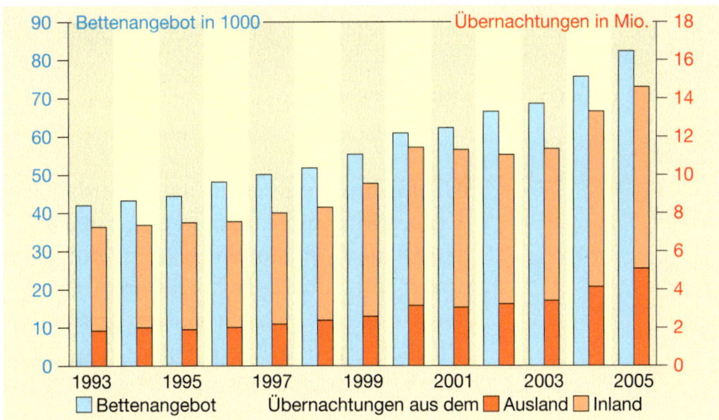

M6 Gastgewerbe in Berlin

1. Vergleiche Berlin mit anderen Messeplätzen in Deutschland und Europa. Wo liegen die Stärken des Berliner Messeplatzes?
2. Bewerte die Bedeutung des Gastgewerbes für die Berliner Wirtschaft.
3. Informiere dich über eine Berliner Messe im Internet www.auma-messen.de (Aussteller, Besucher, Branchen, Angebote usw.).

Veränderungen im stadtnahen Raum

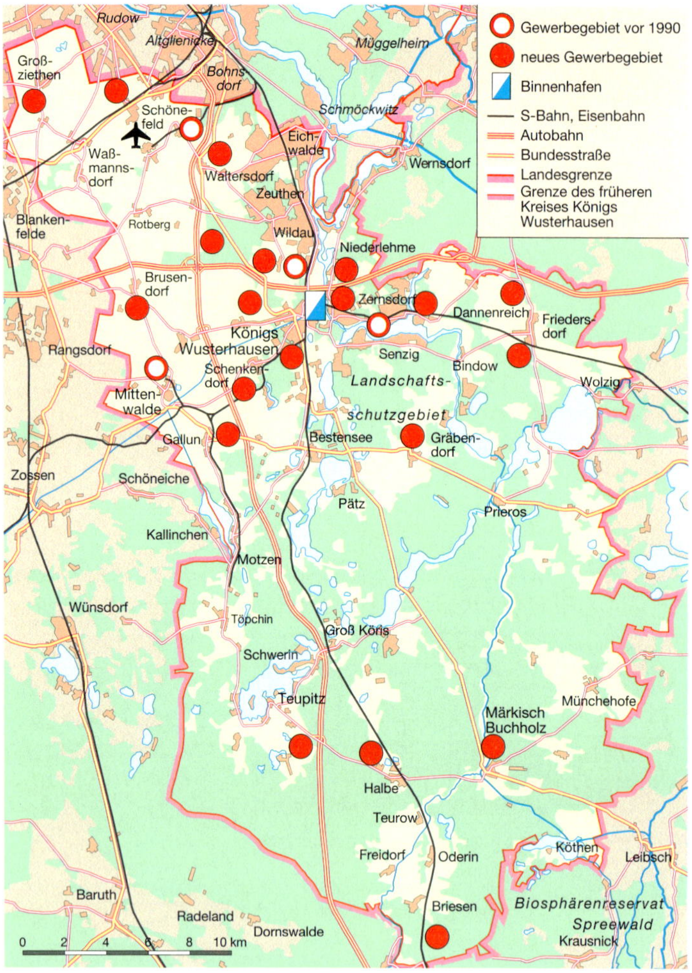

M1 Industrie- und Gewerbestandorte 1995

Überall im Berliner Umland werden Gewerbeparks und Einkaufszentren geplant, entlegenere Regionen warten hingegen meist sehnsüchtig auf Investoren. Das Interesse der Investoren richtet sich hauptsächlich auf den Raum Potsdam und das südliche Umland; im nördlichen Umland ist die Nachfrage wesentlich geringer. Die Interessenten kommen zum großen Teil aus Berlin. Sie suchen größere Flächen für ihre Betriebe, wollen in der Nähe ihrer Kunden bleiben und rechnen mit niedrigeren Grundstückskosten im Vergleich zu Berlin. Charakteristische Entwicklungen lassen sich im Norden des Landkreises Dahme-Spreewald aufzeigen. Er gehört zum engeren Verflechtungsbereich, der bis zu 50 Kilometer vom Mittelpunkt Berlins entfernt ist. In diesem Nordbereich des Landkreises, der ungefähr dem ehemaligen Landkreis Königs Wusterhausen entspricht, lebten 2004 etwa 67 Prozent der Bevölkerung auf etwa 21 Prozent der Fläche des Landkreises Dahme-Spreewald.

Das Gebiet hat eine Fläche von etwa 600 Quadratkilometern. Wald und landwirtschaftliche Flächen, die seit 1993 zu etwa einem Drittel nicht genutzt werden (Stilllegungen im Rahmen der EU-Agrarpolitik), nehmen etwa 80 Prozent der Fläche ein. Das Gebiet ist durch Autobahnen, Fernstraßen und Eisenbahnstrecken gut erschlossen. Die Stadt Königs Wusterhausen ist Endpunkt der S-Bahnlinie S 6 und Standort des größten Binnenhafens in Brandenburg. Im Nordwesten befindet sich der Flughafen Schönefeld, der zum Verkehrsflughafen Berlin-Brandenburg International ausgebaut werden soll.

Zu den traditionellen größeren gewerblich-industriellen Betrieben gehören die Schwermaschinen AG Wildau, das Kalksandsteinwerk in Niederlehme, die Zernsdorfer Beton- und Dachstoff GmbH, die Möbel GmbH Zernsdorf sowie die Firma Untergrundspeicher (für Erdgas) in Mittenwalde.

Bereits von 1991 bis 1993 siedelten sich Gewerbe- und Handelsbetriebe im Norden des Landkreises an: Handelsgebiet in Waltersdorf, Preussag Gasanlagenbau und Viessmann Heizkesselbau in Mittenwalde, Logistikzentrum für die neuen Länder einer Einzelhandelskette in Mittenwalde; Beginn der Besiedlung der Gewerbegebiete Königs Wusterhausen Nord und Kiekebusch. In dieser Phase sind über 4500 Arbeitsplätze entstanden.

Eine Sonderstellung nimmt das Handelsgebiet Waltersdorf ein. Auf einer Fläche von 45 Hektar haben sich mehrere große Möbelhäuser, ein Teppichhandel, ein Spielwarenanbieter, ein Baumarkt und ein Handelshaus für Elektrogeräte niedergelassen. Busse im Stundentakt sorgen für die Erreichbarkeit mit öffentlichen Verkehrsmitteln. Autofahrer erreichen die rund 4000 Parkplätze über die Ausfahrt Grünau. Für die Beschäftigten und andere Interessenten wurden Wohnungen gebaut.

Solche Handelsgebiete sind umstritten. Die einen meinen, dass sie dem bequemen und preiswerten Einkaufsvergnügen wegen des attraktiven Branchenmixes dienen würden. Die anderen geben zu bedenken, dass durch sie überflüssiger Verkehr erzeugt würde und innerstädtische Arbeitsplätze gefährdet bzw. vernichtet würden. Eine andere Konzeption gilt für die „A10-Center und A10-Erlebniswelt“ in Wildau. Mit Fitness-Studios, Bowling, Großdisko, Kinowelt und Gastronomie wird der Einkauf zum Freizeiterlebnis für die ganze Familie. Weitere Gewerbegebiete sind entstanden oder befinden sich in Entwicklung. Hinzu kommen Schwerpunktorte des Wohnungsbaus, meist mit Einfamilien- und Reihenhäusern.

Landes- und Regionalplanung verfolgen das Ziel, mittlere und kleinere Gewerbebetriebe anzusiedeln, um einen vielfältigen Branchenmix zu erreichen.

Die Verkehrsachsen sollen als Leitlinien für die Ansiedlung von Betrieben dienen. Der Wohnungsbau soll vor allem an der S-Bahn gefördert werden. Die Gebiete entlang der Seenketten gehören großenteils zu Landschaftsschutzgebieten. Diese Schutzgebiete sollen vorzugsweise der Erholung dienen.

M2 Aus dem raumordnerischen Leitbild für Berlin-Brandenburg

Der engere Verflechtungsraum hat eine Ergänzungsaufgabe für Berlin. Es sind Flächennutzungen vorgesehen, die nicht oder nicht in vollem Umfang in Berlin wahrgenommen werden können. Hierzu zählen z. B. die Ansiedlung von Gewerbebetrieben mit hohem Flächenbedarf. Die Sicherung des Freiraums hat hohe Bedeutung. Zentren wie Königs Wusterhausen sollen die Flächennachfrage steuern.

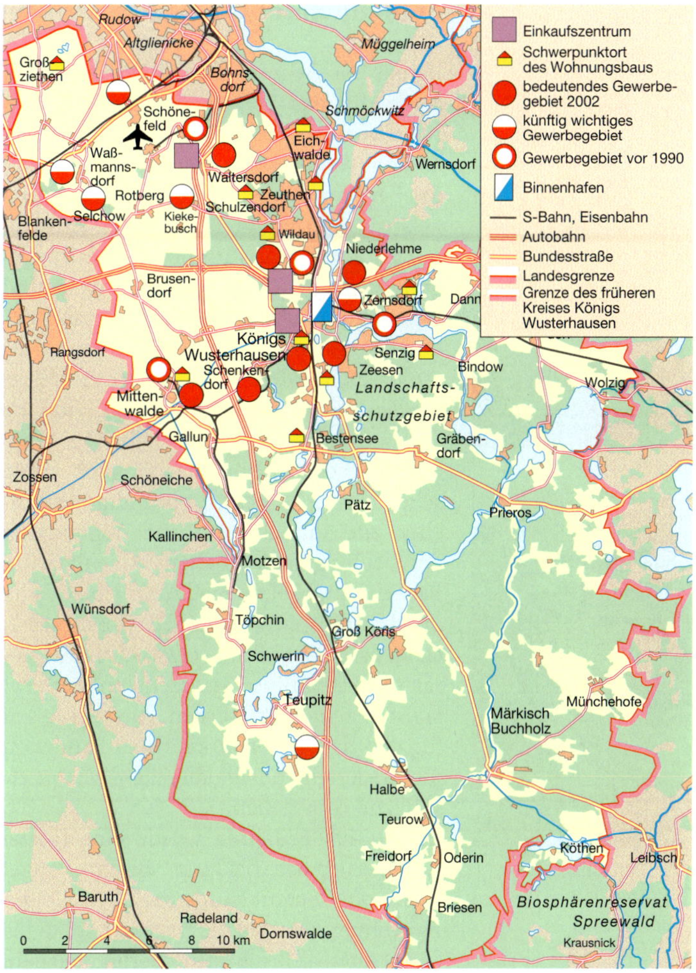

M3 Industrie- und Gewerbestandorte 2004

	Nordbereich	übriger Bereich	LDS gesamt
1990	85 702	56 710	142 412
1995	89 651	55 339	144 990
2004	108 467	52 712	161 179

M4 Bevölkerungsentwicklung im Landkreis Dahme-Spreewald

1. Beschreibe die naturräumlichen Gegebenheiten und die Verkehrserschließung im Norden des Landkreises Dahme-Spreewald.
2. Untersuche, ob die Gewerbegebiete und die Schwerpunktorte des Wohnungsbaus die landes- und regionalplanerischen Vorgaben erfüllen.
3. Erörtert mögliche Folgen eines Großflughafens Berlin-Brandenburg International für Wirtschaft, Landwirtschaft, Wohnungsbau und Tourismus in der Region.
4. Vergleiche die Entwicklung der Industrie- und Gewerbestandorte im Nordteil des Landkreises Dahme-Spreewald in der zweiten Hälfte der 1990er-Jahre anhand der beiden Karten.

Planungen für die Region Berlin-Brandenburg

M1 Einkaufszentrum Waltersdorf

Bereits zu Beginn des 20. Jahrhunderts wurde für das Berliner Umland geplant. Noch vor der Bildung Groß-Berlins 1920 fanden Wettbewerbe mit dem Ziel statt, das Berliner Umland vor einer Zersiedlung zu schützen und die flächenhafte Ausdehnung Berlins abzustimmen. Erste Überlegungen gingen noch von einem Wald- und Wiesengürtel um die Stadt Berlin aus, der durch strahlenförmige Verkehrstrassen erschlossen werden sollte. Hiermit sollten landwirtschaftliche Nutzflächen für die Versorgung Berlins und stadtnahe Erholungsflächen erhalten bleiben. Auch wurde schon daran gedacht, notwendige Freiflächen zur Auflockerung und Abgrenzung der Siedlungen zu erhalten. Das mit Grünflächen durchsetzte Siedlungsgebiet sollte durch rund zwei Dutzend S-Bahn-Strecken, deren Endpunkte etwa 40 bis 50 Kilometer vom Berliner Stadtzentrum entfernt lagen, erschlossen werden. Ausfallstraßen für den damals noch kaum vorhandenen motorisierten Individualverkehr waren ergänzend vorgesehen.

In den 1930er-Jahren wurde eine rasche Bevölkerungsentwicklung Berlins angenommen. Geplant wurde für 7,5 Millionen Einwohner. Das Siedlungsgebiet sollte bis zum Autobahnring um Berlin reichen. Schwerpunkte der Planungen waren der Osten und der Süden Berlins. Die Planungen sahen Wohnbauten für über eine Million Einwohner vor, später sogar für rund zwei Millionen Menschen. 6500 Hektar waren für die Ansiedlung von rund einer Million Einwohnern vorgesehen. Ohne Grünflächen sollten die Siedlungen sich direkt an das Berliner Stadtgebiet anschließen. Neu an den Planungen war, dass sie bereits den Individualverkehr mit Pkws vorsahen.

Die besondere politische Situation Berlins nach dem Zweiten Weltkrieg hatte Auswirkungen auf den Ballungsraum. Hierzu zählt die schrittweise Einschränkung der Nutzung des Grundbesitzes im Umland durch die Bewohner des ehemaligen Westteils der Stadt. Die Nutzung der schätzungsweise 40 000 Parzellen in Kleingarten- und Wochenendkolonien des Umlands wurden unterbunden. Eine Ausweitung der Siedlungsfläche war durch den politischen Status Berlins nicht mehr möglich. Ähnlich einschneidend für die Entwicklung des Berliner Umlands wirkte sich die Abwanderung der Bevölkerung aus. Bis zu 50 Prozent der Bewohner verließen das Umland. Die Pendlerbeziehungen zwischen Umland und der geteilten Stadt sanken drastisch, da die Verlagerung politischer Einrichtungen und von Industriebetrieben aus dem ehemaligen Westteil Berlins ins westliche Bundesgebiet zu einer Schwächung der Wirtschaft führte.

Der Bau der Mauer isolierte ab 1961 den Westteil Berlins. Die Umlandverbindungen waren unterbrochen. Das westliche Umland Berlins war auch vom ehemaligen Ostteil nur noch umständlich zu erreichen, da der abgesperrte Westteil Berlins umfahren werden musste. Stadt-Umland-Planungen wurden nur noch für den Ostteil Berlins vorgenommen.

Im Sommer 1990, noch vor der Vereinigung Deutschlands, legte ein Regionalausschuss Grundlagen und Zielvorstellungen für die Entwicklung der Region Berlin vor. Eine ringförmige Ausbreitung der Siedlungsfläche um Berlin sollte vermieden werden. Zwischen den Siedlungsbändern sollten Freiräume erhalten bleiben. Mit dem Schwerpunkt der baulichen Entwicklung in den Siedlungsbändern sollte eine Auslastung des öffentlichen Personennahverkehrs erreicht werden. Da die Planungen der frühen 1990er-Jahre kaum die Umlandgemeinden Berlins eingebunden haben, musste die Wirksamkeit gegenüber den tatsächlichen Entwicklungen begrenzt bleiben. Aufgrund des Planungsrechts wurden vor Ort Entscheidungen getroffen, die sich auf den gesamten Verflechtungsraum auswirkten. Unabgestimmt wurde die Errichtung von Einkaufsmärkten, Wohnsiedlungen und Gewerbegebieten ermöglicht, die zu einer deutlichen Zersiedlung des Berliner Umlands führte.

Erst Mitte der 1990er-Jahre wurde ein gemeinsames Landesentwicklungsprogramm Berlin-Brandenburg vorgelegt. Kern der Planungen ist es, dass die Länder Berlin

M2 Teilräume des gemeinsamen Planungsraums
Die Stadt Berlin hat die Funktion als Kern des Gesamtraumes zu erfüllen. Sie ist daher als Wirtschafts- und Wissenschaftszentrum zu stärken. Es ist zu gewährleisten, dass innerhalb Berlins das Wohnen nicht verdrängt wird und ein Grundbestand industrieller Fertigung erhalten bleibt. Der engere Verflechtungsraum hat eine Ergänzungsaufgabe für Berlin. Es sind Flächennutzungen vorgesehen, die nicht oder nicht in vollem Umfang in Berlin wahrgenommen werden können. Hierzu zählen z. B. die Ansiedlung von Gewerbebetrieben mit hohem Flächenbedarf. Die Sicherung des Freiraums hat hohe Bedeutung. Die acht Zentren sollen die Flächennachfrage steuern. Sie unterscheiden sich damit von den Orten mit besonderem Handlungsbedarf, der sich aus alten Industrieflächen und militärischen Anlagen ergibt.
Der äußere Entwicklungsraum Brandenburgs gehört zu den Regionen mit der geringsten Bevölkerungsdichte Deutschlands. Er wird geprägt durch ländliche Gebiete und Kleinstädte sowie vereinzelte gewerbliche Standorte. Zur Entwicklung der Wirtschaft und Stabilisierung der Bevölkerungszahl sind Förderprogramme erforderlich. Die sechs regionalen Entwicklungszentren des Städtekranzes liegen in 60 bis 100 Kilometern Entfernung um Berlin. Ihre Entfernung von Berlin sichert ihnen einerseits eine eigenständige Entwicklung, andererseits sind sie nah genug an Berlin, um vom Vorhandensein der Wirtschafts- und Forschungseinrichtungen in Berlin profitieren zu können. Die fünf regionalen Zentren des äußeren Entwicklungsraumes sollen die Wirtschafts- und Bevölkerungsentwicklung festigen. Die elf industriell-gewerblichen Entwicklungsstandorte sind schließlich typisch für die Wirtschaftsstruktur Brandenburgs mit einzelnen größeren Industrieansiedlungen in relativ kleinen Städten. Ihre Förderung soll die Wirtschaftskraft des äußeren Entwicklungsraums stärken.

und Brandenburg eine auf Dauer angelegte Raumordnung und Landesplanung für das gesamte Hoheitsgebiet beider Länder entwerfen, die Voraussetzungen für eine ausgewogene Verteilung der Entwicklungsmöglichkeiten zwischen Berlin, dem Verflechtungsraum und den überwiegend ländlich geprägten äußeren Landesteilen Brandenburgs schaffen und damit die verfassungsgemäßen gleichwertigen Lebensverhältnisse in allen Teilräumen des Planungsraums ermöglichen.

Seit 2005 kehrt Ernüchterung in die Landesplanung. Die geringe wirtschaftliche Entwicklung der Randgebiete Brandenburgs und der Rückgang der Bevölkerung erfordern ein Umdenken: „Die Stärken stärken“ – so lautet nun der Leitsatz. Vor allem Städte im Verflechtungsraum sollen gefördert werden.

1. Lege Skizzen der verschiedenen raumplanerischen Ordnungsmodelle des Berliner Umlands an.
2. Beschreibe anhand ausgewählter Beispiele im Verflechtungsraum Gefahren, die von einer fehlenden Raumplanung ausgehen können.
3. Erkläre das raumordnerische Leitbild Berlin-Brandenburg. Gehe auch auf aktuelle Entwicklungen ein.

M3 Raumordnerisches Leitbild Berlin-Brandenburg

Wirtschaftsräume in Deutschland

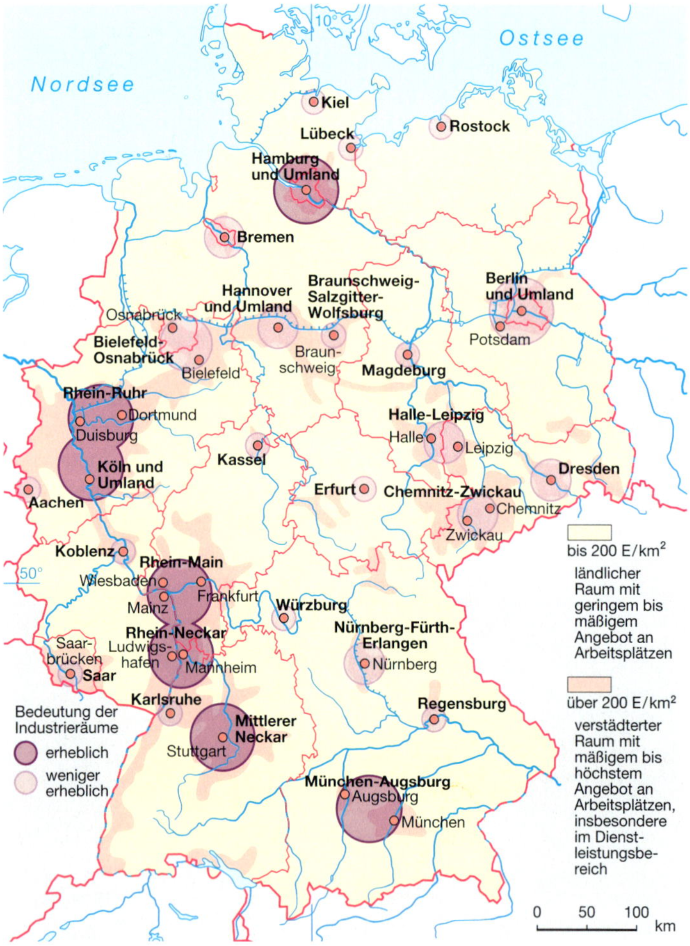

M1 Wirtschaftsräume in Deutschland

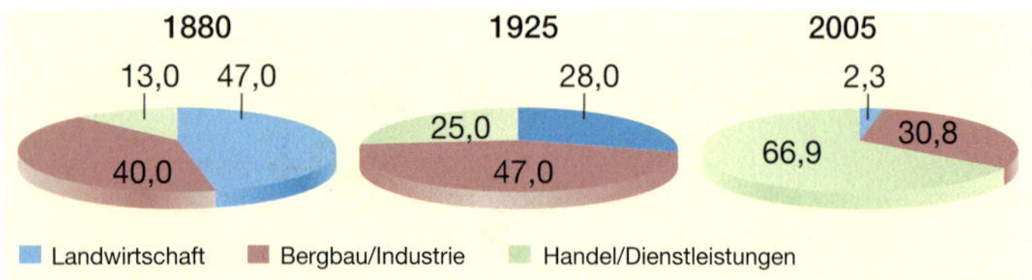

M2 Erwerbstätige nach Wirtschaftssektoren (in %)

M3 Wachstumsbranche Dienstleistungen

Deutschland ist ein wirtschaftlich hoch entwickeltes Land. Die Güterproduktion und die Dienstleistungen sind durch eine breite Branchenstruktur gekennzeichnet, deren Standorte in unterschiedlicher Dichte und Anordnung über das Territorium verteilt sind. Ballungsgebiete und ländliche Räume bestimmen die räumliche Ordnung. Wie sieht das Grundmuster der wirtschaftsräumlichen Gliederung aus und welche Kräfte haben es herausgebildet?

Von der Agrar- zur Dienstleistungsgesellschaft

Seit der zweiten Hälfte des 19. Jahrhunderts entwickelte sich Deutschland sehr schnell von einem Agrar- zu einem Industriestaat. Im Rahmen vielfältiger natürlicher Voraussetzungen und unter der Wirkung historischer und politischer Verhältnisse, vor allem im Bildungswesen, bildete sich das Grundmuster der industriellen Ballungsgebiete heraus.
Die Industrialisierung brachte den Übergang von der handwerklichen Einzelfertigung in häuslichen Werkstätten zur arbeitsteiligen Massenproduktion in Fabriken. Die maschinellen Produktionsverfahren schufen viele Arbeitsplätze. Es kam zu einer dichten Ansiedlung von Menschen, Industrie, Verkehr und Dienstleistungen in großen Städten.

Globalisierung

Seit Jahrzehnten verändern sich mit zunehmendem Tempo die Bedingungen für die industrielle Produktion und für den Dienstleistungsbereich. Weltweiter Wettbewerb sowie offenen Märkten und wachsende Beweglichkeit von Menschen, Gütern, Kapital und Informationen führen zur Globalisierung.
Hochwertige Dienstleistungen sind nicht mehr an einen Ort gebunden. Informationen und Wissen werden zum entscheidenden Produktionsfaktor. Viele neue Tätigkeiten beruhen auf einer hochwertigen Ausstattung mit Transport-, Informations- sowie Kommunikationstechniken. Die Dienstleistungsgesellschaft ist auf Informations- und Wissensvermittlung angewiesen.

Wirtschaftsraum (Einw. in Mio.)	Einflussfaktoren der Standortbildung	Standortprofil Wirtschaftszweige (wichtige Branchen) GP = Grund- und Produktionsgüter-, I = Investitionsgüter-, V = Verbrauchsgüter-, NG = Nahrungsgüterindustrie; HD = hochrangige, KD = konsumorientierte Dienstleistungen
Hamburg und Umgebung (3,0)	Seehafen, gute Verkehrsanbindung zum Hinterland, Wärmekraftwerke, Hochschulen	GP: Erdölverarbeitung, Buntmetall-, Aluminiumherstellung; I: Schiff-, Flugzeug-, Maschinenbau, Chemie; V: Elektrotechnik, Fahrzeugbau, Druckerei; NG; HD; KD
Rhein-Ruhr (10,0)	Bergbau, gute Verkehrsanbindung, Wärmekraftwerke, Hochschulen	Steinkohle; GP: Stahl-, Buntmetallherstellung, Gießerei, Erdölverarbeitung, Chemie; I: Maschinenbau; V: Metall, Fahrzeugbau, Elektrotechnik; NG; KD
Berlin und Umgebung (4,0)	Randlage, gute Verkehrsanbindung, Hochschulen, Bundeshauptstadt	I: Chemie, Metall, Maschinenbau; V: Elektrotechnik, Elektronik, Feinmechanik, Optik, Fahrzeugbau, Druckerei, Textilien, Bekleidung; NG; HD (Bundesregierung); KD
München–Augsburg (3,0)	gute Verkehrsanbindung, Großflughafen, Hochschulen, hoher Freizeitwert	GP: Chemie; I: Maschinenbau, Hightech, Luft- und Raumfahrttechnik; V: Elektronik, Elektrotechnik, Feinmechanik, Fahrzeug-, Schienenfahrzeugbau, Zellulose, Papier, Textilien, Bekleidung; NG; HD; KD

M4 Ausgewählte Wirtschaftsstandorte in Deutschland

Flächenanspruch der Wirtschaft

Land- und Forstwirtschaft haben einen großen, Bergbau, Industrie und Verkehrseinrichtungen hingegen einen kleineren Flächenbedarf. Am geringsten ist der Flächenanspruch des Dienstleistungsbereichs. Bei einer Ballung von Standorten ergeben sich Kostenvorteile, die zum Beispiel von Gewerbegebieten und Geschäftsvierteln genutzt werden. Erfasst der Ballungsvorgang ein großes Gebiet, dann entwickelt sich meist ein Industrieraum.

Industriestandorte in Deutschland

Die Wahl des Standortes der Gütererzeugung hat Einfluss auf den wirtschaftlichen Erfolg eines Unternehmens. Früher war häufig die Verfügbarkeit von Rohstoffen ausschlaggebend. Heute sind bei der Standortwahl vor allem der Ausbildungsgrad der Menschen sowie die Qualität der Verkehrs- und Kommunikationsstruktur wichtige Einflussfaktoren. Hightech-Industrien sind nahezu unabhängig von Rohstoffen. Die Konkurrenz auf weltweiten Märkten erfordert kostensenkende Produktionsverfahren. Eine Verschlankung des Unternehmens durch Just-in-time-Produktion, bei der Lastwagen zu rollenden Lagerhäusern werden, ist ein Lösungsversuch.

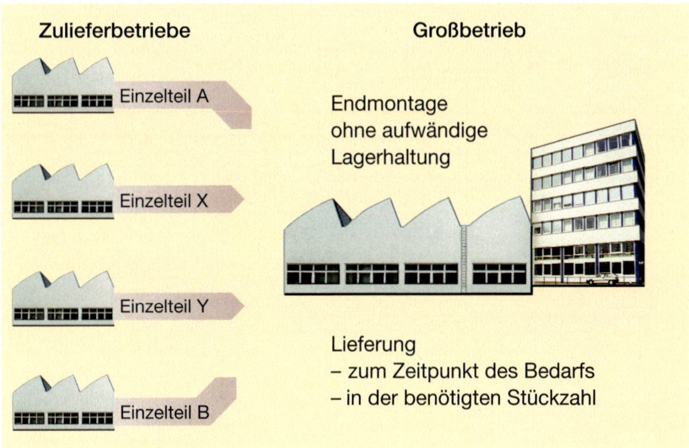

M5 Just-in-time-Produktion

1. Beschreibe das Grundmuster der wirtschaftsräumlichen Gliederung Deutschlands (M1, Atlas).
2. Erklärt an Beispielen die Herausbildung von Wirtschaftsräumen (M1, M4, Atlas).
3. Berichte über Veränderungen in der Arbeitswelt seit Mitte des 19. Jahrhunderts (M3, M5).
4. Erläutert in Gruppenarbeit die Standortbedingungen ausgewählter Industriestandorte (M4, Atlas).
5. Vergleiche den Flächenanspruch der Wirtschaftssektoren.

Von der schwarzen zur weißen Industrie

M1 „Altes" Industrierevier, Zeche Zollern in Dortmund

Gemessen an Produktion und Entwicklungsstand gehört Deutschland nach den USA und Japan zu den „ökonomischen Riesen" der Welt. Müßig zu sagen, dass es aber mit dem Deutschland des 19. Jahrhunderts nicht mehr viel gemeinsam hat. Grund dafür ist die Veränderung der Standortfaktoren:

Angaben in %	Fläche		Einwohner		BIP	
a=1974; b=2005	a	b	a	b	a	b
Baden-Württ.	14,0	10,0	15	13,0	15	14,6
Bayern	28,0	20,0	17	15,1	16	17,7
Berlin	0,2	0,3	3	4,1	4	3,6
Brandenburg	–	8,3	–	3,1	–	2,1
Bremen	0,2	0,1	1	0,8	1	1,1
Hamburg	0,3	0,2	3	2,1	5	3,6
Hessen	9,0	6,0	9	7,4	9	9,0
Meckl.-Vorpom.	–	6,5	–	2,1	–	1,4
Niedersachsen	19,0	13,0	12	9,7	10	8,5
Nordrhein-Westf.	14,0	9,5	28	21,9	29	22,1
Rheinland-Pfalz	8,0	5,5	6	4,9	6	4,4
Saarland	1,0	0,7	2	1,3	1	1,2
Sachsen	–	5,0	–	5,2	–	3,7
Sachsen-Anhalt	–	6,0	–	3,0	–	2,1
Schleswig-Holst.	6,3	4,4	4	3,4	3	3,0
Thüringen	–	4,5	–	2,9	–	1,9

M2 Anteile der Länder am Bundesgebiet

Im Zeitalter der industriellen Revolution (etwa 1760 bis 1850) war die Industrie rohstoff-, energie-, verkehrs-, arbeits- und absatzorientiert. Rohstoffe und Energie bildeten die Grundlage für die Schwerindustrie in den Mittelgebirgsregionen. Hier nutzte man die Energie gefällereicher Bäche und Flüsse. Als weiterer Gunstfaktor erwies sich die Lage an schiffbaren Gewässern und an Eisenbahnlinien. Arbeitskräfte standen dort ausreichend und billig zur Verfügung, wo die landwirtschaftlichen Erträge nicht ausreichten und die Menschen zur Abwanderung zwangen.

Dieses räumliche Angebot an Produktionsfaktoren reicht aber zur Erklärung der traditionellen Standorte nicht aus. Die hochindustrielle Phase des 19. Jahrhunderts unterschied sich von den vorindustriellen Produktionsformen (Handwerk, Hausindustrie und Manufaktur) besonders durch die Herstellung von Gütern in großer Zahl und Menge (Massenproduktion). Arbeitsteilige Verfahrensweisen und der Einsatz von Maschinen kamen hinzu. Gerade Erfindungen wie die Spinning Jenny (1764) und die Dampfmaschine (1769) werden häufig als eigentliche Ursache der industriellen Revolution genannt. Es ist kein Zufall, dass diese „Revolution" in England begann: Aufgrund des Holzmangels infolge frühzeitiger Entwaldung setzte man Koks statt Holzkohle zur Verhüttung ein. Damit begann der Aufstieg der Schwerindustrie früher als auf dem Festland.

Der Erfindergeist Gottlieb Daimlers ließ die Automobilindustrie im Raum Stuttgart entstehen. Mit der Fähigkeit, rationellere Produktionsmethoden zu entwickeln, schuf Adam Opel aus der eigenen Nähmaschinen- und Fahrradfabrik in Rüsselsheim ein weiteres Zentrum der Autoindustrie.

Der Maschinenbau zählt in Deutschland bezüglich seines Umfangs, seiner Vielfalt, seines Spezialisierungsgrades und seiner Stellung als Exportindustrie noch heute zu den tragenden Säulen der Wirtschaft. Er ist vorwiegend in größeren Städten Deutschlands konzentriert. Technologische Weiterentwicklungen und die fortschreitende Differenzierung im Arbeitsprozess zeigten schon früh die Vorteile einer Verbundwirt-

schaft, d. h. den Aufbau vielfältiger Verbindungen zwischen den einzelnen Schwerindustriestandorten. Dies wiederum führte zu so genannten „Industrieballungen" in Form von großflächigen „Industrierevieren" (z. B. das Ruhrgebiet) und schmalen „Industriegassen" (z. B. der Unterelbe- oder der Unterweserraum).
Die heimischen Rohstoffe haben ihre einstige Bedeutung verloren. Die Unbeweglichkeit der Schwerindustrie, ihr hoher Investitionsbedarf, neue Energieträger, veränderte Ansprüche des Marktes nach neuen Produkten forderten eine größere Produktvielfalt (Diversifizierung), neue Fertigungsmethoden und Fertigungstiefen. Das Just-in-time-Konzept führte zu einer engen Verflechtung von Zulieferern und Abnehmern. Unternehmen schlossen sich in horizontalen (gleiche Produktionsstufe) und vertikalen (vom Rohstoff bis zum Endprodukt) Konzentrationen zusammen und gründeten Filialstandorte („verlängerte Werkbänke"). Wachsender Konkurrenzdruck zwang die Unternehmen zur Rationalisierung und Automation (2. Phase der industriellen Revolution).
Heute sind rationale Faktoren, allen voran Kosten, und Analysen von Standortalternativen bei der Wahl des (regionalen) Makro- und (lokalen) Mikrostandortes ausschlaggebend. Daneben spielen auch politische (u. a. EU-Binnenmarkt) und psychologische Gründe eine Rolle.
Traditionelle Gunsträume verlieren ihre Vorzüge, die alten Schwerindustrieregionen zählen nun zu den von tiefen Krisen betroffenen Regionen. Neue Wirtschaftsräume, z. B. in Süddeutschland, und deren „weiche" Standortfaktoren (Freizeitwert, gesunde Umwelt, Wohnqualität, Nähe zu Bildungs-, Ausbildungs- und Forschungseinrichtungen) gewinnen an Bedeutung für die „footloose industries", gefördert mit öffentlichen Mitteln und Vorleistungen im Bereich der Infrastruktur.
Steigende Spezialisierung ließ mehr und mehr Dienstleistungs- und Handelsunternehmen entstehen. Nach Ansicht von Experten befinden wir uns bereits in einer nachindustriellen Dienstleistungsgesellschaft. Die Entwicklung „weg von den Rohstoffen – hin zu Hightech", die Mikroelektronik und Informationstechnologie (Multimedia) erfassen alle Bereiche des privaten und beruflichen Lebens. Wie einst beim Übergang von der Agrar- zur Industriegesellschaft hat dieser Wandel umfassende Veränderungen der wirtschaftlichen, sozialen und politischen Strukturen zur Folge. Zu Beginn des neuen Jahrtausends stehen wir am Übergang von der Dienstleistungs- zur Informationsgesellschaft.

M3 Hightech-Produktion, Fujitsu-Siemens in Dresden

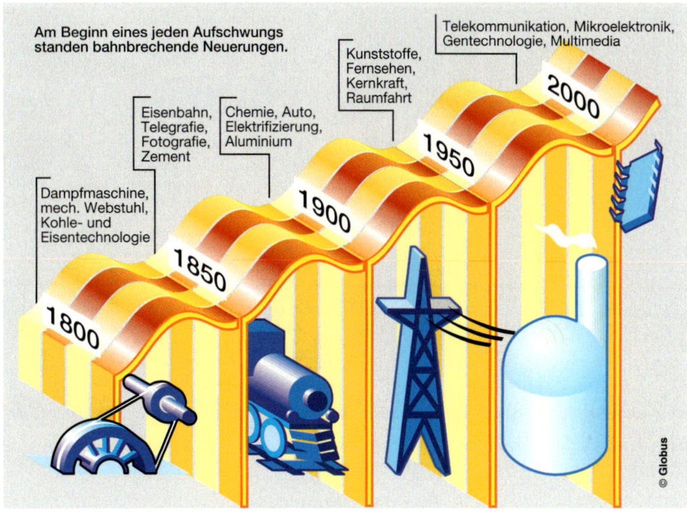

M4 Modell der langen Konjunkturwellen

1. Wie unterscheidet sich die heutige Industrie von ihren Vorläufern?
2. Erstelle eine Tabelle mit den Phasen der Industrialisierung. Gib für jede Phase eine kurze Beschreibung.
3. Wie wirkt sich der Wandel in den Bundesländern, besonders in Berlin, aus?
4. Analysiere Standortfaktoren eines Unternehmens deiner Umgebung. Welche sind nicht räumlich bedingt?

Eisenhüttenstadt und Dresden

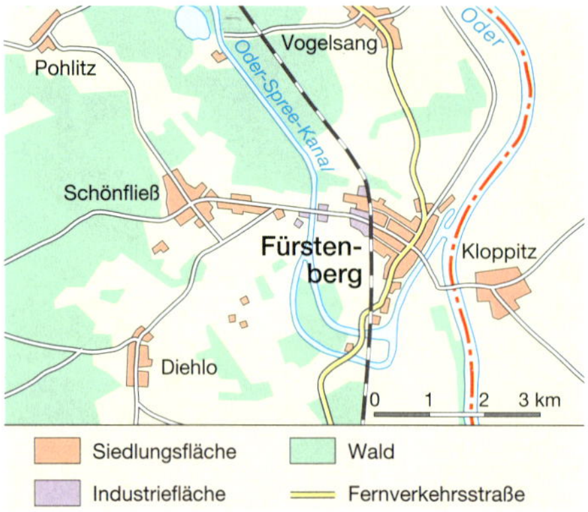

M1 Fürstenberg/Oder 1950

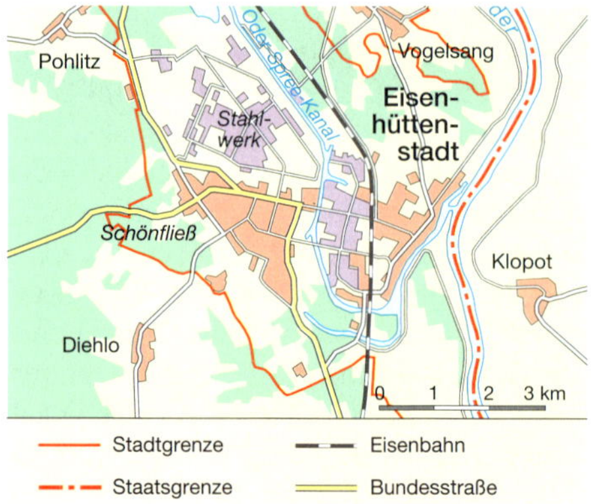

M3 Eisenhüttenstadt 2005

M2 Abstich der 75-millionsten Tonne Roheisen 2001

- Modernisierung der Sinteranlage
- Inbetriebnahme eines neuen Großhochofens
- Einweihung des Warmwalzwerks
- Modernisierung des Kaltwalzwerks

M4 Investitionen in den 1990er-Jahren

Eisenhüttenstadt

Im Sommer 2000 feierte das Stahlwerk in Eisenhüttenstadt seinen 50. Geburtstag. Schon ein Jahr zuvor bescheinigte der Volkswagen-Konzern dem Stahlwerk mit dem Corporate Supplier Award, zu seinen besten Lieferanten zu zählen. Das Werk hat im fünften Jahrzehnt seines Bestehens eine stürmische Entwicklung hinter sich gebracht. Noch 1990 waren im Stahlwerk 12 000 Beschäftigte tätig.

In der ersten Hälfte der 1990er-Jahre kämpfte der Stahlstandort um seine Erhaltung. Anfang 1995 übernahm das belgische Unternehmen Cockerill Sambre 60 Prozent des Stahlwerks. Allein im Jahr 1997 wurde über eine halbe Milliarde Euro investiert. Im Oktober 1998 übernahm Unisor, das französische Tochterunternehmen von Cockerill Sambre, das Stahlwerk in Eisenhüttenstadt. Ende 1999 wurde eine neue Verzinkungsanlage in Betrieb genommen. Die Kosten beliefen sich auf über 100 Millionen Euro.

Ungeachtet der hohen Investitionen blieben zum 50. Jahrestages des Werkes noch rund 3000 Arbeitsplätze erhalten.

1950 beschloss die DDR den Bau eines Eisenhüttenwerks samt Wohnstadt an der Oder. Bis 1954 entstanden sechs Hochöfen. Das Kaltwalzwerk ging 1968 in Betrieb und wurde Mitte der 1970er-Jahre durch eine Feuerverzinkungs- und eine Kunststoffbeschichtungsanlage erweitert. Mitte der 1980er-Jahre wurde ein Konverterstahlwerk eingeweiht. Zwei Drittel der Roheisenproduktion in der DDR wurden in Eisenhüttenstadt erzeugt. Das Betriebsgelände umfasste zwölf Quadratkilometer, 100 Kilometer Eisenbahngleise und einen Hafen am Oder-Spree-Kanal. Bei der Standortwahl gab die Nähe zur Oder den Ausschlag. Hüttenkoks und Eisenerz kamen bis 1990 aus Russland und Polen.

In den ersten zehn Jahren ihres Bestehens wuchs die Stadt auf über 30 000 Einwohner. 1990 lebten rund 53 000 Menschen in Eisenhüttenstadt. Im Jahr 2005 waren es noch 35 000. Seit mehreren Jahren verliert Eisenhüttenstadt jährlich rund 1000 Einwohner.

Dresden

Ein Betrieb des ehemaligen DDR-Kombinats für Mikroelektronik und ein Standort des Kombinats Robotron sind die Keimzellen für die Entwicklung der Region Dresden in den 1990er-Jahren zu einem der wichtigsten Chip-Standorte in Europa. Advanced Micro Devices (AMD) hatte bereits 1996 in ein erstes Chipwerk in der sächsischen Landeshauptstadt 2,2 Milliarden Euro investiert und knapp 2000 Arbeitsplätze geschaffen. In einem Kraftakt hat der Freistaat Sachsen nach 1990 mehr als eine Milliarde Euro in den Aufbau der Mikroelektronik-Industrie gesteckt. Das gesamte Volumen der Investitionen für Industrieansiedlungen im Bereich der Herstellung von Halbleiter-Chips in Dresden beliefen sich bis 2004 auf mehr als sieben Milliarden Euro.

Allein die großen Unternehmen am Ort, Infineon und ZMD (Speicher-Logistik-Chips), AMD (Mikroprozessoren), SAP-SI (Softwaresysteme) beschäftigen über 10000 Mitarbeiter. Auf jeden Arbeitsplatz in der Branche kommen 1,5 Stellen in anderen Wirtschaftsbereichen. 2004 zählte der Verein Silicon Saxony 130 Mitgliedsunternehmen. Mit der namentlichen Anlehnung an das Silicon Valley in Kalifornien vertritt der Verein die Interessen der Hightech-Unternehmen in der Region.

2004 beschäftigte die informationstechnische Branche in Sachsen rund 22000 Mitarbeiter in fast 1100 Betrieben. Laut einer Studie des Deutschen Instituts für Wirtschaftsforschung verzeichnete die Halbleiterindustrie in der Region Dresden seit 1995 ein Wachstum von 150 Prozent, während sie insgesamt in Deutschland lediglich um 10 Prozent anstieg. Die beiden großen Chip-Hersteller Infineon und AMD sind es, die mit dem Bau ihrer Werke in Dresden eine große Zahl von kleinen und mittelständischen Firmen in die Region zogen. Der Großteil der Beschäftigten stammt aus Sachsen, ein Großteil wurde in den technischen Universitäten in Dresden und Chemnitz ausgebildet. Fast 18000 Studenten studieren dort Informations- und Kommunikationstechnologie. In den Jahren 2003 bis 2006 gewinnt der Standort Dresden durch einen weiteren Ausbau von Produktionsstandorten und Forschungseinrichtungen in der Branche an Bedeutung. Dabei erhalten die Firmen Förderungen in Höhe von 35 Prozent der Gesamtinvestitionen, 10 Prozent als Steuererleichterungen und 25 Prozent an Investitionszuschüssen. Weitere 2500 neue Arbeitsplätze sollen entstehen. Die in Dresden vertretenen Wirtschaftszweige der Mikroelektronik, der Biotechnologie sowie des Maschinen-, Anlagen- und Fahrzeugbaus steigern in jüngster Zeit die Nachfrage nach neuen Werkstoffen und fördern somit die Material- und Werkstoffforschung auf den Gebieten der Nanotechnologie, Biomaterialien und des Leichtbaus.

1. Nenne Standortfaktoren für das Stahlwerk in Eisenhüttenstadt und die Branche der Mikroelektronik in Dresden.
2. Erkläre Unterschiede zwischen schwarzen und weißen Industrien.
3. Bewerte die wirtschaftlichen Impulse, die vom Standort Dresden ausgehen.

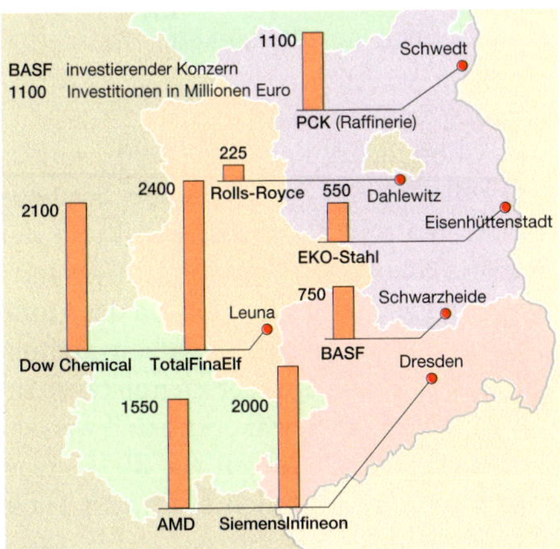

M5 Großinvestitionen nach 1990

M6 Werksgebäude von Infineon in Dresden

Großraum Halle – Leipzig – Dessau

M1 Der Großraum Halle-Leipzig-Dessau

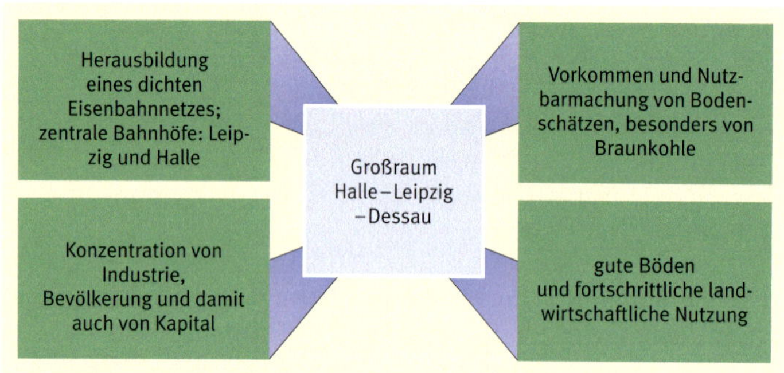

M2 Voraussetzungen der Industrie

M3 Erste Industrieansiedlungen im Mitteldeutschen Wirtschaftsraum

- Zuckerindustrie
  seit 1830 als erste flächenhaft verbreitete Industrie
- Braunkohlenbergbau
  erste Brikettfabriken, um den Brennstoffbedarf der Zuckerfabriken zu decken; erste Kraftwerke zur Erzeugung von elektrischem Strom
- Maschinenbau
  landwirtschaftliche Maschinen, Maschinen für die Lebensmittelindustrie, Ausrüstungen für das sich entwickelnde Verkehrswesen
- chemische Industrie
  chemische Verwertung der Braunkohle; erste Schwelereien, Erzeugung chemischer Grundstoffe, Ansiedlung von verarbeitenden Industriezweigen

Der Großraum Halle – Leipzig – Dessau bildet die Kernregion des Mitteldeutschen Wirtschaftsraumes, an dem die Länder Sachsen, Sachsen-Anhalt und Thüringen Anteil haben. Er ist eines der ältesten Industriegebiete in Deutschland. Große Bedeutung erlangte dieser Raum vor allem durch den Braunkohlenbergbau und die chemische Industrie. Beide Bereiche sind auch heute noch die wichtigsten Wirtschaftsbereiche. Sie haben jedoch einen strukturellen Wandel erfahren.

Standortfaktoren und Strukturwandel

Die Entwicklung im Großraum Halle – Leipzig – Dessau wurde durch die Vorkommen wirtschaftlich verwertbarer Rohstoffe, den raschen Ausbau des Verkehrsnetzes sowie die zunehmende Ansiedlung von Bevölkerung als Arbeitskräfte und Verbraucher begünstigt. Bis 1989/1990 wurde die Industrialisierung in diesem Raum stark vorangetrieben.

Entwicklung nach 1990

Mit dem politischen und wirtschaftlichen Wandel ab 1990 ergaben sich zahlreiche Veränderungen: Flächenhafte Stilllegungen von Produktionsanlagen, massiver Beschäftigungsabbau und eine radikale Veränderung der Betriebsgrößen gehörten dazu. Da im Großraum Halle – Leipzig – Dessau nahezu jeder zweite Arbeitsplatz an die chemische Industrie gebunden war, sprach vieles für den Erhalt dieses Wirtschaftsbereichs. Aus ökologischer Sicht gab es jedoch viele Bedenken.

Chemiepark-Konzept

Das Chemiepark-Konzept (1990) verkörpert eine Erfolg versprechende Strategie für die wirtschaftliche Umgestaltung der Region. Standortvorteile für die Neuansiedlung gleicher Branchen sind das große Potenzial an qualifizierten Arbeitskräften, eine hohe Akzeptanz der chemischen Industrie durch die Bevölkerung und wissenschaftliche Einrichtungen wie die Universitäten und Hochschulen in Leipzig, Halle und Merseburg.

Chemieparks

Ähnlich wie bei Gewerbeparks bieten Chemieparks umfangreiche Leistungen der Infrastruktur an. Zu ihnen gehören beispielsweise Strom-, Rohrleitungs- und Verkehrsnetze zur Ver- und Entsorgung der Betriebe, aber auch vielfältige Service-Einrichtungen. Mit diesem Angebot unterstützt das Chemiepark-Konzept den Strukturwandel in der Region. Durch geringere Investitionskosten werden auch kleinere und mittlere Unternehmen gefördert. Ein höherer Spezialisierungsgrad und ein breiteres Produktangebot tragen zur Innovation der chemischen Industrie bei. Die Chemieparks in Bitterfeld, Schkopau und Leuna wirtschaften mittlerweile erfolgreich.

M4 Kanzler Schröder besucht blühende Landschaften in Sachsen-Anhalt

[...] Das Areal hat eine bedeutsame Wirtschaftsgeschichte, zu der die Erfindung des PVC 1913 sowie der ersten synthetischen Faser 1934 zählen. Die Industrialisierung fügte dem Gebiet aber tiefe Wunden zu, die erst in den letzten Jahren geheilt wurden.

[...] Die zu DDR-Zeiten verschlissenen Chemie-Kombinate sind längst verschwunden und haben dem Chemiepark Bitterfeld-Wolfen Platz gemacht, der [...] zu den bedeutendsten Chemiestandorten Europas zählt: Auf ca. 1200 Hektar sind derzeit 350 Firmen angesiedelt. 10 000 Menschen arbeiten dort."

(aus: Die Welt, 5. Juni 2005)

M5 Meilensteine der Chemie

Das am Chemiestandort Leuna entwickelte Haber-Bosch-Verfahren gilt noch heute als das bedeutendste ökonomische Verfahren zur Herstellung von Ammoniak.

Andere historische Meilensteine der Chemie um Halle und Leipzig waren die Entwicklung eines Verfahrens zur Herstellung synthetischer Treibstoffe, die Synthese von Perlon als Grundstoff für die Bekleidungsindustrie sowie die Entwicklung von synthetischem Kautschuk für die kostengünstige Herstellung von Autoreifen.

Phase	Jahr	Ziele	Maßnahmen
1	1990	Sicherung des Überlebens	erste Betriebsstilllegungen, Sicherungsmaßnahmen, Bestandsaufnahme
2	1991	Strategieentwicklung	ökologisch-ökonomische Bewertung, Umweltschutzinvestitionen
3	1992	Privatisierung, Beginn der Sanierung	Beginn größerer Neubauvorhaben in den Bereichen Energie und Versorgung
4	seit 1993	strategische Neuausrichtung	Beseitigung von Altlasten

M6 Vier-Phasen-Plan zur Sanierung der Großchemie

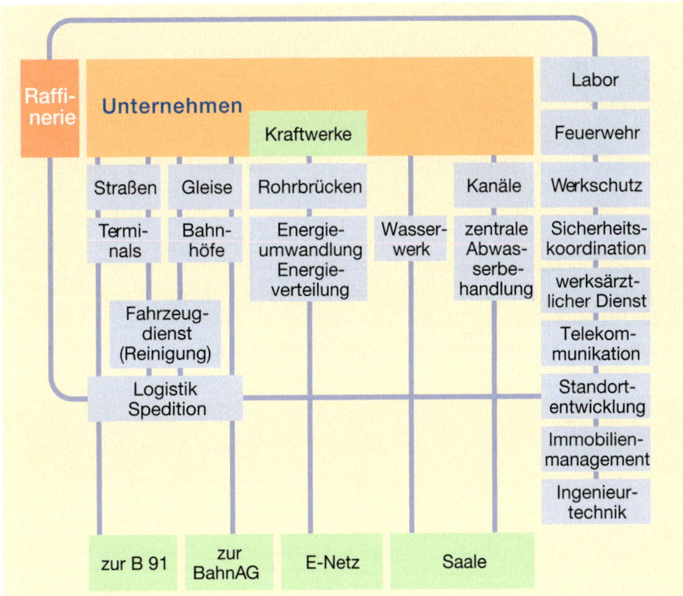

M7 Dienstleistungskonzept des Chemieparks Leuna

1. Beschreibe mithilfe von M1 und des Atlas die Lage der Kernregion des Großraums Halle – Leipzig – Dessau.
2. Erläutere die Standortfaktoren, die eine industrielle Entwicklung im Großraum Halle – Leipzig – Dessau begünstigten (Atlas, M2).
3. Kennzeichne die historische Entwicklung des Mitteldeutschen Wirtschaftsraumes. Nenne Industriezweige, die sich hier ansiedelten (M3, Atlas).
4. Welche Probleme mussten mit der Umgestaltung des Großraumes Halle – Leipzig – Dessau 1989/1990 bewältigt werden (M5, M7)?
5. Erkläre die Strategie des Chemiepark-Konzeptes und bewerte diese (M4, M7).

Das Ruhrgebiet

M1 Zur Situation des deutschen Steinkohlenbergbaus

„Heute sind noch immer zehntausende Arbeitsplätze in Nordrhein-Westfalen vom Steinkohlenbergbau abhängig. Von jedem Bergbau-Arbeitsplatz hängt nach wissenschaftlichen Untersuchungen allein im Ruhrgebiet mindestens ein weiterer Arbeitsplatz auf den Vorleistungsstufen ab. Hinzu kommt die besondere energie- und rohstoffpolitische Bedeutung der heimischen Steinkohle mit ihren großen Reserven insbesondere im Ruhrrevier für die Stromerzeugung und die Stahlproduktion am Standort Deutschland sowie die damit verknüpften Wertschöpfungsketten. Hier geht es um Versorgungssicherheit und insgesamt um ca. 500000 Arbeitsplätze."

(nach: Gesamtverband Steinkohle)

M2 Blick auf die City von Essen mit dem RWE-Hochhaus

Jahr	Förderung in Mio. t	Beschäftigte im Bergbau	Anteil der im Bergbau Beschäftigten an allen Arbeitnehmern
1957	123,2	496 000	ca. 20,0 %
1970	91,1	202 000	9,2 %
1980	69,1	143 000	8,1 %
1990	54,6	99 000	5,8 %
2000	25,9	45 000	2,8 %
2004	17,8	32 000	2,0 %

M3 Entwicklung des Steinkohlenbergbaus im Ruhrgebiet

M4 Instrumente regionaler Wirtschaftspolitik.

Infrastrukturpolitik: Ausbau des Verkehrswesens, Vergabe von Gewerbeflächen, Errichtung von Industrieparks, Bau von Technologie- und Gründerzentren
Werbepolitik: Informationsbroschüren, Auftritte auf Messen, Beraten von Existenzgründern
Anreizpolitik: Investitionszulagen, Verminderung der Gewerbesteuer, Zuschüsse zu laufenden Kosten (z. B. Strom, Wasser, Gas)
Arbeitsmarktpolitik: Weiterbildungsmaßnahmen

Lange Zeit wurde das Ruhrgebiet als das „industrielle Herz Deutschlands" bezeichnet. Auf der Grundlage ausgedehnter Steinkohlen- und Eisenerzvorkommen entwickelte sich eine starke Eisen- und Stahlindustrie. Seit den 1970er-Jahren vollzieht sich im Ruhrgebiet ein Strukturwandel. Ist diese „Dauerveranstaltung", wie ihn ein Politikwissenschaftler bezeichnete, erfolgreich?

Probleme des Ruhrgebietes

Verschiedene Faktoren führten zu einer Strukturkrise im Ruhrgebiet. So ersetzte im Zuge des technologischen Fortschritts der Elektromotor die Dampfmaschine, eine effektivere Verarbeitung der Steinkohle senkte den Bedarf, zur Stromerzeugung werden verstärkt andere Rohstoffe (z. B. Erdöl und Erdgas) verwendet und an die Stelle von Stahl traten häufig andere Werkstoffe wie Aluminium und Kunststoffe. Zudem stieg die Konkurrenz durch den Import von billigerer Steinkohle und von Stahlprodukten.

Strukturwandel

Seit vielen Jahren wird versucht, dem negativen Image des Ruhrgebietes entgegenzuwirken. Aus der monostrukturellen Region der Eisen- und Stahlindustrie soll eine produktionsorientierte leistungsstarke Dienstleistungsregion werden. Mit der Förderung der Neuansiedlung von dienstleistungsorientierten Betrieben, aber auch von Forschungs- und Entwicklungseinrichtungen wurden erste Erfolge erzielt.

M5 Standortfaktoren des Ruhrgebiets als Dienstleistungsregion

1. günstige Lage innerhalb des europäischen Wirtschaftsentwicklungsbandes
2. dichtes Verkehrsnetz und großer Absatzmarkt
3. dichtes Netz von Forschungs- und Entwicklungseinrichtungen sowie ein hohes Qualifikationsniveau der Beschäftigten
4. relativ günstiger Immobilienmarkt
5. „weiche" Standortfaktoren – insbesondere das vielfältige Angebot von Sport-, Kultur- und Freizeiteinrichtungen

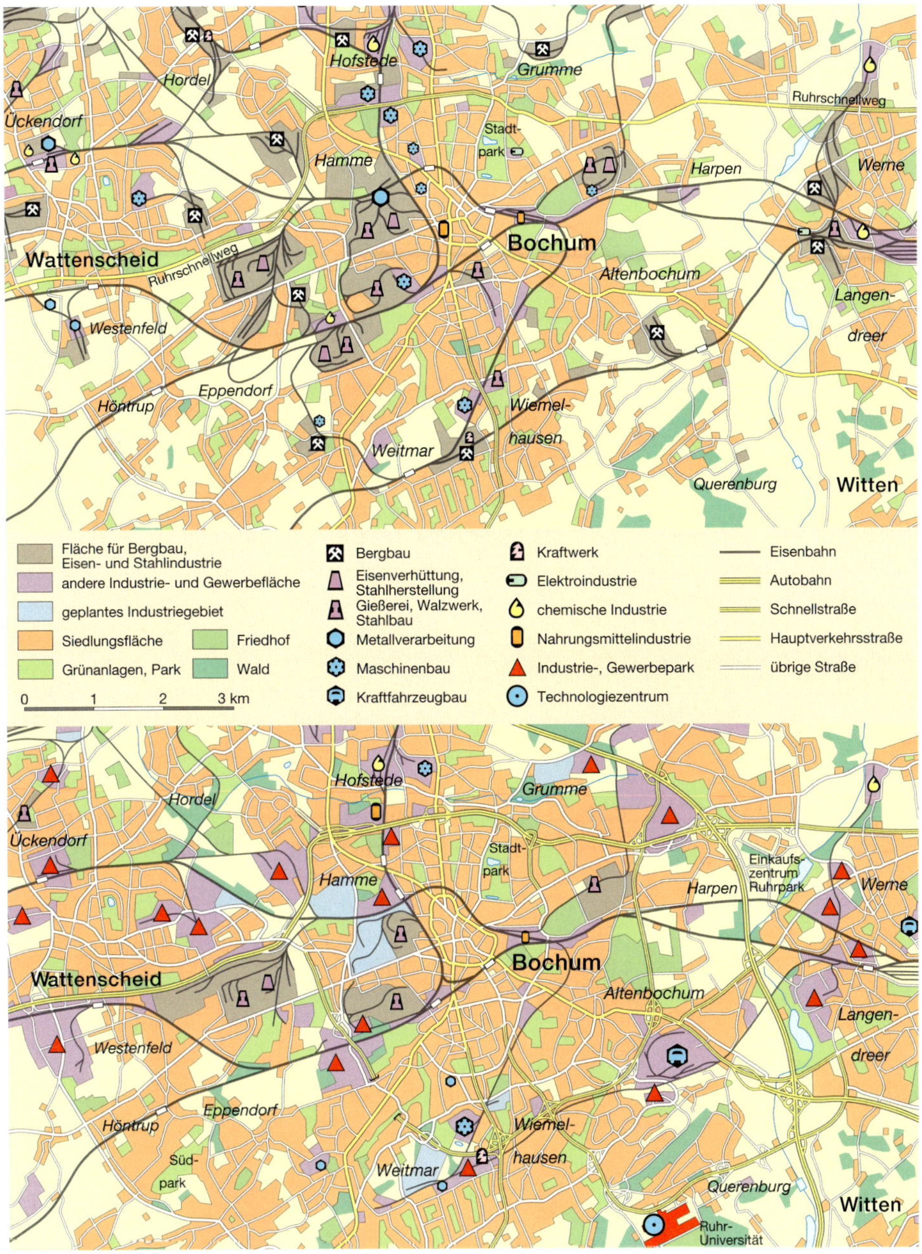

M7 Strukturwandel im Ruhrgebiet – Beispiel Bochum 1960 und 2003

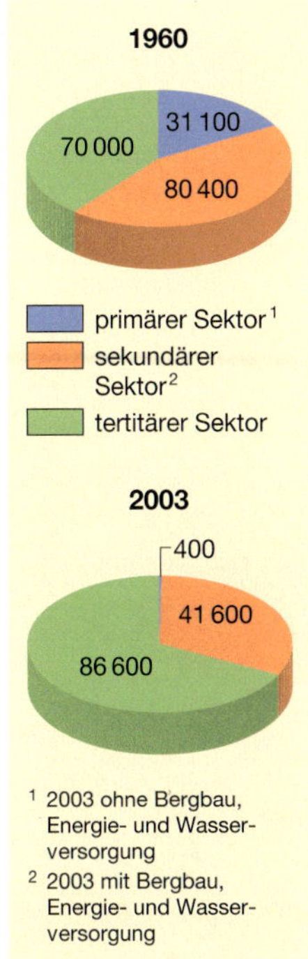

M6 Beschäftigte in Bochum nach Wirtschaftssektoren (gerundet)

1. Beschreibe die Entwicklung des Steinkohlenbergbaus im Ruhrgebiet. Benenne dabei Probleme, die aus wirtschaftlicher und sozialer Sicht zu bewältigen sind (M4).
2. Erläutere den sich im Ruhrgebiet vollziehenden wirtschaftlichen Strukturwandel. Stelle die Ausgangssituation und die heutige Situation in einer Tabelle einander gegenüber (M1, M4 – M7).
3. Begründe die Forderung nach Erhalt des Steinkohlenbergbaus im Ruhrgebiet. Gehe dabei auf seine heutige Bedeutung ein (M3).
4. Beschreibe Maßnahmen, die den Strukturwandel positiv vorantreiben sollen (M1, M5).
5. Stelle in einer Tabelle die Standortfaktoren des Ruhrgebiets von 1960 und von heute gegenüber.

Strukturwandel im Rhein-Main-Gebiet

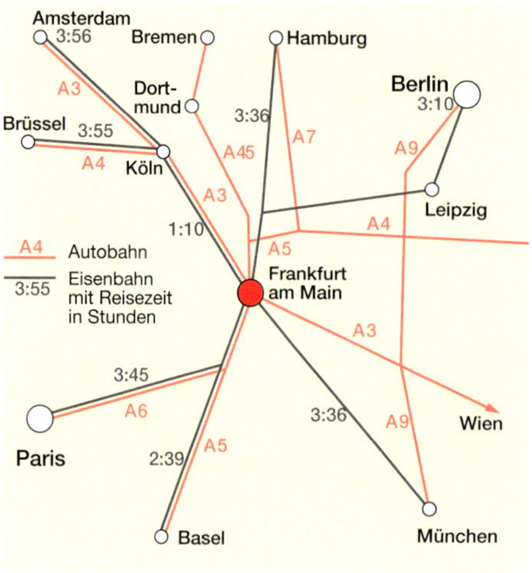

M1 Verkehrsgeographische Lage von Frankfurt am Main

Das Rhein-Main-Gebiet ist ein führender Gewerbestandort in Europa. Hier ist in hoher Dichte angesiedelt, was in der Wirtschaft und Finanzwelt Rang und Namen hat. Es entstand ein internationaler Branchenmix mit Unternehmen aller Größen, vom Industriekonzern bis zum kleinen Software-Entwickler.

Allein in Frankfurt am Main gibt es rund 330 Kreditinstitute, 130 Versicherungsunternehmen sowie über 230 Betriebe der Telekommunikation und Informationstechnologie. Die Stadt ist heute ein Dienstleistungszentrum von Weltrang. Sie zählt zu den etwa 30 Global Citys, die es heute auf der Erde gibt. Welche Merkmale kennzeichnen die Global City und wie entwickelte sie sich?

Kennziffer	Rhein-Main-Gebiet	Frankfurt am Main
Fläche (in km²)	11 061	249
Bevölkerung (in Mio.)	4,9	0,625
Unternehmen	320 000	44 000
Arbeitnehmer (in Mio.)	2,4	0,600
Beschäftigte (in %)		
Primärer Sektor		3,4
Sekundärer Sektor		4,7
Tertiärer Sektor		81,9

M2 Das Rhein-Main-Gebiet in Zahlen

Das Rhein-Main-Gebiet

Es ist das bedeutendste Ballungsgebiet in Deutschland. Seine Lage wird durch ein Achsenkreuz bestimmt, dessen West-Ost-Achse vom Main oberhalb Aschaffenburg bis Bingen verläuft, und dessen Nord-Süd-Achse sich von Friedberg in der Wetterau bis gegen Worms im Oberrheinischen Tiefland erstreckt. Frankfurt am Main ist der größte zentrale Ort im Ballungsgebiet Rhein-Main.

Entwicklungsstufe	Ackerbürger- und Handelsstadt 14. Jh. bis 2. Hälfte des 19. Jhs.	Industrie- und Handelsstadt 2. Hälfte des 19. Jhs. bis 2. Hälfte des 20. Jhs.	Dienstleistungs- und Industriestadt ab 2. Hälfte des 20. Jhs.
	Mittelpunkt des europäischen Waren- und Zahlungsverkehrs	industrielles Ballungsgebiet und Zentralknoten des Verkehrs	internationales Handels- und Dienstleistungszentrum, Zentralknoten des Verkehrs
historische Kräfte und wirtschaftliche Entwicklungen	fränkischer Königshof, Pfalz Karl des Großen, Handelssiedlung ab 1240, Handelsmessen ab 1330, Kaiserkrönungen 1562–1792, Einrichtungen des Finanzwesens ab dem 16. Jh. (Börse, private Bankhäuser)	Bedeutungsverlust als Finanzplatz in Konkurrenz zur Reichshauptstadt Berlin, späte Industrialisierung aufgrund fehlender Rohstoffe, Ansiedlung der großen „Vier“ des produzierenden Gewerbes: Maschinenbau, chemische Industrie (Farbwerke Hoechst ab 1863), Fahrzeugbau (Opelwerke ab 1862), elektrotechnische Industrie	Teilung Deutschlands und Europas, verkehrsgeographische Mittellage (Achsenkreuz) in der Bundesrepublik Deutschland, Abwanderung von Unternehmen aus der SBZ/DDR und Berlin: Großbanken, Versicherungsgesellschaften, Industrie- und Handelsunternehmen. Bank Deutscher Länder (1948), Deutsche Bundesbank (1957), Europäische Zentralbank (1999)

M3 Strukturwandel in Frankfurt am Main

Entwicklungen im Rhein-Main-Gebiet

Wesentliche Ursache für die vor Jahrhunderten einsetzende Entwicklung dieses Raumes war seine verkehrsgeographische Gunstlage. Bereits um 800 war die Furt durch den Main zu einem Sammelpunkt von Verkehrswegen geworden.
Als Freie Reichsstadt von den Kaisern gefördert wurde Frankfurt im Mittelalter ein Handelszentrum. Mit der Gründung des Deutschen Reiches im Jahre 1871 verlor die Stadt viele ihrer Unternehmen an die Reichshauptstadt Berlin. Auch als Finanzzentrum wurde sie von Berlin überflügelt. Die gute Verkehrslage Frankfurts förderte aber die Industrialisierung.
Die politischen Verhältnisse nach dem Zweiten Weltkrieg, die Teilung Deutschlands und Europas ermöglichten den Aufstieg Frankfurts zum weltweit handelnden Dienstleistungszentrum bis in den Rang einer Global City, die in besonderem Maße durch eine Ballung von Dienstleistungseinrichtungen gekennzeichnet ist. Diese ist wie in jedem Ballungsgebiet eine Folge von Agglomerationsvorteilen.

Probleme des Ballungsgebietes

Fachleute sehen einige hemmende Einflüsse für die weitere wirtschaftliche Entwicklung des Rhein-Main-Gebiets. Dazu gehören der Wohnungsmarkt, die Müllentsorgung sowie die Belastbarkeit der Verkehrseinrichtungen.
Dem Eigenheimbau sind wegen fehlender Freiflächen in der Stadt enge Grenzen gesetzt. Besser verdienende Familien wandern aus der Stadt ab. Ältere Menschen und Singles sowie wenig verdienende ausländische Familien verbleiben oder wandern zu.
Täglich pendeln rund 300 000 Beschäftigte nach Frankfurt, zumeist in die Innenstadt. Die innerstädtischen Straßen, Fernstraßen und Autobahnen müssen dabei mindestens das Doppelte ihres eigentlichen Fassungsvermögens verkraften. Für den Ausbau des Flughafens fehlen größere Erweiterungsflächen. Er könnte dadurch künftig Verkehrsanteile an andere Flughäfen verlieren.

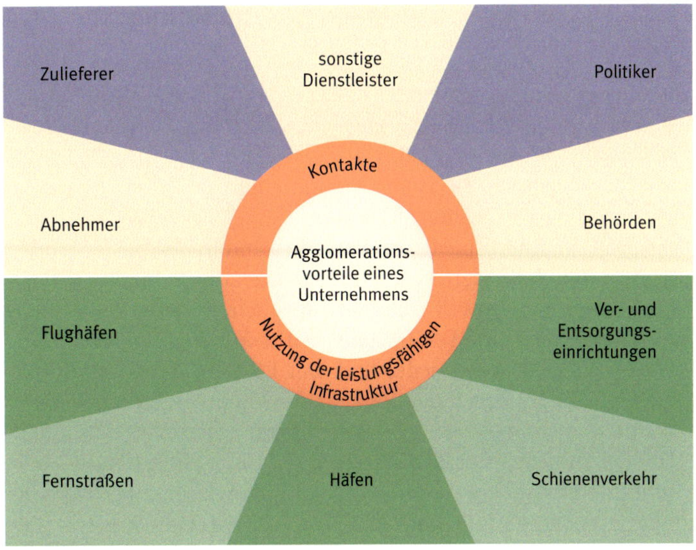

M4 Agglomerationsvorteile von Global Cities (Modell)

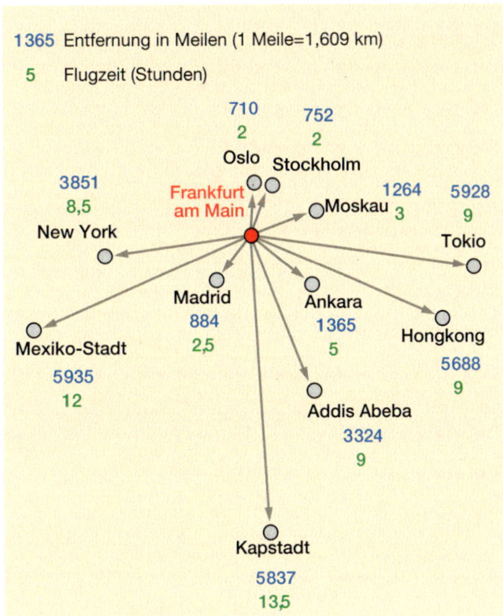

M5 Drehscheibe Flughafen Frankfurt a. M.

Flughafen
48,4 Mio. Passagiere
4038 Linienflüge/Woche
1,5 Mio. t Luftfracht
108 Zielländer
269 Zielorte

Hauptbahnhof
2624 Züge/Werktag
350 000 Reisende/Werktag

M6 Flughafen und Hauptbahnhof Frankfurt am Main in Zahlen (2003)

1. Beschreibe wirtschaftliche Merkmale des Ballungsgebietes Rhein-Main, insbesondere des Zentralen Ortes Frankfurt am Main (M1, M4, Atlas).
2. Verfolge den Strukturwandel in Frankfurt am Main (M1).
3. Erkläre den Einfluss der topographischen und verkehrsgeographischen Lage Frankfurts auf die Entwicklung des Ballungsgebietes Rhein-Main (M2, M3, Atlas).
4. Erläutere die Bedeutung von Agglomerationsvorteilen für die Entwicklung Frankfurts zur Global City (M4–M6).
5. Diskutiert in der Klasse Probleme des Ballungsgebietes Rhein-Main.

Europäischer Binnenmarkt

Wenn ein Käse aus der Bretagne nach Paris verkauft wird, ist das Binnenhandel. Wurde er nach München verkauft, war das Außenhandel. Im Binnenmarkt ist dies heute Binnenhandel. Das gilt für alle Güter, die irgendwo von einem EU-Staat in einen anderen gebracht werden. Damit dies möglich wurde, mussten die großen Unterschiede von Land zu Land in der Besteuerung oder in den Anforderungen an Produkte zum Schutz von Verbrauchern und Umwelt einander angeglichen werden.
In Italien ist nie eine Sondersteuer auf Wein erhoben worden, in Großbritannien wurde jeder Liter mit 1,5 Euro besteuert. Bevor die Grenzen für den freien Verkehr von Gütern geöffnet werden konnten, mussten solche Ungleichheiten beseitigt sein. Da der Handel zwischen den EU-Staaten nicht mehr als Ein- und Ausfuhr gilt, musste ein weiteres Problem beim Grenzübertritt von Waren gelöst werden: Wer bekommt die indirekten Steuern, die ja im Preis von Waren versteckt sind: der Staat, in dem die Ware hergestellt wurde oder der, in dem sie verkauft wird? Große Schwierigkeiten machte die Anpassung der vielen technischen Vorschriften und Normen. So war die Einfuhr von Rohmilchkäse nach Deutschland unter Hinweis auf das hier geltende Lebensmittelrecht verboten. In Italien musste ein Pkw seitliche Blinkleuchten an den Kotflügeln haben, Großbritannien verlangte ein weniger intensives Abblendlicht im Stadtverkehr.

(aus: Europa 2000 und Europa für Einsteiger, gekürzt)

M1 Auf dem Weg zur Einheit

In der Einheitlichen Europäischen Akte von 1987 wurde die Verwirklichung eines Raumes ohne Binnengrenzen, aber mit dem freien Verkehr von Personen, Waren, Dienstleistungen und Kapital festgeschrieben. Seit dem 1. 1. 1993 ist der europäische Binnenmarkt in Kraft. Den Austausch behinderten zuvor Zollschranken, unterschiedliche Normen, Verwaltungsregelungen, Währungsrisiken, politische Risiken sowie sprachliche und kulturelle Barrieren. 282 Maßnahmen mussten in nationales Recht umgesetzt werden.

Austausch von Waren

Zum Thema „Warenaustausch" wird hier aus einem Grundsatzurteil des Europäischen Gerichtshofes zitiert: „Ein Erzeugnis darf grundsätzlich überall in der Gemeinschaft ungehindert verkauft werden, wenn es in einem Mitgliedsstaat rechtmäßig hergestellt und in den Verkehr gebracht worden ist. Importierte Erzeugnisse dürfen verkauft werden, auch wenn das Einfuhrland strengere oder andere Anforderungen an das Erzeugnis stellt. Inländische Erzeuger jedoch bleiben an die nationale Gesetzgebung gebunden." Die Anpassung gilt auch bei den nationalen Reinheitsgeboten für Lebensmittel. Italien muss deutschen Apfelessig, Deutschland ausländisches Bier zulassen. Im Reiseverkehr gibt es keine Zollschranken mehr, für Waren zum privaten Verbrauch keine Mengenbeschränkungen. Weniger erfolgreich verlief die Steuerharmonisierung. Ab 2000 wird die Mehrwertsteuer in dem Land bezahlt, in dem der Verkäufer seinen Sitz hat.

M2 Die „vier Freiheiten" im Binnenmarkt

Austausch von Dienstleistungen
Ein freier Warenaustausch kann bei Beschränkungen (z. B. im grenzüberschreitenden Güterverkehr) nicht funktionieren. Lkw- und Treibstoffsteuer, Straßenbenutzungsgebühren und Arbeitsbedingungen für Fahrer mussten angeglichen werden. Versicherungen dürfen inzwischen ihre Angebote EU-weit unterbreiten.

Austausch von Kapital
Für den Zahlungsverkehr bestehen keine Beschränkungen mehr. Investoren können die günstigsten Anlagemöglichkeiten wählen, Konten bei ausländischen Banken eröffnen oder Geld in Wertpapieren anlegen.

Freizügigkeit für Personen
Alle EU-Bürger dürfen in einem EU-Land ihrer Wahl arbeiten, wohnen und leben. Nichterwerbstätige, Rentner und Studenten müssen genügend Geld zum Lebensunterhalt und eine Krankenversicherung nachweisen. Hochschulabschlüsse werden gegenseitig anerkannt. Wenn sich jedoch die Studiengänge in zwei Ländern unterscheiden, sind Anpassungslehrgänge oder Eignungsprüfungen vorgeschrieben.

M4 Früher verlief hier die EU-Außengrenze (Foto 2003)

M5 Heute verläuft hier eine EU-Binnengrenze (Foto 2005)

M3 Das Schengener Abkommen
Der 1985 in Schengen (Luxemburg) unterzeichnete, 1990 ergänzte und 1999 in den Rahmen der EU einbezogene Vertrag brachte für die Anwenderstaaten den freien Personen- und Warenverkehr. Kontrollen an den Binnengrenzen finden nicht mehr statt, werden aber an den Außengrenzen verstärkt. Für Bürgerinnen und Bürger aus Nicht-EU-Ländern bestehen gemeinsame Listen visumspflichtiger und nicht visumspflichtiger Staaten. Anträge von Asylbewerbern werden vom Einreisestaat beurteilt. Um Sicherheitsbedenken auszuräumen, können Straftäter über die nationalen Grenzen hinaus verfolgt werden.
In den skandinavischen EU-Staaten und Norwegen gilt der freie Grenzverkehr bereits seit 1954. Sie sind 2001 in das Schengener Übereinkommen einbezogen worden. Lediglich Großbritannien und Irland sowie Norwegen und Island beteiligen sich noch nicht am freien Grenzverkehr und führen weiterhin Personenkontrollen an ihren Grenzen durch.

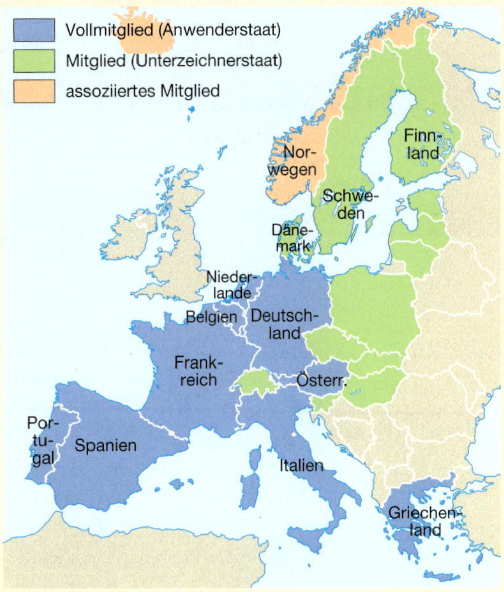

1. Nenne Vorteile eines europäischen Binnenmarkts aus der Sicht von Unternehmen. Welche Vorteile siehst du für dich? Welche Nachteile erkennst du?
2. Beschreibe Auswirkungen des Binnenmarkts auf den Außenhandel anhand von M2.
3. Erläutere, weshalb die „vier Freiheiten" noch nicht zu 100 Prozent verwirklicht sind.

Kernräume, Randgebiete, Regionen

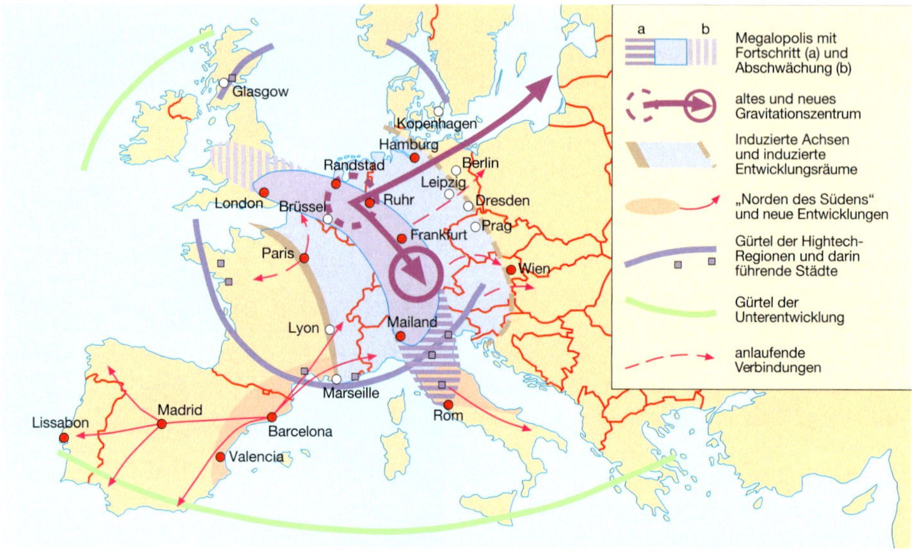

M1 Raumordnungsmodelle im westlichen Europa: „Blaue Banane" und „Sunbelt"

M2 Schrumpfen des Raumes durch den Faktor „Zeit"

Das Geodesign „Blaue Banane", 1989 von dem Franzosen Roger Brunet aus einer Analyse des europäischen Städtesystems abgeleitet und später um den aus dem Amerikanischen abgeleiteten Hightech-Gürtel und den Gürtel der Unterentwicklung ergänzt, war ursprünglich als Warnung an die französische Regierung gedacht. Brunet wollte auf eine drohende Vernachlässigung der Achse Paris–Lyon–Marseille hinweisen. Das Raumbild von der gekrümmten Megalopolis spiegelte seiner Meinung nach nur die seit dem Mittelalter bestehende europäische Kernregion wider. Hier hatten Handelswege zu einem starken wirtschaftlichen Aufschwung geführt.

Unausgeglichene Raumausstattung

In einer Art Prophezeiung wirkte es trendverstärkend, dass Ökonomen und Politiker die „Blaue Banane" als sich selbst verstärkenden Kern eines vereinigten Europas sahen. Die umgebenden Ränder würden hinter der Entwicklung der Kernregion zurückbleiben. In allen europäischen Staaten hatten seit jeher natürliche Gegebenheiten sowie historische Entwicklungen zu Zentren und Randgebieten – zu räumlichen Unterschieden geführt. Die Unausgeglichenheit der Raumausstattung hatte zahlreiche Ursachen:

Regionale Unterschiede zeigen sich in den Lebensbedingungen und ungleichen wirtschaftlichen Entwicklungen. So nimmt Frankfurt am Main als internationales Finanzzentrum einen höheren wirtschaftlichen Stellenwert ein als beispielsweise die Eifel. Demgegenüber müssen Randgebiete sowohl unter ökologischen als auch unter wirtschaftlichen Gesichtspunkten in einer Gesellschaft, die über alle Kommunikationsmittel verfügt, nicht unbedingt über die schlechteren Lebensbedingungen verfügen. Neben den Nord-Süd-Unterschieden in Europa – reicher, industriell geprägter Norden gegenüber den mehr landwirtschaftlich ausgerichteten Südländern – spielen die West-Ost-Unterschiede zwischen den ehemaligen Ländern des Ostblocks und den übrigen Staaten Europas eine entscheidende Rolle.

Die Rückbesinnung auf historisch gewachsene Raumausstattung führte in Anlehnung an „das europäische Haus“ zum Denkmodell vom „Europa der Regionen“. Regionen können innerhalb eines Staates liegen, aber ebenso die Grenzen überschreiten. In der Regel sind sie kleiner als Staaten. Ein verlässliches Merkmal konnte nicht gefunden werden: Größe, Zusammengehörigkeit, historische Entwicklung, wirtschaftliche Leistungskraft, gemeinsame Planung usw. führen zu unterschiedlichen Abgrenzungen einer Region. Zählen Luxemburg oder Litauen wegen ihrer Größe und Einwohnerzahl deshalb zu Staaten oder europäischen Regionen? Dennoch wurde der Gedanke eines Europas der Regionen in Verträgen der EU berücksichtigt. Angelegenheiten, die ausschließlich Länder oder Regionen betreffen, sollen von ihnen selbst geregelt werden. Zu ihrer Unterstützung wurde ein europäischer Ausschuss der Regionen gegründet.

Der Regionalismus, auf Korsika, im Baskenland oder in Nordirland als Wunsch nach Eigenständigkeit ablesbar, muss als Gegenreaktion auf Vereinheitlichungstendenzen und der Ausbildung von Verdichtungszentren gesehen werden. Die Verfechter regionalistischer Bewegungen fordern Selbstständigkeit und befürworten das Föderalismuskonzept. Ihre Abgrenzung begründen sie mit kulturellen, ethnischen und historischen Argumenten.

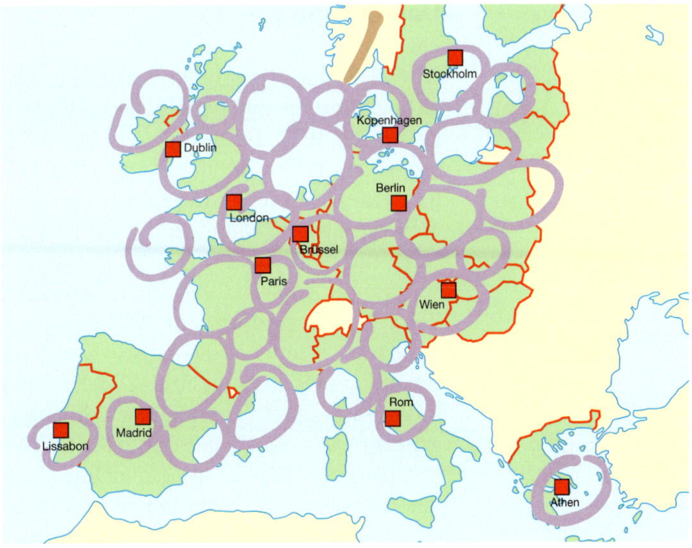

M3 „Die Traube ist für Europa das angemessene Symbol, nicht die Blaue Banane.“

M4 Zusammenarbeit in Europa: ① Barentssee, ② Ostseeregion, ③ Nordischer Rat, ④ Nordsee-Konferenz, ⑤ Atlantischer Bogen, ⑥ Benelux, ⑦ Euroregion, ⑧ Pyrenäen, ⑨ Mittelmeerbogen, ⑩ Alpenkonvention, ⑪ Donau, ⑫ Visegrad-Staaten, ⑬ Schwarzes Meer

1. Erkläre die Entstehung der Raumordnungsmodelle „Blaue Banane“ und „Traube“. Welche Merkmale wurden zugrunde gelegt?
2. Unterscheide zwischen europäischen Regionen und europäischem Regionalismus. Wie bewertest du die Abgrenzungstendenzen unter dem Aspekt der europäischen Einheit?
3. Erkläre M2. Wie wirkt der Faktor Zeit?

Das Europa der 25

Fünf Erweiterungsrunden hat die Europäische Union bis 2004 erlebt. Sechs Staaten gründeten 1957 die Europäische Gemeinschaft, seit 1995 zählt die EU mit dem Beitritt Finnlands und Schwedens, der Norderweiterung, 15 Mitglieder.
Noch nie hatte die EU eine so große und schwierige Erweiterung zu bewältigen: Zehn Staaten sind im Jahr 2004 der Europäischen Union beitreten. Nur zwei von ihnen, nämlich Malta und Zypern, sind schon seit langem marktwirtschaftlich organisiert. Die meisten ostmittel- und osteuropäischen Länder als ehemalige Staaten des Ostblocks sind noch immer in einem anhaltenden Prozess der Umstrukturierung.
Mit der Osterweiterung wuchs die Bevölkerung der Europäischen Union um 20 Prozent, die EU-Fläche sogar um 23 Prozent. Das Bruttoinlandsprodukt stieg aber um weniger als fünf Prozent – so schwach sind die Volkswirtschaften, die zur EU stießen.

	Einwohner 2004 in 1000	BIP 2004 pro Kopf in US-$
Belgien	10376	28920
Dänemark	5387	31050
Deutschland	82541	27610
Estland	1353	12680
Finnland	5212	27460
Frankreich	59762	27640
Griechenland	11033	19900
Großbritannien	59329	27690
Irland	3994	30910
Italien	57646	26830
Lettland	2321	10210
Litauen	3454	11390
Luxemburg	448	55500
Malta	399	17780
Niederlande	16223	28560
Österreich	8090	29740
Polen	38196	11210
Portugal	10444	17710
Schweden	8956	26710
Slowakei	5390	13440
Slowenien	1995	19100
Spanien	41101	22150
Tschechien	10202	15600
Ungarn	10128	13840
Zypern	770	19600
	Summe 454750	Durchschnitt 22930

M1 Einwohnerzahlen und BIP der EU-25

Dabei ist es der EU bis 2002 noch nicht einmal gelungen, den Lebensstandard ihrer Mitgliedsländer zu vereinheitlichen. Im Jahr 2002 lebten in der EU über 30 Millionen Menschen in Armut. In vielen Ländern ballt sich diese Armut in bestimmten Regionen. Teilweise handelt es sich um rein landwirtschaftlich geprägte Gebiete, an denen die Wohlstandsentwicklung der letzten Jahrzehnte vorbeigegangen ist, teilweise betrifft der wirtschaftliche Rückstand altindustrialisierte Gebiete, die keinen Anschluss an die neueren Entwicklungen gefunden haben.
Innerhalb der Gruppe der Beitrittsländer des Jahres 2004 herrschen große Unterschiede. Während Zypern 80 Prozent und Slowenien 69 Prozent des Pro-Kopf-Bruttoinlandsprodukts vom EU-Durchschnitt 2002 erreichen, können Litauen 38 Prozent und Lettland nur 33 Prozent aufweisen. Darüber hinaus macht die Europäische Kommission auf weitere Missstände aufmerksam. So gibt beispielsweise in Polen Korruption weiter Anlass zur Sorge. Im Bereich der Lebensmittelsicherheit sind die Fortschritte nicht sehr groß. Allgemein muss die Privatisierung der Landwirtschaft und der Energieversorgung vorankommen. In Tschechien mahnt die Kommission mehr Transparenz im Bankenwesen an. Auch sind im Umweltschutz und bei der Wasserqualität Anstrengungen nötig. Beihilfen für Stahlunternehmen müssen zurückgeführt werden. In Ungarn wird eine Verbesserung der Politik gegenüber Minderheiten, besonders gegenüber der großen Gruppe der Roma kritisch hervorgehoben. Fortschritte bei der Bekämpfung der Korruption und in der Umweltpolitik werden bescheinigt. Zwar ist Zypern das wohlhabendste Land unter den neuen Beitrittsländern, eine Belastung ist jedoch die Teilung der Insel in einen griechischen und einen türkischen Teil. Die drei baltischen Staaten weisen die höchsten Wachstumsraten auf, nämlich zwischen fünf und fast acht Prozent am Anfang des Jahrzehnts. Slowenien zählt zu den wirtschaftlich stärksten neuen Beitrittsländern des Jahres 2004. Allerdings erwartet die Kommission stärkere Anstrengungen im Ausbau der Infrastruktur. Der Slowakei werden Mängel bei der Integration von

M2 BIP je Einwohner in Prozent des Durchschnitts der erweiterten EU 2002 (nach: Eurostat 2005)

Stationen der EU-Erweiterung

1957: Belgien, Deutschland, Frankreich, Italien, Luxemburg, Niederlande

1973: Dänemark, Großbritannien, Irland

1981: Griechenland

1986: Portugal, Spanien

1995: Finnland, Österreich, Schweden

2004: Estland, Lettland, Litauen, Malta, Polen, Slowakei, Slowenien, Tschechische Republik, Ungarn, Zypern

Minderheiten und der Korruptionsbekämpfung aufgezeigt. Das kleinste Beitrittsland Malta mit knapp 400000 Einwohnern bereitet der EU kaum Probleme. Rechtliche Bestimmungen müssen allerdings noch angepasst werden. Bulgarien und Rumänien schließlich sollen frühestens im Jahr 2007 aufgenommen werden. Für die Türkei ist noch kein Beitrittstermin festgelegt worden.

1. Zeige Probleme der EU-Osterweiterung auf.
2. Trifft das Bild der „blauen Banane“ heute noch zu (vgl. S. 122, M1)? Fertige eine eigene Skizze der EU auf der Grundlage von M1 auf der Seite 124 an.
3. Begründe anhand von M2 das überdurchschnittliche BIP ausgewählter Regionen (Atlas).

Wirtschaftsentwicklung der EU

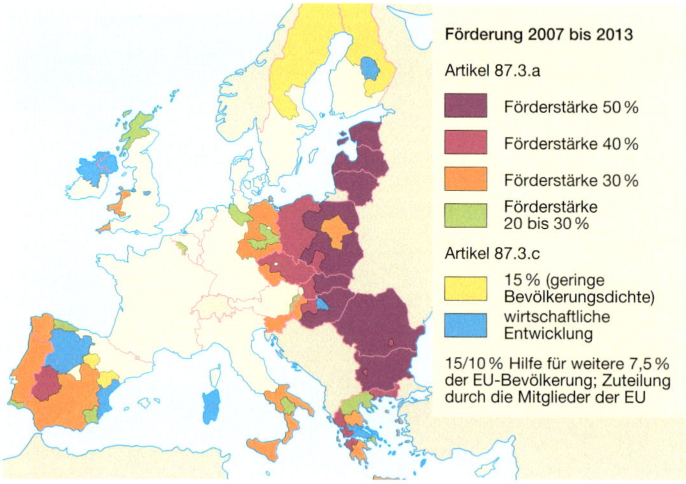

M1 Regionalförderung in der EU der 27 Staaten ab 2007

M2 Vertrag über eine Verfassung für Europa vom 16. 12. 2004

Artikel III-220: Die Union entwickelt und verfolgt weiterhin ihre Politik zur Stärkung ihres wirtschaftlichen, sozialen und territorialen Zusammenhalts, um eine harmonische Entwicklung der Union als Ganzes zu fördern.
Die Union setzt sich insbesondere zum Ziel, die Unterschiede im Entwicklungsstand der verschiedenen Regionen und den Rückstand der am stärksten benachteiligten Gebiete zu verringern.
Unter den betreffenden Gebieten wird den ländlichen Gebieten, den vom industriellen Wandel betroffenen Gebieten und den Gebieten mit schweren und dauerhaften natürlichen oder demographischen Nachteilen, wie den nördlichsten Regionen mit sehr geringer Bevölkerungsdichte sowie den Insel-, Grenz- und Bergregionen, besondere Aufmerksamkeit geschenkt.

Zwischen armen und reichen Regionen innerhalb der Europäischen Union besteht ein enormes Gefälle, das viele Regionen aus eigener Kraft nicht aufholen könnten.
Die Strukturpolitik der Europäischen Union versucht ebenso wie die Mitgliedsstaaten dieses Entwicklungsgefälle zwischen den verschiedenen Regionen zu verringern. Dies geschieht einerseits aus Solidarität mit den Einwohnern, die in Regionen leben, die im Vergleich zum Durchschnitt aller EU-Gebiete wirtschaftlich und sozial benachteiligt sind. Andererseits versucht die EU durch eine Verringerung der Kluft zwischen wohlhabenden und ärmeren Regionen den Zusammenhalt aller ihrer Mitglieder zu stärken.

In den Jahren 2007 bis 2013 stehen für die Strukturpolitik insgesamt 308 Milliarden Euro zur Verfügung. Diese Gelder finden Verwendung für Maßnahmen zur Überwindung des Entwicklungsrückstandes, zur Schaffung von neuen Arbeitsplätzen, zur Steigerung der Wettbewerbsfähigkeit, zur Anpassung der Bildungs- und Ausbildungssysteme, zur Überwindung von Problemen in Regionen mit tiefgreifendem wirtschaftlichem Strukturwandel, zur grenzüberschreitenden Zusammenarbeit und zum Umweltschutz.
Mit der Osterweiterung wurden vor allem weniger leistungsfähige Staaten aufgenommen. Da ihre Wirtschaftskraft unter dem EU-Durchschnitt liegt, werden die meisten Regionen in den neuen Mitgliedsstaaten die höchste strukturpolitische Förderung erhalten.

Im Zuge der Osterweiterung werden allerdings auch viele Regionen der „alten“ EU-Staaten bei strukturpolitischen Maßnahmen nicht mehr oder nicht mehr im bisherigen Umfang durch EU-Finanzmittel unterstützt, weil sie in ihrer Wirtschaftskraft nun oberhalb des EU-Durchschnitts liegen.

Der Dienstleistungssektor, vornehmlich mit den Bereichen Tourismus, Medien, Banken und Versicherungen, nimmt mit zwei Dritteln den größten Anteil an der Wirtschaft ein und bietet ebenso viele Arbeitsplätze in der EU. Im industriellen Bereich sind nur noch ein Drittel der Erwerbstätigen beschäftigt. Der Trend zur weiteren Automatisierung und Verlagerung der industriellen Produktion in Länder mit niedrigeren Lohnkosten hält an. Zu den Ländern mit den wenigsten Arbeitsplätzen im produzierenden Gewerbe gehören die Niederlande (23 %), Schweden (26 %) und Großbritannien (27 %). In der Land- und Forstwirtschaft, die knapp vier Prozent zum BIP beiträgt, sind weniger als zwei Prozent aller Erwerbstätigen beschäftigt.

Die EU nimmt im Welthandelsumsatz – ohne Berücksichtigung des Binnenhandels – den ersten Platz vor den USA ein. Zu den wichtigsten Einfuhrgütern zählen Erdöl und Erdölerzeugnisse, chemische Produkte, elektrische Maschinen, Büro- und EDV-Geräte, Nahrungsmittel und Textilien. Auf der Exportseite stehen chemische Erzeugnisse, Straßenfahrzeuge, Maschinen und Nahrungsmittel.

Ebenso wie die USA vertritt die EU den freien Welthandel. Dennoch belegte die EU importierte Waren mit Strafzöllen, wenn sie billiger angeboten wurden als im Herstellungsland. Drittstaaten mussten bei Gütern wie Kohle oder Stahl Selbstbeschränkungen auf sich nehmen. Demgegenüber senkte die EU durch Exporthilfen die Preise für ihre überschüssigen Landwirtschaftsprodukte auf Weltmarktniveau und verstieß damit gegen die Regeln der Welthandelsorganisation (WTO).

Die von den USA zum Schutz des inländischen Stahlmarkts im Frühjahr 2002 eingeführten Strafzölle von bis zu 30 Prozent auf Stahlimporte veranlassten die EU zu Gegenmaßnahmen. Sie reichte eine Klage bei der WTO ein, der stattgegeben wurde. Zudem fordert die EU von den USA einen Ausgleich für die erschwerten Stahlexporte. Sollten die USA den freien Handel erschweren, muss sie damit rechnen, dass Strafzölle auf zahlreiche ihrer Waren erhoben werden. Hierzu zählen Stahlerzeugnisse ebenso wie Textilien und Zitrusfrüchte.

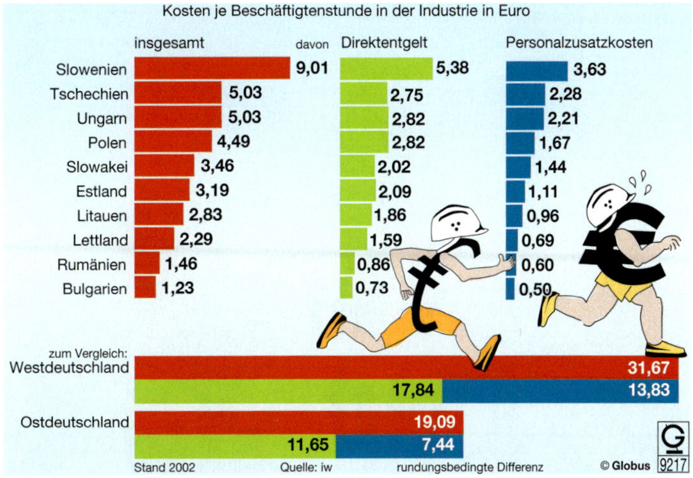

M3 Die Lohn-Konkurrenz

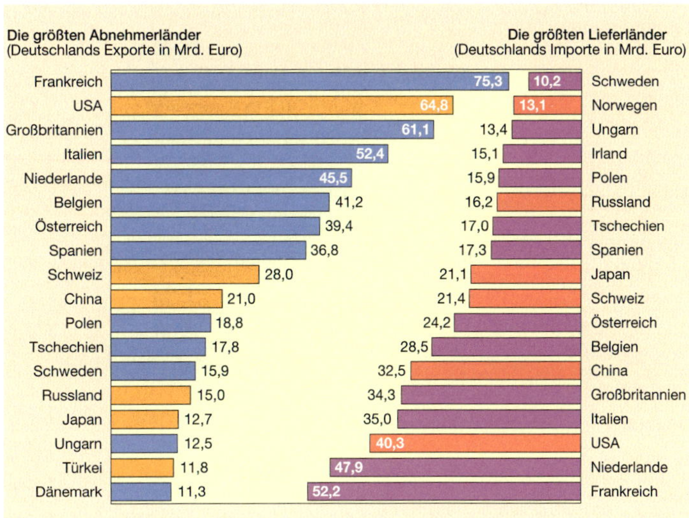

M4 Außenhandel Deutschlands 2004

1. Werte die Karte M1 aus. Welche Staaten der EU haben Regionen, die ab 2007 mit dem Höchstsatz gefördert werden? Welche Staaten haben gar keine besonderen Förderregionen? Vergleiche deine Ergebnisse mit dem BIP der EU-Staaten (S. 124, M1).
2. Nenne die Ziele der Strukturförderung (M2).
3. Erläutere Folgen der Lohn-Konkurrenz in Europa (M3).
4. Werte M4 aus. Nenne die wichtigsten Handelspartner Deutschlands. Unterscheide nach EU- und sonstigen Staaten.
5. Beschreibe Konflikte im Handel der EU mit den USA.

Zusammenfassung

Der Wirtschaftsstandort Berlin durchläuft einen Strukturwandel: Die einst größte Industriestadt Deutschlands verliert anhaltend im produzierenden Gewerbe Arbeitsplätze, die nicht grundsätzlich durch neue Arbeitsplätze im Dienstleistungsbereich ausgeglichen werden können. Durch Großprojekte der Forschung und Förderung innovativer Unternehmen ist die Wirtschaftspolitik bemüht, dieser Entwicklung entgegenzuwirken. Das größte Wachstum verzeichnet gegenwärtig der Tourismus in Berlin.

Der Wirtschaftswandel erfasst die Region Berlin-Brandenburg gleichermaßen. Der engere Verflechtungsraum gehört zu den wirtschaftlich stärksten Regionen Brandenburgs, während die Randgebiete Brandenburgs unter schwindender Wirtschaftskraft und einem Rückgang der Bevölkerung leiden.

Der Verlust industrieller Produktion ist in großen Teilen Deutschlands auszumachen. Ehemalige Bergbau- und Industriestandorte verlieren an wirtschaftlicher Bedeutung und stehen unter Anpassungsdruck. Insgesamt lässt sich an der Entwicklung der Übergang von der Industrie- zur Dienstleistungsgesellschaft ablesen. Einen ähnlichen Wandel erlebte Deutschland zu Beginn der Industrialisierung, als die Landwirtschaft zunehmend als Wirtschaftsbereich und Arbeitsstätte an Bedeutung verlor.

Seit über 50 Jahren ist der Prozess europäischer Einigung im Gang. Seit 2004 gehören 25 Staaten der Europäischen Union an. Die Lebensverhältnisse innerhalb der EU sind durch große Unterschiede geprägt. Vor allem die Staaten am östlichen Rand der Union haben großen wirtschaftlichen Nachholbedarf, sodass in den nächsten Jahren die Europäische Union Regionen fördern will, um Entwicklungsrückstände zu überwinden.

Die EU nimmt im Welthandelsumsatz den ersten Platz vor den USA und Japan ein. Der Außenhandel Deutschlands erfolgt zum überwiegenden Teil innerhalb der EU.

Geographische Arbeitsweisen

In diesem Kapitel kannst du nachschlagen, wenn du Hinweise zu Tätigkeiten suchst, die im Fach Geographie von Bedeutung sind. Hier findest du auch Anregungen zum Präsentieren geographischer Sachverhalte.

Arbeiten mit Mind-Maps

Häufig werden Informationen zu einem Thema als Text in Satzform festgehalten. Diese Form des Speicherns ist jedoch sehr zeitaufwändig und nicht unbedingt leicht zu überschauen. Zu schnell werden beim Notieren wichtige Informationen vergessen oder weggelassen. Schon nach kurzer Zeit versteht man nicht mehr, was man eigentlich geschrieben hat. Besonders schwierig wird es, wenn man anderen Personen den Inhalt anhand dieser Aufzeichnungen erklären will.
Zum schnellen und nachhaltigen Aufzeichnen von Informationen gibt es besser geeignete Methoden als das Notieren in Textform. Eine davon ist die *Mind-Map-Methode.*

Was ist eine Mind-Map?
Die Mind-Map ist eine Art „Gedächtniskarte", die ein schnelles und einfaches Sammeln, Speichern und Weiterverarbeiten von Informationen ermöglicht. In ihr werden Informationen zu einem bestimmten Thema in der Form eines Baumes übersichtlich angeordnet. Zum Speichern nutzt man dazu so genannte „Schlüsselwörter". Die Baumform eignet sich vor allem deshalb zum Aufzeichnen, weil vom Thema – dem Stamm – ausgehend, alle Informationen entsprechend ihrer Bedeutung als Schlüsselwörter den Ästen bzw. Zweigen des Baumes zugeordnet werden können.

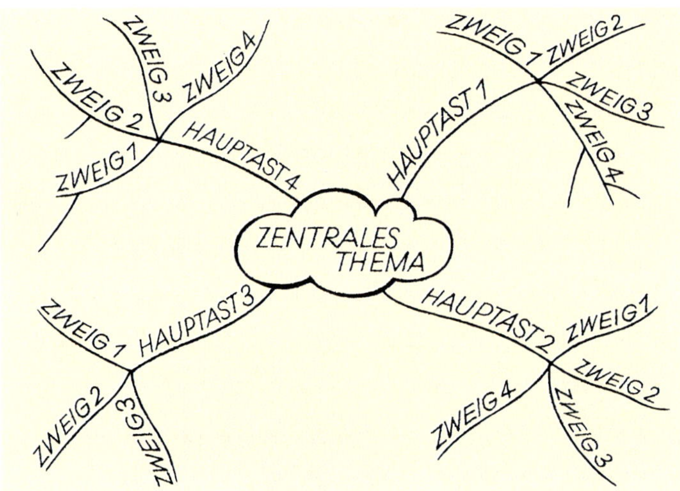

M1 Grundstruktur einer Mind-Map

Wozu nutzt man die Mind-Map-Methode?
Die Mind-Map-Methode ist eine Arbeitstechnik mit der man z. B. Projekte oder Vorträge vorbereiten kann. Sie wird auch häufig im Wirtschaftsleben zur Lösungsfindung angewandt.
Beim Lernen eignet sie sich besonders zur übersichtlichen Darstellung wichtiger Inhalte aus Texten oder zum Zusammenstellen und Ordnen von Informationen. Eine Mind-Map kann verhältnismäßig leicht verändert werden. Sie lässt sich besonders günstig bei Teamarbeit oder beim Recherchieren im Internet einsetzen.

Wie legt man eine Mind-Map an?
1. Beginne mit deinen Aufzeichnungen immer in der Mitte des Blattes. Schreibe das zentrale Thema auf. Du kannst auch ein Bild oder eine Zeichnung zur Verdeutlichung des Themas aufkleben.
2. Hebe das zentrale Thema auch hervor, indem du einen Kreis, eine Wolke oder Ähnliches darum zeichnest.
3. Finde wichtige Hauptäste und notiere zu ihnen jeweils nur ein Schlüsselwort.
4. Verbinde das zentrale Hauptthema mit den Hauptästen durch Linien.
5. Zweige weitere Äste ab und notiere deine Gedanken, Ideen oder Fakten zum Schlüsselwort. Benutze zur Bezeichnung der Sachverhalte aber möglichst immer Einzelwörter oder kleine Wortgruppen (Nomen, Verben, Adjektive).

Beachte beim Aufzeichnen:
1. Schreibe alle Wörter mit großen Druckbuchstaben.
2. Verwende zur besseren Übersichtlichkeit der Darstellung verschiedene Farben, Pfeile, Symbole, Bilder, Skizzen u. Ä.
3. Mind-Maps lassen sich jederzeit erweitern. Wenn der Platz auf dem Blatt nicht ausreicht, klebe ein Erweiterungsblatt an. Lege auf keinen Fall ein neues Einzelblatt an, denn da gehen der Zusammenhang und die Übersichtlichkeit der Darstellung verloren.

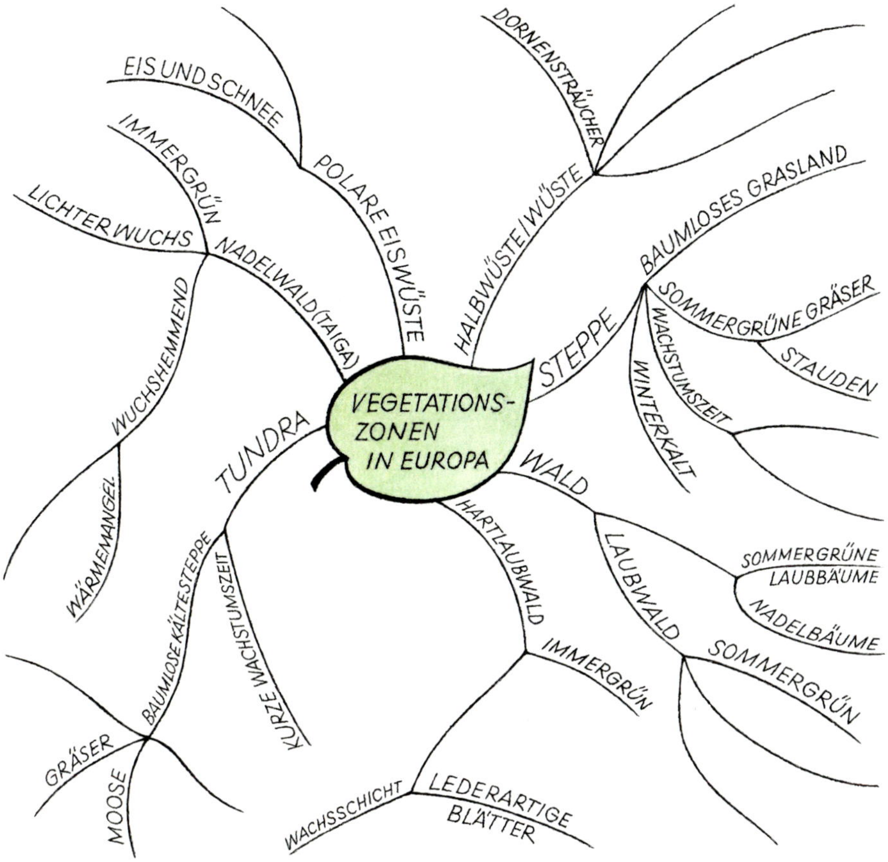

M2 Sammlung von Schlüsselwörtern für eine Mind-Map zu den Vegetationszonen Europas

1. Bereite mithilfe von M3 einen Kurzvortrag zum Thema Mind-Maps vor.
2. Übertrage die Abbildung M2 auf ein Blatt Papier und erweitere die Übersicht, indem du deiner Meinung nach weitere wichtige Inhalte ergänzt.
3. Nutze deine erweiterte Mind-Map aus Aufgabe 2 für einen Vergleich mit den Vegetationszonen Nord- und Mittelamerikas. Beziehe dazu dein Lehrbuch oder den Atlas ein.
4. Fertigt in der Klasse eine Mind-Map zum Thema „Umweltprobleme in der Landwirtschaft" an. Erarbeitet als erstes eine gemeinsame Grundstruktur der Mind-Map. Bildet danach entprechend der Hauptäste Arbeitsgruppen zur Erarbeitung der Teilstrukturen. Fügt abschließend die Ergebnisse in die gemeinsame Mind-Map ein.

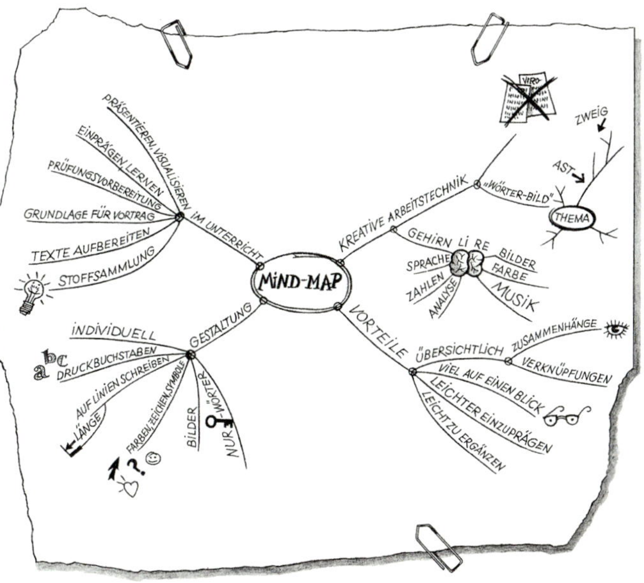

Quelle: Methodenkiste – Bundeszentrale für politische Bildung. 2001

M3 Das Thema Mind-Map als Mind-Map

Räumlich-geographischer Vergleich

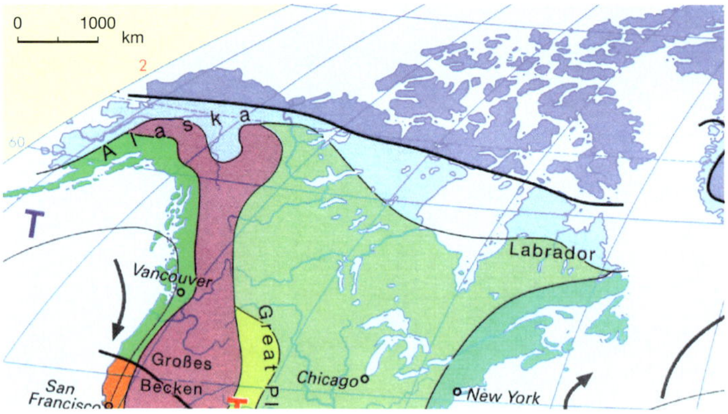

M1 Klimazonen Kanadas

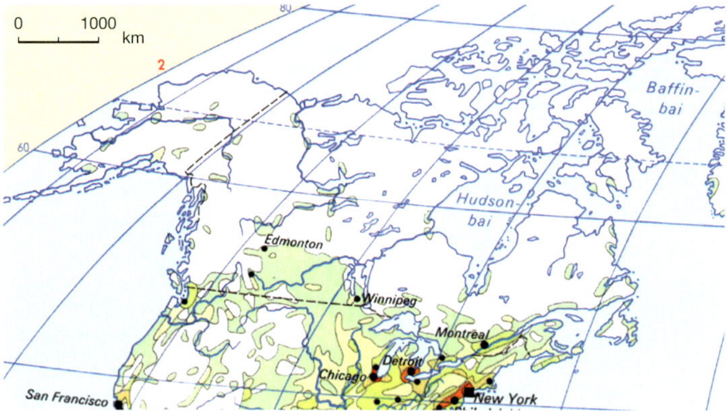

M2 Bevölkerungsdichte Kanadas

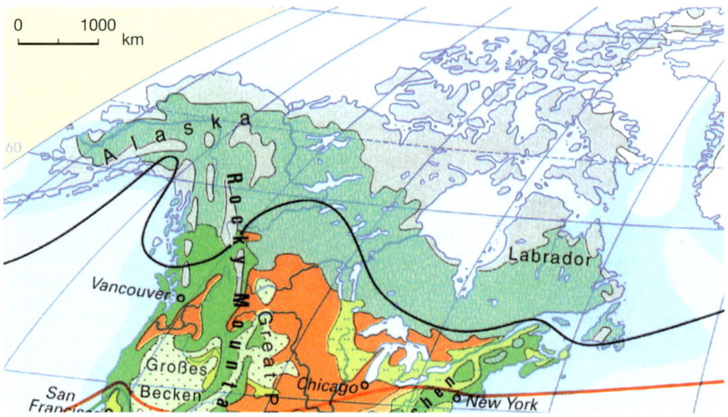

M3 Landschaftszonen und landwirtschaftliche Nutzung Kanadas

	Kanada	Russland
Fläche (in km^2)/Weltrang	9984670/ 21	17075400/1
Einwohner (in Mio.)/Weltrang	31,082/34	144,752/6
Einwohner je km^2	3,1	18,5
Bruttosozialprodukt/Einw. (US-$)	21930	1750

M4 Statistische Vergleichswerte von Kanada und Russland (2002)

Mit einer Raumanalyse kann man Besonderheiten eines Landes oder Landschaftsraums herausarbeiten. Sie ermöglicht aber auch, Länder oder Landschaftsräume miteinander zu vergleichen. Im Folgenden wird am Beispiel von Kanada und Russland aufgezeigt, wie man einen Vergleich zweier Länder durchführen kann.

Durchführen eines räumlich-geographischen Vergleichs

1. Schritt
Kennzeichnen der topographischen Lage: Lage im Gradnetz, auf Kontinenten, in Klimazonen, zum Meer, Größe, Nachbarländer

2. Schritt
Kennzeichnen der inneren Gliederung der Länder: Oberflächengestalt, Gewässernetz, Klima- und Vegetationsgebiete, Höhenstufen, politisch-admininistrative Gliederung

3. Schritt
Kennzeichnen der Bevölkerungssituation: Bevölkerungsdichte, -verteilung, -wachstum, Zusammensetzung, Sprachen, Religionen, Erwerbstätigkeit

4. Schritt
Kennzeichnen der Landwirtschaft: Bodennutzung, Anbauzonen, -bedingungen, -erträge, Versorgung der Bevölkerung, Bedeutung für die Gesamtwirtschaft

5. Schritt
Kennzeichnen des Bergbaus: Vorhandensein und Verteilung von Bodenschätzen

6. Schritt
Kennzeichnen der Industrie: Zweigstruktur, Standortverteilung, Bedeutung für die Gesamtwirtschaft

7. Schritt
Kennzeichnen des Dienstleistungssektors: Anzahl und räumliche Verteilung der Städte über 500000 Einwohner, Millionenstädte, Ausstattung mit Hauptsitzen internationaler Unternehmen und weltweit handelnder politischer Einrichtungen, Zahl der Hochschulen

8. Dokumentation
Anfertigen kurzer Berichte: Komponenten und Erscheinungen, einschl. thematischer Kartenskizzen (auf Folien)

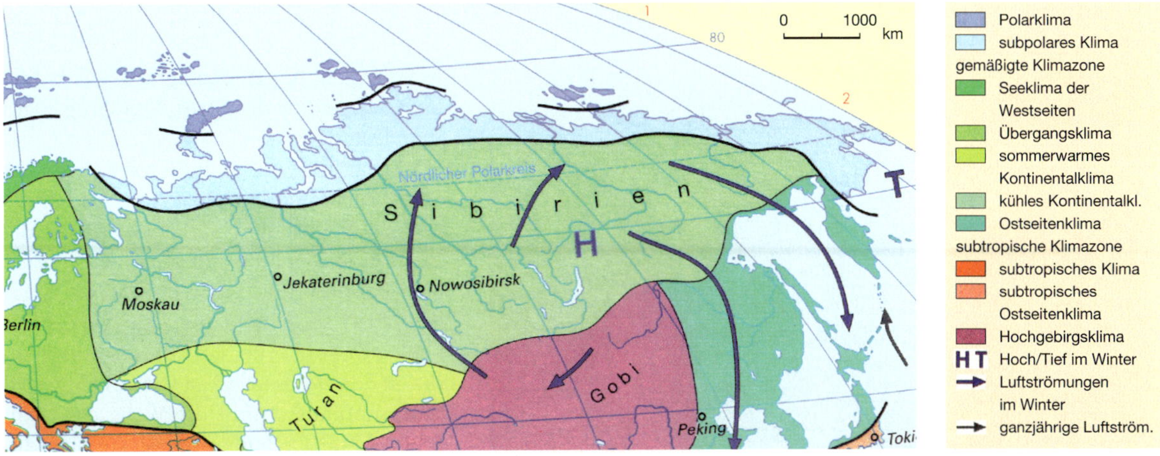

M5 Klimazonen Russlands

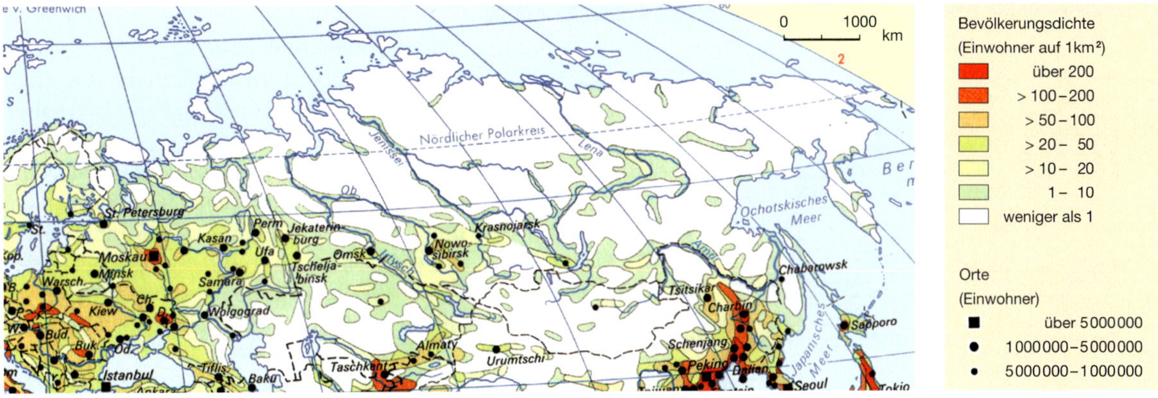

M6 Bevölkerungsdichte Russlands

M7 Landschaftszonen und landwirtschaftliche Nutzung Russlands

Erwerbstätige	Kanada	Russland	Bodennutzung	Kanada	Russland
in der Landwirtschaft (in %)	3,3	11,8	Anteil der LNF (in %)	7,3	12,3
in der Industrie (in %)	22,4	29,4	Anteil des Waldes (in %)	40,0	40,0
im Dienstleistungsbereich (in %)	72,0	58,8	Ackerland von LNF (in %)	62,0	62,0
Arbeitslosigkeit (in %)	7,7	7,1	Weideland von LNF (in %)	38,0	37,0

Arbeiten mit Modellen

Schrägluftbild

Kartenskizze

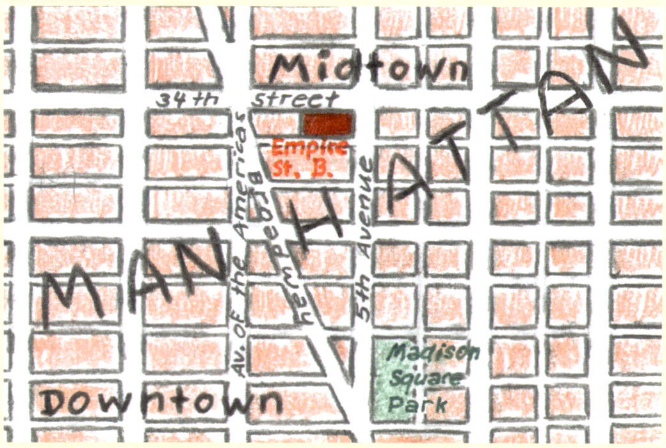

Modell

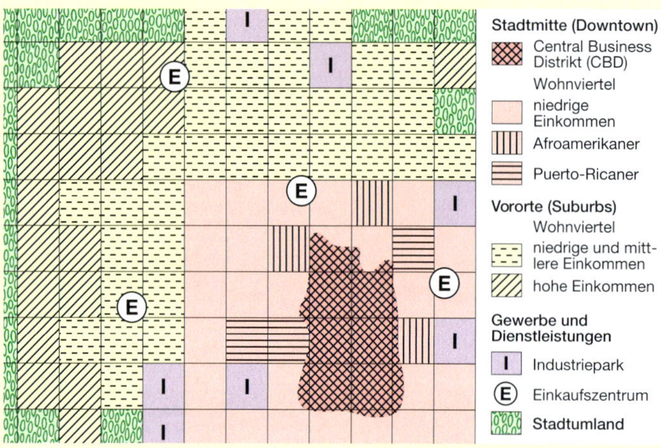

M1 Von der Wirklichkeit zum Modell – am Beispiel von New York

In Aufzeichnungen des Schriftstellers Stefan Zweig über die Stadt New York kann man lesen:

„Ein paar Tage erst in dieser verwirrenden Stadt. Nicht genug um sie ganz zu begreifen, sie, die hundert Sprachen spricht, die Elend und Reichtum zu einem Gegensatz auseinanderreißt. [...] Sieht man die Stadt von fern, so scheint sie eine zerklüftete nackte Gebirgskette. Und diese Menschenflut in den Straßen [...] ist wie [...] Ebbe und Flut; morgens strömt die Welle der Menschen herab, abends ergießt sie sich zurück.“

Stefan Zweig, Leipzig 1922

Wirklichkeit und Modell

Unsere Lebensumwelt besteht aus einer verwirrenden Vielfalt von Sachverhalten und Zusammenhängen.

Um unser Leben bewusst gestalten zu können, müssen wir lernen, diese Wirklichkeit zu begreifen. Denkmodelle können dabei helfen. Sie sind vereinfachte Darstellungen der Wirklichkeit, die wesentliche Sachverhalte und Zusammenhänge betonen.

Von der Wirklichkeit zum Modell

Die nebenstehende Kartenskizze zeigt in vereinfachter Form den Grundriss von Manhattan, dem Teil New Yorks, der im Foto darüber als Schrägluftbild zu sehen ist. Sie betont als Wesentliches das schachbrettartig angelegte Straßennetz sowie die Gliederung der Stadtlandschaft in Stadtviertel. Die Kartenskizze ist eine modellartige Darstellung.

Grenzen von Modellen

Aussagen über das Leben in dieser Stadt, über die Zusammensetzung der Wohnbevölkerung oder über Zusammenhänge zwischen den Einkommensverhältnissen und den Wohngebieten kann man diesem Modell nicht entnehmen. Dafür sind andere Modelle besser geeignet – beispielsweise die nebenstehende Modelldarstellung, aus der diese Aussagen entnommen werden können.

Stefan Zweig erwähnt in seinen Aufzeichnungen vom Lebensrhythmus New Yorks die ständig pendelnden Menschenströmen. Sie spiegeln Beziehungen zwischen den Menschen untereinander und zu anderen Bereichen ihrer Lebensumwelt wider. Derartige Beziehungen und Zusammenhänge werden häufig in der Form von Pfeildiagrammen dargestellt.

Pfeildiagramme
Pfeildiagramme eignen sich besonders gut zum Überschaubarmachen von Vernetzungen, wie sie z. B. städtische Siedlungen, industrielle Verdichtungsräume oder Naturlandschaften verkörpern.
In Pfeildiagrammen werden bildhafte Zeichen, Symbole oder eine knapp bemessene Anzahl von Wörtern zur Veranschaulichung von Erscheinungen genutzt. Die Pfeile drücken Beziehungen und Wirkungen zwischen Erscheinungen aus. Der Zusammenhang von Ursache und Wirkung kann dabei als positive oder negative Verstärkung kenntlich gemacht werden.

Hinweise zur Auswertung von Pfeildiagrammen
1. Betrachte zuerst die Darstellung als Ganzes und nenne das Thema.
2. Beschreibe anschließend Ursache-Wirkung-Beziehungen. Verwende beim einfachen Wirkungspfeil „Wenn-dann-Sätze“ und beim Selbstverstärkungspfeil „Je-desto-Sätze“.

Beispiele:
Je größer die Armut, desto weniger wird gespart. Je geringer die Spareinlagen, desto weniger wird in den Ausbau von Produktionsanlagen investiert (M3). Je größer die Armut, desto mehr Hunger. Je mehr Hunger, desto häufiger treten Krankheiten auf (M3).

Grundregeln für die Gestaltung von Pfeildiagrammen
1. Gestalte das Diagramm einfach und überschaubar.
2. Vermeide möglichst Überschneidungen von Pfeilen.
3. Ordne zusammengehörende Erscheinungen immer benachbart an.

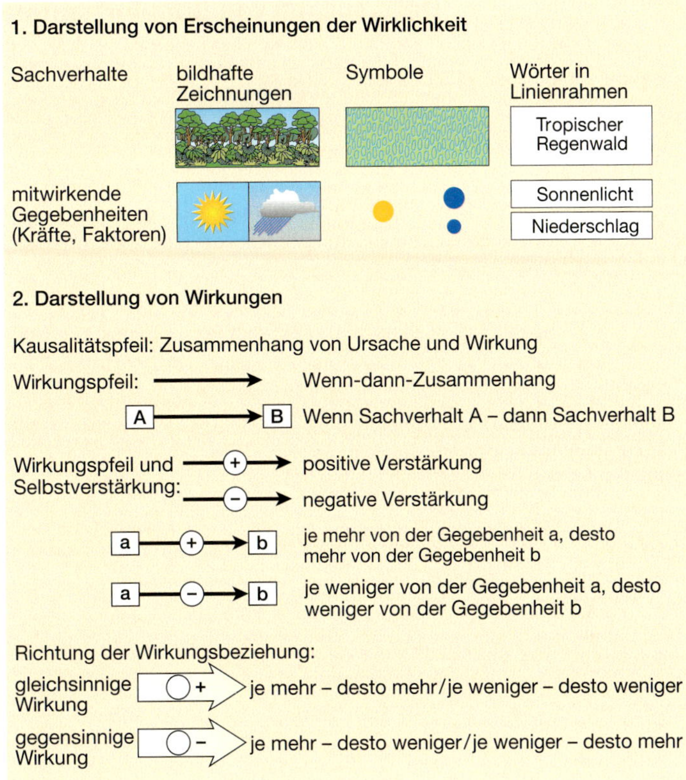

M2 Aufbau von Pfeildiagrammen

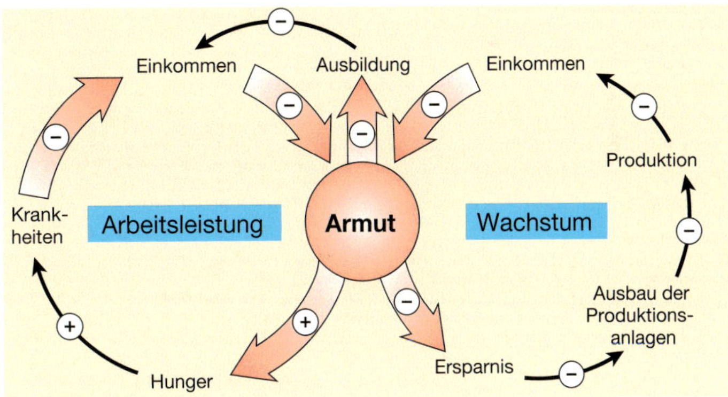

M3 Teufelskreis der Armut

1. Finde in deinem Geographie-Arbeitsbuch unterschiedliche Arten von Modellen, die zur vereinfachenden Darstellung der Wirklichkeit genutzt wurden. Erläutere an einem Beispiel, weshalb die jeweilige Modellart genutzt wurde.

2. Erläutere anhand von M3 den Teufelskreis der Armut. Beachte dabei die Hinweise zur Auswertung von Pfeildiagrammen.

Untersuchen von Standortfaktoren

Checkliste zur Standortwahl eines Betriebes

1. Schritt

Für welchen Betrieb soll ein Standort gefunden werden?

2. Schritt

Welchem Wirtschaftssektor ist der Betrieb zugeordnet? Wähle aus: Urproduktion (primärer Sektor), Güterproduktion (sekundärer Sektor), Dienstleistungen (tertiärer Sektor).

3. Schritt

Welche Standortfaktoren sind für den Betrieb von besonderer Bedeutung? Prüfe den Typ des Standortes nach a) Rohstofforientierung, b) Transportorientierung, c) Arbeitsorientierung, d) Energieorientierung, e) Absatzorientierung.

4. Schritt:

Anlegen einer Tabelle (siehe folgendes Muster).

Ausgewählte Standortfaktoren eines Betriebes

Standort-faktor	Bedeutung	Argumente für die Bewertung

Hinweis:
Die Bedeutung des Faktors wird wie folgt gewertet:

keine Bedeutung	(o)	mittlere Bedeutung	(++)
geringe Bedeutung	(+)	große Bedeutung	(+++)

Der wirtschaftlich günstigste Standort liegt dort, wo der Unterschied zwischen den vom Standort abhängigen Kosten und den vom Standort abhängigen Verkaufserlösen am größten ist. In diesem Fall wird der höchstmögliche Gewinn erzielt. Da aber die Kosten und die Verkaufserlöse schwanken, kann der Standort mit dem höchsten Gewinn nur annähernd gefunden werden.

M1 Bestimmungsgrößen des wirtschaftlich günstigsten Standortes

Wo ist der beste Standort für meinen Betrieb? Bei der Beantwortung der Frage orientiert sich ein Unternehmer an den Voraussetzungen zur Herstellung des Produkts und an dessen Absatzmöglichkeiten:

1. Wo ist der günstigste Standort, um diejenigen Mittel kostengünstig beschaffen zu können, die mein Betrieb zur Produktion der Güter braucht?
2. Wo ist der günstigste Standort, um die Güter mit den besten Verkaufserlösen absetzen zu können?

Produktion ist an Standorte gebunden

Alle Gütererzeugungen benötigen eine Produktionsstätte mit einer mehr oder weniger großen Fläche. Die Güterproduktion muss also an einem bestimmten Ort stattfinden. Um jedoch kostengünstig produzieren zu können, muss der Standort bestimmte Ansprüche erfüllen. Man nennt diese Ansprüche „Standortfaktoren". Sie beeinflussen die Auswahl des Betriebsstandortes. Bei der Ermittlung des wirtschaftlich günstigsten Standortes wird immer auf die kostengünstige Beschaffung der Produktionsmittel und den Verkauf zu bestmöglichen Preisen an die Verbraucher geachtet. Darüber hinaus hängen Kosten und Preise von der Infrastruktur des Landschaftsraumes ab. Eine weitere Bestimmungsgröße der Leistungs- und Wettbewerbsfähigkeit eines Industriestandortes sind die vom Staat vorgegebenen gesetzlichen Rahmenbedingungen.

Alle diese Standortfaktoren wirken auf die Kosten eines Betriebes ein. Man nennt sie deshalb „harte Standortfaktoren". „Weiche Standortfaktoren" lösen hingegen keine Kosten aus. Sie beeinflussen aber die Standortwahl, insbesondere wenn es sich um Betriebe der Hochtechnologie handelt.

1. Erläutere mit deinen Worten die Fragestellungen eines Unternehmers bei der Standortwahl eines Industriebetriebes (M1).

2. Erkläre den Unterschied zwischen harten und weichen Standortfaktoren (M2).

3. Erläutere anhand der Informationen in M3 die Bezeichnungen Rohstoff-, Arbeits-, Energie-, Transport- und Absatzorientierung. Finde weitere Beispiele.

Harte Standortfaktoren: Sie wirken auf die Kosten eines Betriebes ein.

Betriebsmittel
Grundstücke
Gebäude
Maschinen

Werkstoffe
Betriebsstoffe (elektrischer Strom, Heizstoffe), Hilfsstoffe (z.B. Schrauben, Farben)
Rohstoffe

Arbeitskräfte
Anzahl (Verfügbarkeit)
Ausbildungsstand (Fähigkeiten)
Lohnhöhe
Lohnnebenkosten

Infrastruktureinrichtungen
Kommunikationswesen
Verkehrsverbindungen
Energie- und Wasserversorgung
Entsorgungsmöglichkeiten

Klimabedingungen
Hochwassergefährdung
Erdbebengefährdung
Beschaffenheit des Baugrundes

Regelung durch Gesetze
Rechts-, Finanz-, Zoll-, Steuersystem, Umweltauflagen
Vorgaben für bauliche Ausgestaltung
Dauer staatlicher Genehmigungsverfahren

natürliche Gegebenheiten

Standort eines Betriebes

Erholungswert
Freizeitwert
Klimabedingungen

Forschungseinrichtungen

Dienstleistungsangebot
Bildungsmöglichkeiten
Einkaufsmöglichkeiten
Hotel- und Gaststättenangebot
Geld- und Rechtswesen
Freizeiteinrichtungen

soziales Umfeld
medizinische Versorgung
Fürsorgeeinrichtungen

Wohnungsangebot
Angebot
Mietpreise
Grundstückspreise

kulturelles Angebot
Theater, Musiktheater, Konzert, Diskothek, Kino, Museen, Baudenkmäler, historische Plätze

Weiche Standortfaktoren: Sie wirken nicht auf die Kosten eines Betriebes ein.

M2 Harte und weiche Standortfaktoren

Orientierung eines Betriebes an der Infrastruktur

Chemiewerk
Herstellung von Kunststoffen
Energieorientierung

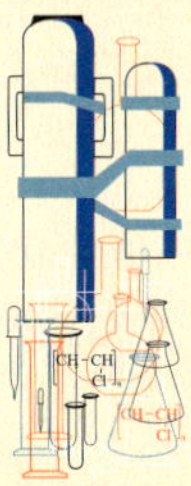

Chemiewerk	Standortfaktor	Automobilwerk
← große Bedeutung	Energieversorgung, Wasserversorgung	→ mäßige Bedeutung
← geringe Bedeutung	Verfügbarkeit von Bauland	→ große Bedeutung
← mäßige Bedeutung	Verkehrsverbindungen	→ große Bedeutung
← mäßige Bedeutung	Erreichbarkeit von Informationssystemen u.	→ mäßige Bedeutung
← mäßige Bedeutung	Dienstleistungen	→ mäßige Bedeutung
← mäßige Bedeutung	Rechts-, Finanz-, Zoll-, Steuersystem	→ mäßige Bedeutung
← große Bedeutung	andere gesetzliche Rahmenbedingungen	→ mäßige Bedeutung

Automobilwerk
Herstellung von Pkw
Transportorientierung

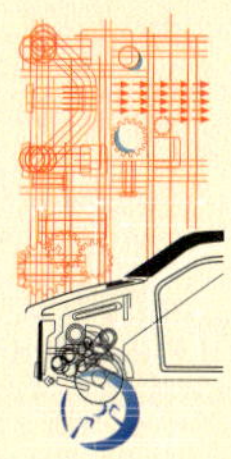

Orientierung am Bedarf eines Betriebes

Betonwerk
Herstellung von Bauteilen
Rohstofforientierung

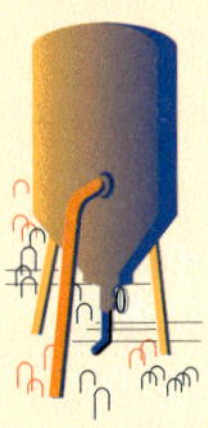

Betonwerk	Standortfaktor	Betrieb der Informationstechnologie
	harte Faktoren	
← große Bedeutung	Rohstoffe, Hilfsstoffe	→ geringe Bedeutung
← mäßige Bedeutung	Arbeitskräfte (Verfügbarkeit, Qualifikation)	→ große Bedeutung
← mäßige Bedeutung	Arbeitskosten	→ große Bedeutung
	weiche Faktoren	
← geringe Bedeutung	natürliche Gegebenheiten	→ mäßige Bedeutung
← geringe Bedeutung	kulturelles Angebot Forschungseinrichtungen	→ große Bedeutung

Betrieb der Informationstechnologie
Herstellung von Fertigungsprogrammen
Arbeitsorientierung

Orientierung eines Betriebes an den Käufern (Absatzorientierung)

Betonwerk (Herstellung von Bauteilen)	Standortfaktor	Büro eines Steuerberaters oder Rechtsanwalts (Bereitstellung von Diensten)
→ geringe Bedeutung	Lage zu den Verbrauchermärkten	← große Bedeutung
→ große Bedeutung	Anzahl der Verbraucher, Umfang der Märkte	← große Bedeutung
→ geringe Bedeutung	Kaufkraft in den Absatzmärkten	← große Bedeutung

Betonwerk
Herstellung von Bauteilen

Büro eines Steuerberaters oder Rechtsanwalts
Bereitstellung von Diensten

→ große Bedeutung → mäßige Bedeutung → geringe Bedeutung

M3 Bedeutung von Standortfaktoren verschiedener Wirtschaftszweige

Gestaltung einer Präsentation

Regeln zur Erhöhung der Wirksamkeit des Referates
- Rede frei und nicht zu schnell. Übe deinen Vortrag anhand eines Stichwortzettels.
- Bemühe dich um Blickkontakt zu den Zuhörern, besonders beim Einstieg.
- Rede in kurzen Sätzen und füge Teilzusammenfassungen ein.
- Rede nicht länger als 30 Minuten.
- Verteile ein Papier mit Namen, Datum, Thema und Gliederung des Referates.

Du willst in einem Referat deine Mitschüler über ein bestimmtes geographisches Thema informieren. Dabei musst du auch auf eine gute Präsentation des Referates achten. Es soll anschaulich und interessant sein, damit es deine Zuhörer zum Mitdenken anregt. Das Referat gliedert sich in die Teile Einleitung, Hauptteil und Schlussteil. Bei der Ausarbeitung des Referates solltest du in folgenden Schritten vorgehen:

Schritte zur Ausarbeitung eines Referates

1. Schritt
Benennen der Ziele des Referates
Was soll dargelegt, erklärt, bewiesen oder widerlegt werden?
Beachte: Von Vorteil ist es, dir mithilfe einer Mind-Map einen Überblick über den Aufbau des Referates zu verschaffen.

2. Schritt
Sammeln und Sichten des Materials
Welches Material ist im Hinblick auf die Ziele von Bedeutung?

3. Schritt
Bearbeiten des Materials
Wesentliche Informationen herausziehen und in Stichwörter aufschreiben.
Die Stichwörter zu einem neu formulierten Text zusammenfassen.

4. Schritt
Gestalten des Hauptteils
Welche Punkte sollen besonders herausgestellt werden?
Wie werden die zu behandelnden Punkte angeordnet, damit sie folgerichtig und überzeugend zum Ziel führen?
Welche Mittel kann ich zur Veranschaulichung einsetzen?

5. Schritt
Gestalten des Einstiegs
Wie kann ich bei den Zuhörern Neugier und Interesse wecken?
Wie führe ich zum Thema hin?
Warum habe ich das Thema gewählt?

6. Schritt
Gestalten des Schlussteils
Wie fasse ich die wichtigsten Ergebnisse in Kurzform zusammen?

Beispiel für die Ausarbeitung eines Referats zum Thema: Landwirtschaft – alternativ oder konventionell?

1. Schritt
Welche Ursachen waren ausschlaggebend, dass neben der konventionellen Landwirtschaft alternative Formen entstanden?
Begriffsklärung: alternative bzw. ökologische Landwirtschaft

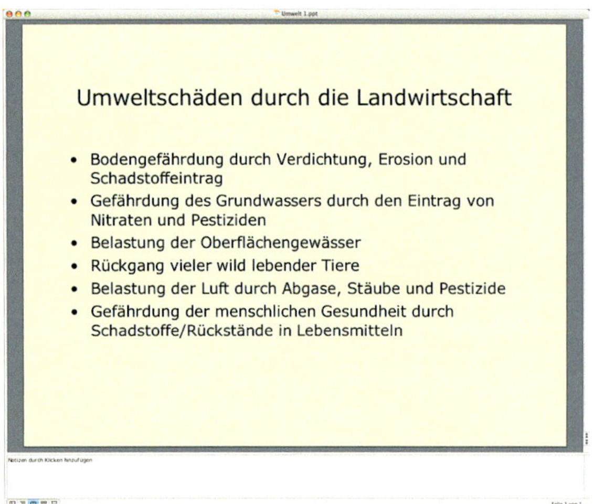

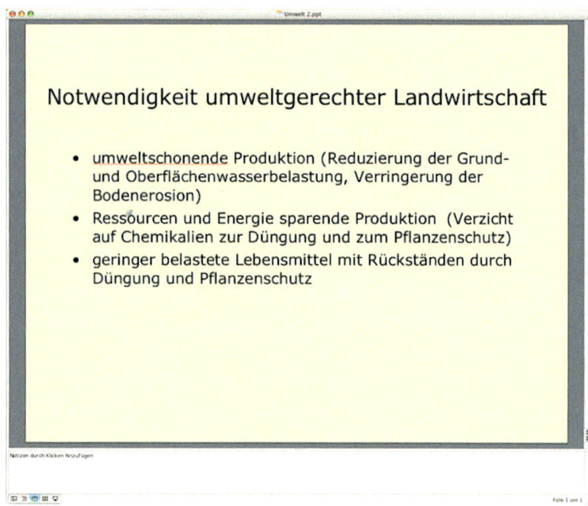

2. Schritt
Beschaffen von Informationen und Anlegen einer Stichwortsammlung
3. Schritt
Gliedern des Hauptteils
a) Geschichte des alternativen Landbaus
b) Stiftung ökologischer Landbau
c) Rahmenrichtlinien für alternativen Landbau (s. M1/M2)
d) Verbreitung des alternativen Landbaus, wirtschaftliche Bedeutung (M3)
4. Schritt
Gestalten des Einstiegs
Mithilfe der Abbildung M1 S. 60 kann an Bekanntes angeknüpft und können Mitschüler/-innen direkt angesprochen werden: „Wir haben über die Nachhaltigkeit als Grundsatz im Umgang mit der Umwelt im Unterricht gesprochen. Auch die konventionelle Landwirtschaft gehört in der bisherigen Form zu den Umweltbelastungen. Welche Alternativen zum konventionellen Anbau von Pflanzen und der bisher verbreiteten Tierhaltung gibt es? Dieser Frage wollen wir in unserer Präsentation nachgehen."
An die Mitschüler/-innen wird ein vorbereitetes Papier verteilt und es werden die Gliederungspunkte des Hauptteils benannt. Zum einen kann dadurch besser dem Vortrag gefolgt werden, zum anderen muss nicht alles mitgeschrieben werden. Vielmehr bleibt den Zuhörern Zeit, sich Fragen zu notieren.
5. Schritt
Gestalten des Schlussteils (Zusammenfassung)
Es können nochmals die zentralen Aussagen zusammengefasst werden. Aber auch ungelöste Probleme sollten angesprochen werden. Unter Umständen können auch Tipps gegeben werden: Wo konnten Materialien gefunden werden. Gibt es Internetadressen, unter denen weitere Informationen zu erhalten sind usw.

Mittlerer Schulabschluss und Präsentation
Der mittlere Schulabschluss umfasst die Prüfung in besonderer Form, die aus einer Präsentation und einem Prüfungsgespräch besteht. Die Präsentation findet in der Regel als Gruppenprüfung statt.

M1 Pflanzenbau
- Es sollen nur Pflanzen angebaut werden, die zum jeweiligen Standort passen.
- Die Fruchtfolge ist vielfältig zu gestalten und soll Gründüngung ausreichend berücksichtigen.
- Die Humusbildung ist zu fördern und die Bodenlockerung soll die Bodenorganismen schonen.
- Mist und Gülle dürfen nur in standortverträglichen Mengen ausgebracht werden.
- Mineralische Ergänzungsdünger, die Nährstoffe durch Verwitterung freisetzen, dürfen verwendet werden; leicht lösliche Phosphate, synthetische Stickstoff- und chlorhaltige Kalidünger nicht.
- Biologische Schädlingsbekämpfung wird befürwortet. Chemisch-synthetische Pflanzenschutzmittel dürfen nicht verwendet werden.
- Die Unkrautregulierung hat mechanisch zu erfolgen. Herbizide, Wachstumsregulatoren und Welkmittel zur Laubtötung sind nicht erlaubt.

M2 Tierhaltung
- Gesundheit und Leistungsfähigkeit der Nutztiere sind nur durch geeignete Zuchtmethoden und durch Rassenwahl sowie durch vollwertiges, möglichst betriebseigenes Futter zu gewährleisten.
- Die Tierhaltung muss artgemäß sein (Kühe nur mit Einstreu, keine Käfighaltung bei Legehennen).
- Die Zahl der Tiere ist den Gegebenheiten der Betriebe anzupassen (1 bis 2,5 GVE/ha).
- Die Ernährung der Tiere muss mit Futter erfolgen, das nach den Rahmenrichtlinien erzeugt wurde.
- Futterzusatzstoffe außer Mineralstoffmischungen und Vitaminen sind nicht zugelassen. Bei medizinischer Betreuung sollen möglichst naturgemäße Verfahren und Heilmittel angewendet werden.

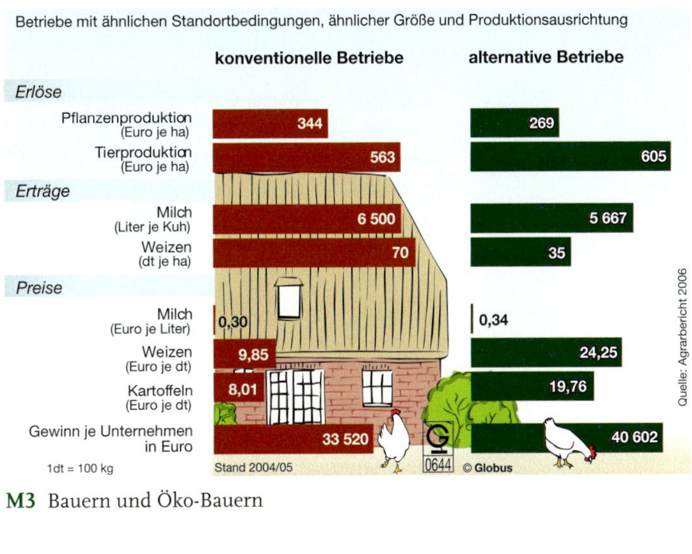

M3 Bauern und Öko-Bauern

Lexikon

Agglomeration: auch „Agglomerationsräume“, „Ballungsräume“, in dem Kostenvorteile für Unternehmen wirken. Die Verdichtung bedeutet ein großes Angebot qualifizierter Arbeitskräfte und eine erhöhte Nachfrage vieler Verbraucher.

Belt: Gliederung von landwirtschaftlich bzw. industriell weitgehend einheitlich genutzten Landesflächen in Nordamerika. Sie haben sich als Folge der Spezialisierung (bedingt durch gleiche Naturbedingungen und schon frühzeitig starke Marktorientierung) herausgebildet. Durch den Wandel der Landwirtschaft bzw. der Industrie in den USA sind die Belts heute nicht mehr deutlich ausgeprägt.

Blizzard: Wegen des Nord-Süd-Verlaufs der Gebirge in Nordamerika kann Kaltluft aus der Arktis weit nach Süden vordringen. Sie löst Temperaturstürze aus, verbunden mit Sturm und heftigen Schneefällen.

Brandrodung: Abbrennen von Wald, Busch- oder Grasland, damit es als Ackerland genutzt werden kann. Die Brandrodung ist hauptsächlich in den Tropen verbreitet.

Canyon: meist in flach lagernden Gesteinsschichten eingeschnittenes Tal mit fast senkrechten Wänden, an denen einzelne Gesteinsschichten vor- und zurückstehen

Central Business District (CBD): zentrales Geschäftsviertel in großen nordamerikanischen Städten mit Einzelhandel, Banken, Büros, Hotels, Gaststätten usw. Kennzeichen sind Hochhäuser, eine geringe Nachtbevölkerung, da es wegen der hohen Grundstückspreise nur wenig preiswerten Wohnraum gibt, und eine hohe Tagbevölkerung

Chinook: warmer und trockener Fallwind, der vom Felsengebirge in die Prärie weht

Dienstleistungsgesellschaft: eine hoch entwickelte Form der Gesellschaft, in der der überwiegende Teil der Erwerbstätigen im Dienstleistungsbereich beschäftigt ist: wesentliche Tätigkeiten sind Verkaufen, Beraten, Verwalten, Schützen, Regieren, Lehren und Transportieren.

Downtown: Begriff für die im Stadtzentrum gelegene City einer US-amerikanischen Großstadt. Eine Downtown umfasst die wichtigsten Handelseinrichtungen, die zentralen Bürohochhäuser und Banken, öffentliche Verwaltungs-, Kultur- und Dienstleistungseinrichtungen, jedoch kaum Wohnungen.

Edge City: Außenstädte, Außenzentren; Erscheinung aller größeren amerikanischen Städte. Es handelt sich um Wachstumszentren, die in der zweiten Hälfte des 20. Jahrhunderts zumeist an Kreuzungen von Autobahnen in Vororten entstanden; seit den 1990er-Jahren wachsen sie stark. In vielen Großstadtregionen beginnen Edge Cities, die Aufgaben der Downtowns zu übernehmen.

Emission: Ausstoß von Schadstoffen, Abgabe von schädlichen Gasen und Stäuben an die Luft

Erosion: Bodenabtrag durch Wasser oder Wind

Farm: In englischsprachigen Ländern ursprünglich Bezeichnung für einen landwirtschaftlichen Familienbetrieb. Veränderungen in der Landwirtschaft haben auch die Farmen verändert. Viele Familienfarmen mussten aufgeben. Die Farmen, die heute mit Gewinn arbeiten, sind hochgradig mechanisierte, spezialisierte (Groß-) Betriebe

Feedlot: sehr großer Viehpferch in den USA, in dem bis zu 100000 Rinder gehalten werden; die Versorgung der Tiere wird über Computer gesteuert. Eine Arbeitskraft kann mehr als 5000 Tiere betreuen.

Galeriewald: geschlossene Waldstreifen im Bereich der äußeren Tropen, die sich entlang von Flusssystemen ausbilden, wo die Bäume das Grundwasser erreichen und sich deshalb nicht der Trockenzeit des wechselfeuchten Klimas anpassen müssen

Geoökosystem: ein Landschaftsraum mit einem kennzeichnenden Wirkungszusammenhang der Bestandteile Klima, Wasser, Boden, Tier- und Pflanzenwelt

Global City: Millionenstadt mit Hauptsitzen von Unternehmen, die von hier aus ihr weltweites (globales) wirtschaftliches Handeln steuern und kontrollieren

Grundmoräne: Schutt, den ein Gletscher aus dem Untergrund herausgebrochen, zerkleinert, transportiert und schließlich unter sich abgelagert hat

Hightech-Industrie: Bezeichnung für forschungs- und entwicklungsintensive Technologiebetriebe

Hurrikan: Wirbelsturm, der über dem tropischen Bereich des Atlantiks entsteht und mit großer Geschwindigkeit nordwärts zieht

IWF: Internationaler Währungsfonds, 1945 gegründet, 184 Mitgliedstaaten im Jahr 2005; die Höhe der Beitragszahlung und die Gewichtung der Stimmrechte hängen von der jeweiligen Wirtschaftskraft eines Landes ab. Größte Beitragszahler sind die USA, Japan und Deutschland. Ziel ist die Förderung eines starken internationalen Währungssystems mithilfe von Krediten an Länder, die Ungleichgewichte in der Zahlungsbilanz haben.

Mall: Ballung von Ladengeschäften mit verschiedenem Warenangebot und unterschiedlicher Größe, häufig an Ausfallstraßen mit großzügigem Angebot an Parkplätzen

Manufacturing Belt: Wirtschaftsraum im Nordosten der USA, bis in den Südosten Kanadas reichend, der sich bis zum 20. Jahrhundert herausbildete. Eisenverhüttung und Stahlherstellung bildeten die Grundlage für die Ansiedlung des Maschinenbaus und der Kraftfahrzeugindustrie.

Megalopolis: Städteballung, die aus mehreren Millionenstädten besteht

Nachhaltigkeit: „Nachhaltigkeit" oder „nachhaltige Entwicklung" ist ein Leitbild für eine zukunftsfähige, langfristig für alle Menschen tragbare Entwicklung. Wirtschaftliche Entwicklung, intakte Umwelt und sozialer Zusammenhalt werden als gleichrangige Ziele verstanden.

Nationalpark: großräumig abgegrenztes Naturschutzgebiet, das besonders schöne oder seltene Naturlandschaften oder naturnahe Kulturlandschaften umfasst, in denen strenge Schutzbestimmungen gelten, um die vorhandene vielfältige Flora und Fauna in ihrem natürlichen Lebensraum zu erhalten

Nomadenwirtschaft: Form der Landnutzung vor allem in Trockengebieten; Nomaden ziehen als Hirtenstämme das Jahr über mit ihren Herden zu verschiedenen Weideplätzen und Brunnen; Nomaden haben keinen festen Wohnsitz.

Raumplanung: Oberbegriff für die drei Planungsebenen der Raumordnung in Deutschland: Bundesraumordnung (Bund), Landesplanung (Land, Region), Bauleitplanung (Gemeinde)

Regenfeldbau: Ackerbau auf der Grundlage der Niederschläge, also ohne (künstliche) Bewässerung

Slum: verwahrlostes Wohnquartier armer Bevölkerungsschichten im Innenstadtbereich (der USA); gekennzeichnet vom Verfall der ursprünglichen höherwertigen Bausubstanz; meist auch von negativen sozialen Merkmalen wie Arbeitslosigkeit, überdurchschnittlicher Kriminalität, Verfall der sozialen Beziehungen usw. geprägt.

Standortfaktoren: Einflussgrößen bei der Standortentscheidung von Unternehmen; die so genannten „harten Standortfaktoren" wie Arbeitskosten, Grundstückskosten, Steuern und Abgaben gehen in die Kostenrechnung ein. „Weiche Standortfaktoren" wie Wohnqualität und Freizeitwert, Sicherheit und Image sind schwierig zu erfassen.

Stratosphäre: im engeren Sinn die kalte Atmosphärenschicht mit gleich bleibender Temperatur zwischen der Troposphäre und der Ozonschicht; die Stratosphäre beginnt im Polarbereich in etwa 10 Kilometern Höhe und im Äquatorialbereich in etwa 18 Kilometern Höhe. Sie reicht bis etwa 50 Kilometer Höhe. Die Stratosphäre zeigt nur schwache Zirkulation und enthält kaum noch Wasserdampf.

Suburbanisierung: zunehmende Verlagerung des Städtewachstums in die Vororte (Englisch: *suburbs*)

Technologiepark: Einrichtung meist mit Gewerbegebieten bzw. Industrieparks, in der versucht wird, jungen Unternehmen vorrangig aus dem Hightech-Bereich günstige Bedingungen für die Gründungsphase des Unternehmens zu schaffen. Technologieparks oder Gründerzentren verfügen über hervorragende technische Infrastruktur, die den jungen Unternehmen kostengünstig zur Verfügung gestellt wird. Ziel ist es, die Unternehmen nach einigen Jahren zur Selbstständigkeit zu führen, sodass ihr Platz im Technologiepark für weitere Neugründungen frei wird.

Tornado: vorwiegend im Sommer über Nordamerika auftretender Wirbelsturm mit wenigen hundert Metern Durchmesser

Treibhauseffekt: Erwärmungseffekt in der Atmosphäre; er kommt dadurch zustande, dass die Atmosphäre die kurzwellige Sonnenstrahlung fast ungehindert bis zum Erdboden durchdringen lässt, jedoch die von der erwärmten Erdoberfläche ausgesandte langwellige Strahlung aufnimmt und in Wärmeenergie umsetzt. Der natürliche Treibhauseffekt ist für das Leben auf der Erde bedeutsam. Ohne ihn läge die mittlere Temperatur der Erde bei –18 Grad Celsius. Der durch den Menschen verursachte Treibhauseffekt führt jedoch zu Umweltbedrohungen.

Troposphäre: unterstes Stockwerk der Atmosphäre; hier laufen die Wettervorgänge (Griechisch: *tropein* = wenden) ab.

UNO: UN oder Vereinte Nationen, 1945 gegründet, im Jahr 2005 zählte sie 191 Mitgliedstaaten; Grundsätze und Ziele sind die Wahrung des Weltfriedens sowie der internationalen Sicherheit. Weitere Ziele sind die Achtung der Menschenrechte sowie die internationale Zusammenarbeit auf wirtschaftlichem, kulturellem und sozialem Gebiet.

Urstromtal: breites Tal im Tiefland des nördlichen Mitteleuropas, in welchem sich während der Eiszeiten die vom Eis kommenden Schmelzwasser und die nach Norden fließenden Flüsse der nicht vereisten Gebiete sammelten

Wanderfeldbau: In tropischen Gebieten (tropischer Regenwald und Savannen) werden in der traditionellen Landwirtschaft bei nachlassender Fruchtbarkeit der Böden die Anbauflächen und mit ihnen die Siedlungen verlegt. Neue Anbauflächen werden vor allem durch Brandrodung gewonnen. Kleine Bäume und Sträucher werden abgehackt und verbrannt. Die Asche ist Dünger für die Felder. Große Bäume bleiben als Schattenspender stehen.

Wasserkreislauf: der Zusammenhang von Verdunstung des Wassers an der Erdoberfläche, der Kondensation des Wasserdampfes in der Lufthülle bei Abkühlung und der Wolkenbildung, des Niederschlags sowie des Abflusses als Oberflächen- oder als Grundwasser

WTO: Welthandelsorganisation, 1994 als Dachorganisation für internationale Handelsbeziehungen gegründet; Ziele und Aufgaben sind es, die internationalen Handelsbeziehungen auf der Grundlage des Freihandels zu organisieren. Die WTO dient als Forum für internationale Verhandlungen und stellt Rahmenbedingungen für Streitschlichtung bereit.

Zenit: Punkt senkrecht über der Erdoberfläche; wenn die Sonne im Zenit steht, treffen ihre Strahlen im rechten Winkel auf die Erdoberfläche, woraus sich eine maximale Erwärmung der Erde ergibt. Die Sonne kann nur zwischen den beiden Wendekreisen im Zenit stehen.

Register

Bildquellenverzeichnis

Titelbild: LOOK (Bernhard Limberger)
S. 007: Cornelsen Verlag, Berlin
S. 009 M3: M. Braunger, Freiburg
S. 009 M4: Superbild/Rose
S. 012: Cornelsen Verlag, Berlin
S. 014: M. Braunger, Freiburg
S. 015: Superbild/Superstock
S. 020 M1: Cornelsen Verlag, Berlin
S. 20 M3: M. Braunger, Freiburg
S. 022: Cornelsen Verlag, Berlin
S. 024: M. Braunger, Freiburg
S. 025: H. Lange, Bad Lausick
S. 026: Zefa, Düsseldorf
S. 028 M1: Steenmans, Mönchengladbach
S. 028 M2: Bach, Grünwald
S. 028 M3: Müller-Moeves, Königswinter
S. 029 M4: Das Fotoarchiv, Essen
S. 029 M6: Corbis, Düsseldorf
S. 030: Bilderberg, Hamburg
S. 031: Corbis, Düsseldorf
S. 032: dpa/Fotoreport
S. 033 M6: Globus-Infografik, Hamburg
S. 033 M7: ullstein bild, Berlin
S. 034 (1): M. Braunger, Freiburg
S. 034 (2): ullstein bild (Sauerkorn), Berlin
S. 034 (3): Cornelsen Verlag, Berlin
S. 035: Arend, Berlin
S. 037: FOCUS/ESA, Hamburg
S. 045 M5: Erzner, Berlin
S. 045 M6: Infozentrum Schokolade, Düsseldorf
S. 047: Centre for Science and Environment, New Delhi (Indien)
S. 048: Superbild/Bach
S. 050: IFA-Bilderteam/WPS
S. 052: The Image Bank (Frey), München
S. 054 M1: H. Lange, Bad Lausick
S. 054 M2: D. Richter, Großburgwedel
S. 056 M1: Taubert, Springe
S. 056 M3: M. Rau, Berlin
S. 057: Taubert, Springe
S. 058 (1): Arend, Berlin
S. 058 (2): Wilczek, München
S. 058 (3): The Image Bank (Frey), München
S. 059: Cornelsen Verlag, Berlin
S. 060: Cornelsen Verlag, Berlin
S. 061: Cornelsen Verlag, Berlin
S. 069: A. Soest, Berlin
S. 071: M. Zebisch, Potsdam
S. 072: Geyer, Köln
S. 077 M4: 5CCC, www.c5.net/Horst Haitzinger
S. 077 M5: U. Rau, Berlin
S. 078: Globus-Infografik, Hamburg
S. 079: Cornelsen Verlag, Berlin
S. 081 (1–3): K. Kaden, Groß Köris
S. 081 (4): K. Ziener, Potsdam
S. 082 M1: picture-alliance/dpa/dpaweb © dpa-Report
S. 082 M2: picture-alliance/ZB © dpa-Bildarchiv
S. 083 M6: picture-alliance/ZB © dpa-Report
S. 084 (1,2): Cornelsen Verlag, Berlin
S. 084 (3): Mauritius (age fotostock)
S. 085: Cornelsen Verlag, Berlin
S. 086: Cornelsen Verlag, Berlin
S. 087: Pansegrau, Berlin
S. 089 M2: Cornelsen Verlag, Berlin
S. 089 M3: Cornelsen Verlag, Berlin
S. 089 M4: Ullstein Bilderdienst, Berlin
S. 090: picture-alliance/akg-images/Jost Schilgen
S. 092: dpa, Berlin
S. 093: Arend, Berlin
S. 095 M5: dpa, Frankfurt/Main
S. 095 M7: Pansegrau, Berlin
S. 096 (1): dpa, Berlin
S. 096 (2): Arend, Berlin
S. 097: Arend, Berlin
S. 098: Arend, Berlin
S. 099: Arend, Berlin
S. 100: Arend, Berlin
S. 101: Arend, Berlin
S. 102 M1: Pansegrau, Berlin
S. 102 M2: Pansegrau, Berlin
S. 102 M3: dpa, Frankfurt/Main
S. 106 (1): Pansegrau, Berlin
S. 106 (2): dpa, Berlin
S. 108: dpa/picture-alliance (M. Krüger)
S. 110 M1: S. Rohling, Waltrop
S. 111 M3: Picture Management Database, München
S. 111 M4: Globus-Infografik, Hamburg
S. 112: dpa, Frankfurt/Main
S. 113: Infineon Technologies AG, München
S. 116: Essen Marketing GmbH (P. Wieler), Essen
S. 121 M4: picture-alliance/dpa © dpa-Bildarchiv
S. 121 M5: picture-alliance/ZB © ZB-Fotoreport
S. 127: Globus-Infografik, Hamburg
S. 128 (1+2): Arend, Berlin
S. 128 (3): Breitbach, Köln
S. 129: Arend, Berlin
S. 134: Cornelsen Verlag, Berlin
S. 139: Globus-Infografik, Hamburg